Spαnnende
Welt der
Mathɛmatik

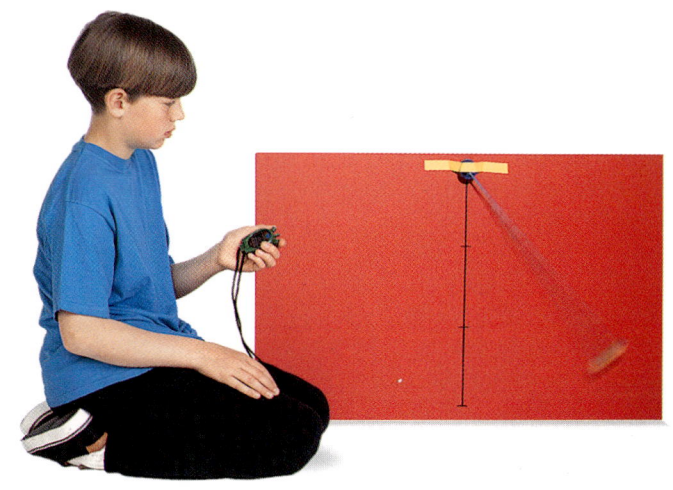

Beim Würfelspiel im Kopf rechnen

Verschiedene Töne
erzeugen

Eine Karte verschwinden
lassen

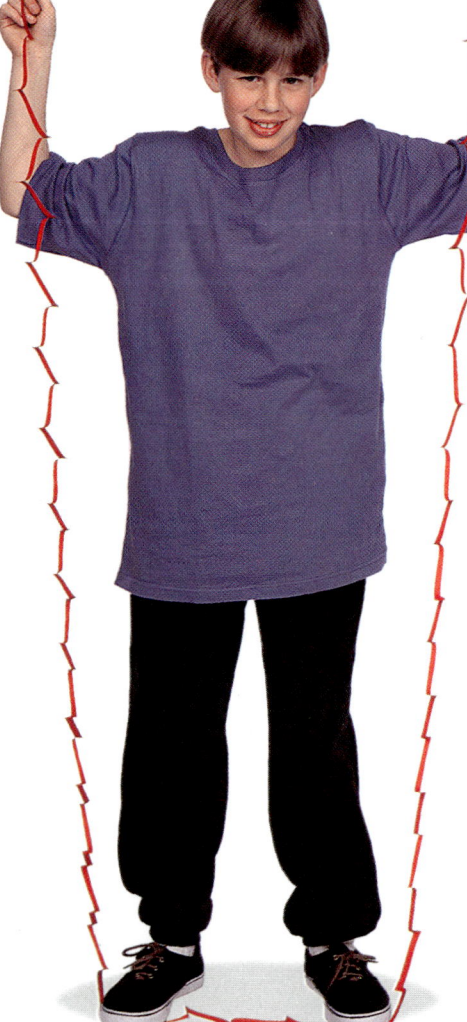

Durch eine Postkarte steigen

Das Volumen einer Hand messen

Die Höhe eines Baumes mit einem
Astrolabium bestimmen

Spannende
Welt der
Mathematik

Carol Vorderman

Im Spiel mit positiven und negativen Zahlen rechnen

Die Rechenvorschrift
erraten

Die Wurfbahn beobachten

DK

DORLING KINDERSLEY

DORLING KINDERSLEY
London, New York, Melbourne, München und Delhi

Für die deutsche Ausgabe:
Programmleitung Monika Schlitzer
Projektbetreuung Martina Glöde
Herstellungsleitung Dorothee Whittaker
Herstellung Gerd Wiechcinski

Bibliografische Information Der Deutschen Bibliothek
Die Deutsche Bibliothek verzeichnet diese Publikation in der
Deutschen Nationalbibliografie;
detaillierte bibliografische Daten sind im Internet über
http://dnb.ddb.de abrufbar.

Titel der englischen Originalausgabe:
How mathematics works

© Dorling Kindersley Limited, London, 1996
Ein Unternehmen der Penguin-Gruppe

Text © Carol Vorderman

© der deutschsprachigen Ausgabe by
Dorling Kindersley Verlag GmbH, München, 2008
Alle deutschsprachigen Rechte vorbehalten

In neuer Rechtschreibung

Übersetzung Dirk Pattinson, Franz Mornau
Lektorat Franz Amann

ISBN 978-3-8310-1183-4

Printed and bound in China by Toppan

Besuchen Sie uns im Internet
www.dk.com

Hinweis
Die Experimente in diesem Buch wurden von Fachleuten sorgfältig geprüft.
Wenn Vorsicht bzw. die Aufsicht eines Erwachsenen nötig sind,
wird jeweils darauf hingewiesen. Nicht alle Versuche sind für Kinder aller
Altersklassen gleichermaßen geeignet. Der Verlag kann keine Haftung
übernehmen, falls es bei der Durchführung der im Buch beschriebenen
Experimente zu Schäden kommt.

Inhalt

ZAHLEN

PROPORTIONEN

ALGEBRA

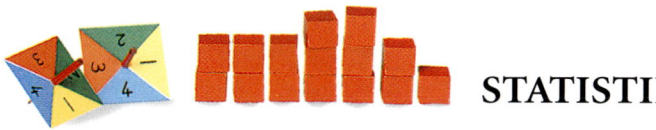

STATISTIK

MESSEN

GEOMETRIE

DENKEN

EINLEITUNG

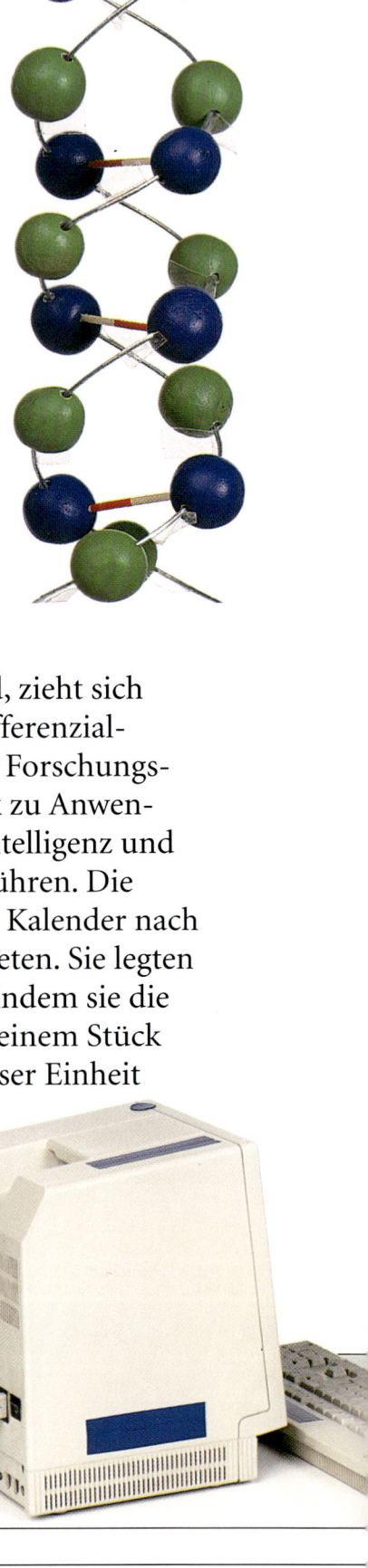

Ohne Mathematik können wir nicht leben. So wie wir ohne Worte nicht miteinander reden können, brauchen wir Zahlen, Formen und Muster, um uns in der Welt zurechtzufinden. Ohne Mathematik gäbe es keine Computer und keine Handys, keine moderne Medizin, keine Autos, keine Weltraumfahrt, keine DVDs und keine Geldautomaten. Und Gebäude und Brücken würden ganz anders aussehen. Mathematik steht nicht nur für Zahlen und logisches Schließen. Sie hilft uns, die Welt zu verstehen: Wir können die Bahnen von Planeten und den Aufbau von Atomen berechnen, Computerchips und Hängebrücken bauen, und vorhersagen, wie sich ein Virus oder ein Tsunami ausbreitet.

Die Geschichte der Mathematik ist spannend. Sie beginnt bei der Erkenntnissen der alten Ägypter in praktischen Dingen und den Gelehrten und Naturphilosophen im antiken Griechenland, zieht sich über Leibniz und Newton und die Differenzialrechnung bis in die Gegenwart, in der Forschungsergebnisse aus der reinen Mathematik zu Anwendungen im Bereich der künstlichen Intelligenz und der Konstruktion von Geheimcodes führen. Die alten Ägypter entwickelten den ersten Kalender nach den Bewegungen der Sterne und Planeten. Sie legten eine verbindliche Längeneinheit fest, indem sie die »Elle« benutzten, deren Länge sie auf einem Stück schwarzen Granit markierten. Mit dieser Einheit mussten alle Maßstäbe im Land verglichen werden. Ohne diese Elle hätten die ägyptischen Pyramiden vermutlich gar nicht gebaut werden können.

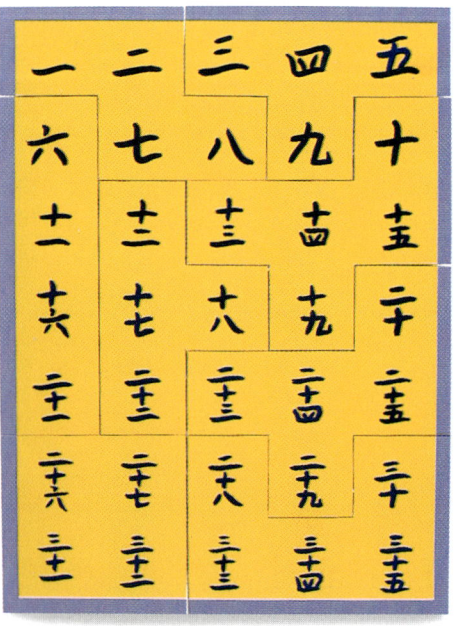

Im antiken Griechenland zeigten Pythagoras und seine Schüler die Harmonie zwischen Musik und Mathematik und entdeckten viele Eigenschaften von Zahlen und Figuren. Doch das Leben der Gelehrten war damals gefährlich: Pythagoras wurde umgebracht, und auch viele seiner Nachfolger starben wegen ihrer Studien.

Während der Renaissance waren viele der großen Mathematiker auch Künstler. Leonardo da Vinci schrieb mit der linken Hand vor einem Spiegel, damit seine Schriften nicht so leicht entschlüsselt werden konnten. Die Mathematik versetzte Astronomen in die Lage, zu beweisen dass die Erde eine Kugel ist und zu erkennen, dass die Erde nicht der Mittelpunkt des Universums ist – eine Ketzerei, die mit dem Tode bestraft werden konnte.

Die Mathematik ist heute so wichtig wie noch nie. Sie ist tatsächlich so grundlegend wie Wörter und Kommunikation. Ohne sie ist unsere moderne Welt nicht vorstellbar.

In diesem Buch entdeckt ihr die Geheimnisse der Mathematik anhand von interessanten Experimenten. Mathematik ist überall – in den Mustern der Blüten von Sonnenblumen, in der Wahrscheinlichkeit, ein Vermögen zu gewinnen, und in der Stabilität von Molekülen aufgrund ihres geometrischen Aufbaus. Dieses Buch öffnet euch die Augen. Auch wenn ihr später nicht Mathematiker werdet, werden euch das Wissen und die Anregungen, die ihr auf den folgenden Seiten findet, euer ganzes Leben lang nützlich sein.

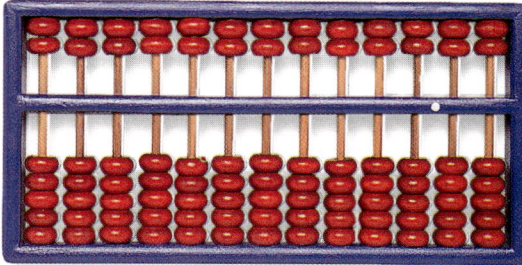

Prof. Albrecht Beutelspacher
Mathematikum Gießen

Das Heimlabor

Für die meisten Experimente in diesem Buch genügen Schreib- und Zeichengeräte, wie ihr sie auch für den Unterricht in der Schule braucht. Für umfangreichere Berechnungen ist ein Taschenrechner hilfreich. Andere nützliche Gegenstände findet ihr in der Küche oder im Werkzeugkasten. Außerdem benötigt ihr farbiges Papier und Karton. Auf diesen beiden Seiten sind einige Dinge abgebildet, die ihr in den Materiallisten für die Experimente finden werdet.

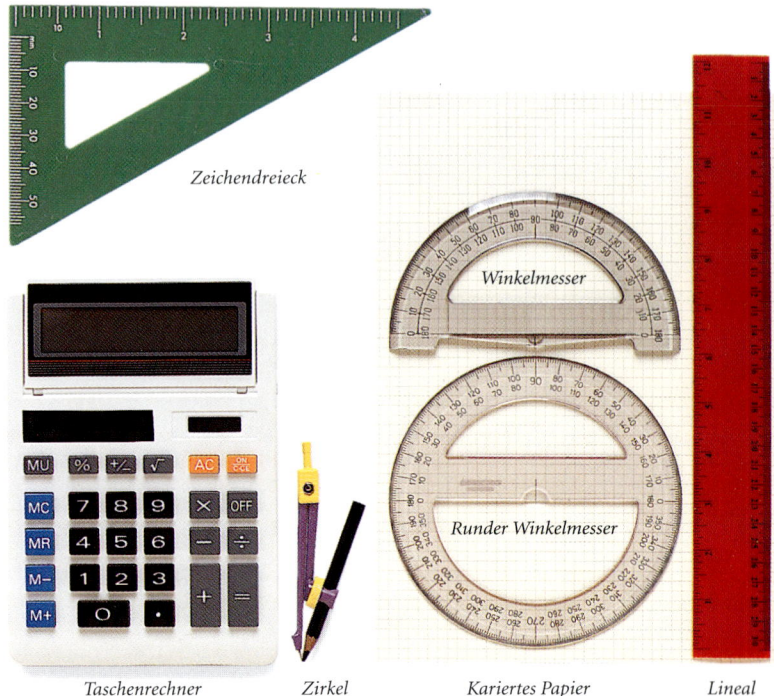

Zeichendreieck

Winkelmesser

Runder Winkelmesser

Taschenrechner   *Zirkel*   *Kariertes Papier*   *Lineal*

Grundausstattung

Diese Gegenstände, von denen ihr manche vielleicht schon habt, werden in vielen Experimenten benutzt. Ihr benötigt ein Lineal und ein Zeichendreieck, um Linien und rechte Winkel zu zeichnen. Ein Zirkel ermöglicht das genaue Zeichnen von Kreisen und ist nützlich beim Durchstechen und Markieren. Neben einem normalen Winkelmesser könnt ihr einen runden für Winkel größer als 180° verwenden. Kariertes Papier wird zum Zeichnen von Rastern und Schaubildern verwendet. Ihr werdet häufig Rechenausdrücke mit einem Taschenrechner auszuwerten haben. Es ist vorteilhaft, wenn euer Rechner eine Wurzeltaste ($\sqrt{}$) und eventuell eine Prozenttaste (%) besitzt. Ihr solltet euch auch eine Grundausstattung aus verschiedenen Stiften zulegen, einen Notizblock, eine Schere, ein Maßband, Bindfaden und Gummiringe, um Gegenstände festzubinden und zu sichern.

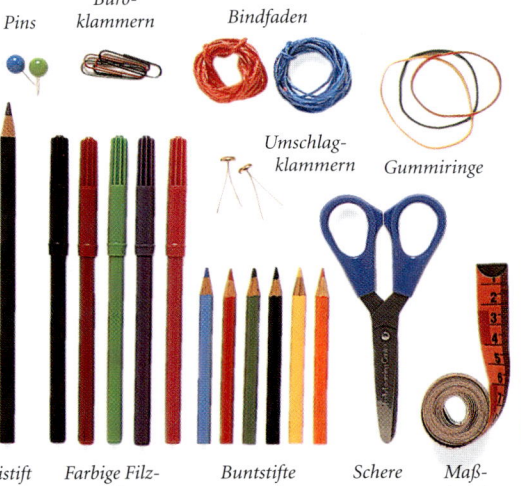

Pins

Büroklammern

Bindfaden

Umschlagklammern

Gummiringe

Bleistift   *Farbige Filzstifte*   *Buntstifte*   *Schere*   *Maßband*   *Notizblock*

Behälter

Einige dieser Behälter habt ihr sicher zu Hause. Wascht sie gründlich, nachdem ihr sie verwendet habt. Wenn sie Stoffe wie Spiritus enthalten haben, könnt ihr sie später nicht mehr für Speisen und Getränke verwenden. Einige Dinge werden zum Abmessen benötigt. Ein Glas ist praktisch für beliebige Mengen; ein Messbecher ist aber für exaktes Arbeiten besser. Legt euch einen Vorrat an leeren Gefäßen für eure Experimente an, wie z.B. Plastikflaschen und Papprollen von Toilettenpapier.

Glasschüssel   *Metalleimer*   *Glas*   *Krug*   *Plastikflasche*

Materialien

Für das Zeichnen und Basteln müsst ihr Hilfsmittel in einem Schreibwarengeschäft oder in einem Geschäft für Künstlerbedarf kaufen. Einige dieser Dinge, wie das Kreppband und die Crea-Fix-Platte, kennt ihr vielleicht nicht, aber sie sind billig zu erwerben und einfach zu gebrauchen. Die Crea-Fix-Platte (siehe auch S. 192) bekommt ihr in speziellen Schreibwarengeschäften. Klebestifte sind einfach zu gebrauchen, denn sie können ohne Schmutz und Verschwendung aufgetragen werden.

Modelliermasse

Klebstoff

Farbiges Papier

Farbiger Karton

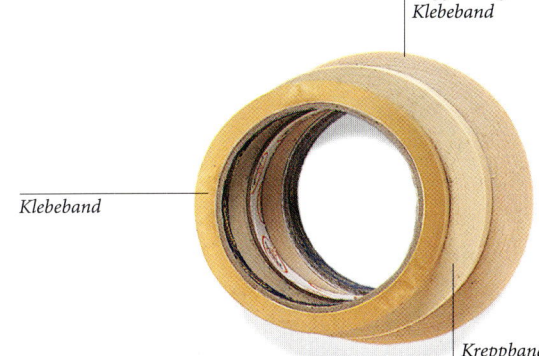

Doppelseitiges Klebeband

Klebeband

Farbiges Klebeband

Kreppband

Plakatfarbe

Crea-Fix-Platte

Nützliche Dinge

Sucht in der Küche nach Lebensmittelfarben, Strohhalmen, Löffeln und Rührstäben für Getränke. Vielleicht findet ihr dort auch ein Küchenthermometer und eine Waage. Sucht euch außerdem ein normales Thermometer, das auch negative Temperaturen anzeigt. Manchmal benötigt ihr eine Stoppuhr, die auch Sekundenbruchteile anzeigt. Brettspiele enthalten oft Würfel und Spielsteine, und vielleicht habt ihr selbst Holzkugeln, Perlen und Murmeln. Schaut am besten in der Garage, dem Keller oder dem Gartenhäuschen nach Holzbrettchen und -stäben, oder fragt jemanden, der gerade seine Wohnung renoviert. Fragt einen Erwachsenen nach einem Papiermesser und bittet ihn euch zu zeigen, wie es benutzt wird. Garnrollen könnt ihr wahrscheinlich beim Nähzeug finden.

Stoppuhr

Farbiger Tischtennisball

Garnrolle

Küchenthermometer

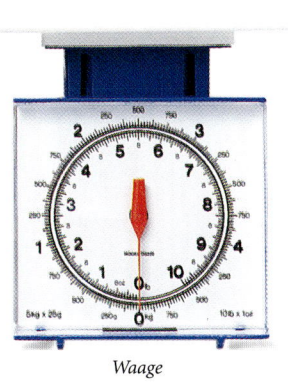

Waage

Spielsteine

Schachtel

Lebensmittelfarbe

Hefter

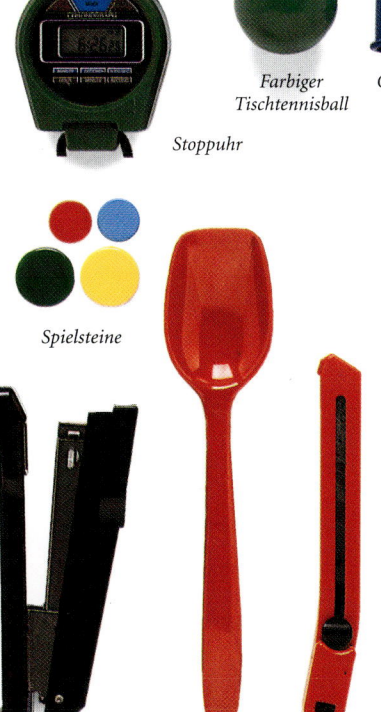

Löffel

Papiermesser

Strohhalme

Holzstab

Holzbrettchen

ZAHLEN

Maße und Massen
Die Kunst des Rechnens hat sich über Jahrtausende entwickelt. Früher wurden Hilfsmittel wie der römische Abakus (oben) verwendet. Heute können Mathematiker mithilfe ausgeklügelter Computertechnik mit großen Zahlen rechnen, wie der Anzahl der Jungfische in diesem Schwarm (links).

Die Vorstellung von Zahlen hat sich bei den Menschen über Jahrtausende entwickelt. Zunächst wurden Zahlen einfach zum Zählen oder für Mengenangaben benutzt, doch im Laufe der Jahrhunderte haben Mathematiker Möglichkeiten entdeckt, mit Zahlen zu rechnen und dadurch neue Informationen zu gewinnen. Sie gingen weiter und erfanden Worte und Symbole, um Zahlen zu definieren und mit ihnen zu rechnen. Die Sprache der Mathematik war und ist ein grundlegendes Werkzeug bei der Veränderung der Welt. Sie ist heute von entscheidender Bedeutung in vielen Lebensbereichen, wie Wissenschaft, Technologie und Wirtschaft, aber genauso in der Musik, in der Philosophie und bei der Freizeitgestaltung.

DIE VIER GRUNDRECHENARTEN

So wie Buchstaben die Grundlage der Schrift sind, so sind Zahlen das wichtigste Werkzeug der Mathematik. Seit mehr als 5000 Jahren wird mit Zahlen gerechnet. Die Anwendungen reichen heute vom Einkaufen bis zur elektronischen Datenspeicherung; aber alle Berechnungen beruhen nach wie vor auf Addition, Subtraktion, Multiplikation und Division.

Die meisten Menschen kommen das erste Mal mit Zahlen in Berührung, wenn sie zählen lernen. Das westliche Zahlensystem basiert auf der Zahl 10. Es entwickelte sich vermutlich dadurch, dass die Menschen ihre zehn Finger zum Zählen verwendeten. Für jede Ziffer von 0 bis 9 gibt es ein eigenes Symbol. Größere Zahlen werden durch zwei oder mehr Ziffern gebildet. Die Zahl 27 steht beispielsweise für 2 Zehner und 7 Einer. Dieses Zahlensystem heißt »Zehner-« oder »Dezimalsystem« (Seite 46). Wir wissen nicht, wer zuerst im Zehnersystem zählte.

Historiker haben aber bei Untersuchungen von Papyrusrollen der alten Ägypter herausgefunden, dass diese vor fast 5000 Jahren ein Zahlensystem mit der Basis 10 benutzten.

Der chinesische Abakus
Der Abakus hat dreizehn Spalten mit Perlen. Jede Spalte hat fünf Perlen, um die Einer, und zwei Perlen, um die Fünfer darzustellen. Anstelle elektronischer Rechner wird in manchen Teilen der Welt noch immer diese Rechenhilfe verwendet (S. 19).

Zifferndarstellung

Obwohl die alten Ägypter mit der Basis 10 zählten, unterschied sich ihr Zahlensystem von unserem in vielen Bereichen. Sie bildeten beispielsweise keine Ziffernreihen und konnten deshalb nicht aus wenigen Ziffern alle Zahlen darstellen. Die ersten Menschen, von denen bekannt ist, dass sie verschiedene Stellenwerte für Ziffern benutzten, waren die Babylonier. Sie waren leidenschaftliche Astronomen und entwickelten die Mathematik als Hilfsmittel, um den Lauf der Sonne, der Sterne und Planeten vorauszusagen. Ihre Art der Zahldarstellung versetzte sie in die Lage, bessere Rechentechniken zu entwickeln als die Ägypter. Tontafeln aus dem 18. Jahrhundert v. Chr. belegen, dass die Babylonier sowohl Quadratwurzeln und Vorläufer des Logarithmus berechnen als auch quadratische und kubische Gleichungen lösen konnten (S. 72).

Zahlwörter

Die Griechen fassten Zahlen in Zehnerschritten zusammen, wobei sie Symbole für 100 und andere Zehnerpotenzen verwendeten (S. 40). In späteren Jahren verwendeten sie den ersten Buchstaben einer Zahl für die Zahl selbst. So stand π (p für *pente*) für 5, und Δ (d für *deka*) stand für 10. Die Römer erdachten ein noch einfacheres Zahlensystem, das auf den Buchstaben I, V, X, L und C aufbaute. (D für 500 und M für 1000 wurden später hinzugefügt.) Ihr System hielt sich in Europa fast 2000 Jahre lang. Die Grundlage des heutigen Systems entwickelte sich ab dem 7. Jahrhundert n. Chr. in Indien.

Napier-Stäbe
Sie wurden als Rechenhilfe entwickelt. Diese hier sind im Old Royal Observatory in Greenwich (England) zu sehen.

Dieses Zahlensystem, welches Fibonacci im 13. Jahrhundert nach Europa brachte, war weit mächtiger als alle anderen zuvor.

Keines der antiken Völker verwendete die Null (0). Im babylonischen Zahlensystem war es beispielsweise unmöglich, zwischen den Zahlen 82 und 802 zu unterscheiden, da die Null nicht bekannt war. Um so erstaunlicher ist es, dass die Babylonier die Mathematik so weit entwickeln konnten, wie sie es taten. Das eiförmige Symbol für die Zahl Null wurde erstmals von indischen Gelehrten verwendet. Drei Jahrhunderte später übernahmen die Araber die Null und brachten sie nach Europa.

Summenbildung

Das Wort »Arithmetik« stand ursprünglich für die vier Grundrechenarten Addition, Multiplikation, Subtraktion und Division. Symbole für diese Operationen sind grundlegend für die ganze Mathematik. Sie existieren seit Jahrtausenden, wie man am Papyrus Rhind, einem mathematischen Text aus dem alten Ägypten, sehen kann. Der Autor bezeichnet ihn als »Anleitung, um alle dunklen Dinge kennenzulernen«. Aber eigentlich war der Text ein mathematisches Lehrbuch. In diesem Schriftstück wurden spezielle Symbole für die Rechenoperationen benutzt. Ein vorwärtslaufen-

Mathematische Symbole
Frühe Rechensymbole kamen sowohl aus dem Handel als auch aus der Mathematik selbst. Die alten Zeichen hier stehen für (von links nach rechts): +, −, : und ·.

Die Differenzmaschine
Dieses vervollständigte Teil von Charles Babbages Differenzmaschine zeigt Zahnräder, die von Dampf angetrieben wurden. Die Maschine sollte programmierbar sein und umfangreiche Berechnungen durchführen können.

des Beinpaar stand beispielsweise für die Addition; ein rückwärtslaufendes Beinpaar oder eine Pfeilreihe repräsentierte die Subtraktion.

Die ersten in Europa gedruckten Bücher stellten Rechenoperationen durch die Verwendung von Abkürzungen von Wörtern dar, so stand zum Beispiel das lateinische *et* (»und«) für die Addition. Im Jahr 1557 wurde das Zeichen = für »ist gleich« eingeführt. Andere Symbole für verschiedene Rechenoperationen wurden in den nächsten Jahrhunderten entwickelt, aber ihre Bedeutung war nicht einheitlich festgelegt. Heute sind die Operationssymbole bis auf ein oder zwei Ausnahmen (S. 17) für den weltweiten Gebrauch standardisiert.

James Clark Maxwell
Der schottische Physiker (S. 29) beschrieb mit einigen komplizierten Gleichungen die Ausbreitung von Licht, Hitze und elektromagnetischer Strahlung.

Techniken

Im täglichen Leben rechnen die Menschen oft im Kopf – beispielsweise das Wechselgeld beim Einkauf, das sie an der Kasse zurückbekommen. Im Allgemeinen ist das Rechnen im Kopf umso schwieriger, je größer die Zahlen in der Rechnung sind.

Viele Techniken und Geräte wurden entwickelt, um das Rechnen zu vereinfachen. Der Abakus (S. 19) ist eines der ersten Hilfsmittel. In China ist er seit mehr als 2000 Jahren im Gebrauch. Auf der Welt gibt es viele verschiedene Arten. Bei allen aber werden die Ziffern einer Zahl durch Perlen in Zeilen oder Spalten dargestellt. Der Abakus ist ein geeignetes Hilfsmittel für einfache Rechnungen. Die Multiplikation und die Division großer Zahlen blieben schwierig, bis 1614 John Napier die Logarithmen erfand (S. 22). Sie verwenden die Darstellung von Zahlen als Potenz mit einer gemeinsamen Basis (S. 40). Napier wusste, dass Zahlen mit gemeinsamer Basis durch Addition der Hochzahlen multipliziert werden (S. 40); beispielsweise gilt $3^4 \cdot 3^2 = 3^{4+2}$, also 3^6.

In Logarithmentafeln sind nur die Hochzahlen der Potenzen aufgelistet. Diese bilden die Grundlage für weitere Berechnungen. Er erfand außerdem die »Napier-Stäbe« als Rechenhilfe für die Multiplikation. Eine spätere Variante hiervon ist der Rechenschieber, ein Rechenwerkzeug, das erst außer Gebrauch kam, als elektronische Taschenrechner überall billig erhältlich waren.

Rechenmaschinen

Blaise Pascal (S. 79) erfand im Jahr 1642 den ersten mechanischen Rechner, eine Art Addiermaschine. Logarithmentafeln mussten aber immer noch zeitaufwendig per Hand berechnet werden. Der britische Ingenieur Charles Babbage begann 1823 mit dem Bau eines riesigen Apparats, den er »Differenzmaschine« nannte, um Logarithmen und andere Tabellen automatisch zu berechnen. Obwohl diese

Das Flaschenzug-Prinzip
Kräne heben und bewegen schwere Dinge, indem sie das Flaschenzug-Prinzip benutzen (S. 29). Ingenieure verwenden mathematische Verfahren, um die maximale Hebelast eines Krans auszurechnen.

Maschine dampfgetrieben war, ähnelte sie doch in vielen Dingen einem modernen elektronischen Computer. Sie konnte programmiert werden, um eine spezielle Aufgabe auszuführen, und zeigte das Ergebnis als lesbaren Ausdruck. Leider ging Babbage nach zehn Jahren Arbeit das Geld aus. Er musste die Arbeit an diesem Projekt aufgeben, bevor er seine erstaunliche Maschine fertig gebaut hatte.

Der elektronische Computer, dessen Entwicklung durch Fortschritte in der Physik möglich wurde, hilft Wissenschaftlern seit der Mitte des 20. Jahrhunderts maßgeblich bei der Entwicklung und der Umsetzung von Ideen. Er kann sehr gut rechnen. Programme versetzen ihn in die Lage, viele verschiedene Dinge zu tun. Computer kommen heute in fast allen Lebensbereichen vor. Durch ihren Gebrauch verlassen wir uns mehr als je zuvor auf Zahlen und Arithmetik.

Vergrößerung
Wissenschaftler vergrößern sehr kleine oder weit entfernte Gegenstände, um sie deutlicher sehen zu können. Mit der Lupe (oben) lassen sich kleine Dinge auf einfache Art vergrößern.

Schreibweisen für Zahlen

Die ersten Zahldarstellungen kann man in 30 000 Jahre alten Kunstwerken finden, aber erst in den letzten 6000 Jahren haben Menschen auch ihre Berechnungen schriftlich festgehalten. Seit 3000 v. Chr. benutzten die Ägypter Brüche; seit 2000 v. Chr. verwendeten die Babylonier Stellenwerte (S. 46) für die Ziffern in Zahlen. Im klassischen Zeitalter Griechenlands (ca. 600 v. Chr. bis 200 n. Chr.) war die Arithmetik eine hoch geschätzte Disziplin. Von den griechischen Mathematikern Aristoteles, Euklid, Plato und Pythagoras sind grundlegende Ergebnisse überliefert. Buchstaben wurden zur Darstellung von Zahlen verwendet, ähnlich den noch heute bekannten römischen Zahlen. Aber erst ab ungefähr 600 n. Chr. wurde in Indien ein System mit zehn Ziffern und Stellenwerten für Hunderter, Zehner und Einer gebräuchlich.

Ägyptischer Papyrus

Der 1858 wiederentdeckte Papyrus Rhind wurde von einem Schreiber namens Ahmes um 1650 v. Chr. angefertigt. Der Inhalt ist aber bereits einige Hundert Jahre älter. Er besteht aus 84 arithmetischen und algebraischen Problemen mit ihren Lösungen. Eine Reihe von Symbolen sieht aus wie laufende Menschenbeine – vorwärtsweisend bedeuten sie »plus« und rückwärtsweisend bedeuten sie »minus«.

EXPERIMENT
Einfaches Zahlenpuzzle

Im Jahre 830 n. Chr. schrieb der arabische Gelehrte al-Khwarizmi (S. 68) ein bedeutendes Werk über die indischen Zahlzeichen. Sein Buch war im mittelalterlichen Europa so bedeutend, dass die westlichen Zahlzeichen immer noch fälschlicherweise als »arabisch« bekannt sind. Dieses Puzzle enthält alle zehn Zahlzeichen. Ihr könnt das Puzzle basteln, um jüngeren Kindern beim Lernen der Zahlen zu helfen.

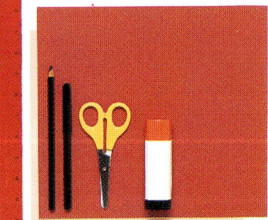

IHR BRAUCHT
- Lineal ● Bleistift
- Filzstift ● Schere ●
Klebstoff ● Papier ●
Karton, der an allen
Seiten um 1 cm
größer ist als das
Papier.

 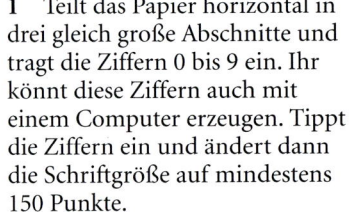

1 Teilt das Papier horizontal in drei gleich große Abschnitte und tragt die Ziffern 0 bis 9 ein. Ihr könnt diese Ziffern auch mit einem Computer erzeugen. Tippt die Ziffern ein und ändert dann die Schriftgröße auf mindestens 150 Punkte.

2 Tragt Klebstoff auf die Rückseite des beschrifteten Papiers auf und legt es mittig auf einen Karton. Zeichnet mit dem Lineal willkürlich mehrere Linien über die Zahlen.

3 Schneidet die Puzzleteile mit einer Schere entlang der Bleistiftlinien aus. Mischt sie jetzt und gebt sie dann einem Kind zum Zusammensetzen.

Das Puzzle zusammensetzen
Das Puzzle ist nicht so einfach wie es aussieht, obwohl der Rand eine nützliche Hilfe beim Zusammenfügen ist. Das Puzzle wird einfacher, wenn jede Ziffer nur in zwei Stücke geschnitten wird.

EXPERIMENT

Chinesisches Puzzle

Die Mathematiker im alten China liebten Puzzles. Das abgebildete verwendet chinesische Zahlzeichen. Bastelt das Puzzle zuerst einmal, schneidet es auseinander, und versucht dann, es wieder zusammenzufügen. Versucht herauszufinden wofür die Symbole stehen und wie größere Zahlen daraus aufgebaut sind. (Hilfestellung: Die Zahl 10 sieht in etwa wie ein Kreuz aus.) Wenn ihr einmal verstanden habt, wie ein Muster aufgebaut ist, könnt ihr die Zahlen »lesen« und das Puzzle ganz einfach zusammensetzen.

Bei diesem Experiment sollte ein Erwachsener mithelfen

IHR BRAUCHT
- Wasser ● Klebstoff
- Papiermesser ● Pinsel
- Papier ● Crea-Fix-Platte, auf allen Seiten 1 cm größer als das Papier ● Farben ● Unterlage zum Schneiden

Das zusammengesetzte Puzzle

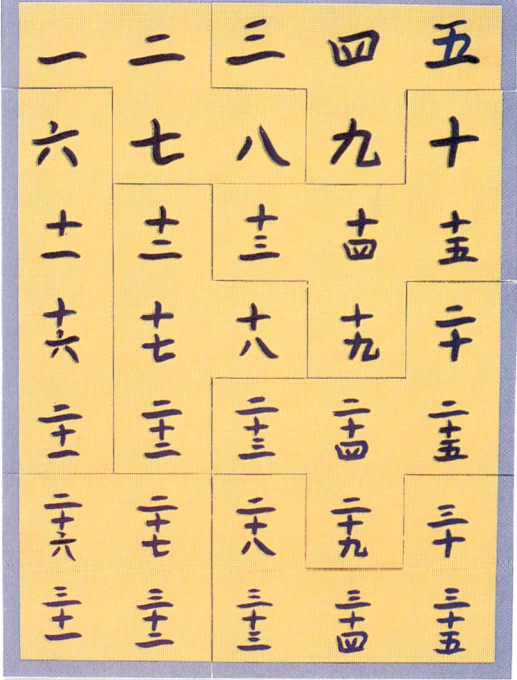

Malt die Zeichen mit einem dicken Pinsel

Chinesische Beschriftung
Fotokopiert die rechts abgebildeten chinesischen Zahlzeichen und benutzt die Fotokopie, um die Umrisse auf ein Blatt Papier durchzupausen. Malt die chinesischen Zeichen aus. Wenn die Farbe getrocknet ist, übertragt die Linien, um das Puzzle herzustellen. Klebt das Papier auf die Crea-Fix-Platte. Bittet einen Erwachsenen, die Puzzleteile mit dem Papiermesser auszuschneiden.

Unglückszahl 13

Manche Menschen halten die Zahl 13 für eine Unglückszahl und weigern sich, an diesem Tag irgendwelche Risiken einzugehen. Im Christentum wird die Zahl 13 mit dem letzten Abendmahl von Jesus und seinen zwölf Jüngern in Verbindung gebracht. Das Bild zeigt ein Gemälde von Leonardo da Vinci. Die dreizehnte Person, Judas, verriet Jesus.

Die Entwicklung der Zahlensysteme

babylonisch

Zahlen der Maya

ägyptisch

hebräisch

arabisch (Ghobar), um 1050

Die uns heute vertraute Zahlenschreibweise hat sich über Tausende von Jahren durch Eroberung, Kulturaustausch und Veränderungen der Schrift entwickelt. Die babylonische Keilschrift ist eines der ältesten Zeugnisse. Das System der Mayas wurde unabhängig davon in Amerika entwickelt; man vermutet, dass es schon vor dem Jahr 500 v. Chr. entstand. Unsere Ziffern haben ihren Ursprung sowohl in der indischen Schrift als auch in den arabischen Ziffern, die mit den Schriften von al-Khwarizmi nach Europa kamen.

Die Verwendung von Zahlen

Um das Zählen und das Rechnen zu vereinfachen, haben die Mathematiker die Arithmetik entwickelt. Dieser Begriff stammt vom griechischen Wort *arithmetike*, das »die Kunst der Zahlen« bedeutet. Die Arithmetik verwendet vier einfache Rechenoperationen: Addition, Subtraktion, Multiplikation und Division. Bei der Addition, der grundlegenden Operation, werden zwei Zahlen durch wiederholtes Vorwärtszählen zusammengefügt. Die Subtraktion ist wiederholtes Rückwärtszählen. Jede Operation steht in Verbindung mit den anderen. Subtraktion ist das Gegenteil bzw. die Umkehrung der Addition. Die Multiplikation ist ein schneller Weg, wiederholte Additionen der gleichen Zahl auszuführen. Die Division ist die Umkehrung der Multiplikation. Für alle gibt es ein eigenes Kurzzeichen. Diese Grundbausteine gehören zu den Fundamenten unseres Verständnisses und unseres Umgangs mit der Mathematik.

Beschrifteter Stein
Die Keilschrift wurde in Mesopotamien (heute Irak) im 4. Jahrtausend v. Chr. entwickelt. Die Informationen wurden durch Bilder und Zeichen dargestellt. Diese wurden mit Stempeln in weiche Tontafeln gedrückt, die dann in Öfen oder in der Sonne getrocknet wurden. Manche dieser Tafeln stammen aus der Zeit um 3000 v. Chr. und zeigen, dass die Babylonier die Zahl 60 als Basis verwendet haben (S. 46). Diese Tafel aus dem Jahr 2900 v. Chr. enthält die Erträge der Getreideernte. Sie wurde in Spalten geschrieben und ist von rechts nach links zu lesen.

123 Trick

Wie misst man vier Einheiten Wasser ab, wenn man nur ein Gefäß mit drei Einheiten und eines mit fünf Einheiten hat? Um das herauszufinden, braucht ihr jeweils ein Gefäß, das drei bzw. fünf Einheiten fasst. Eine Einheit kann der Inhalt einer Tasse oder eines Glases sein. Stellt eine große Schüssel in die Nähe.

1. Füllt das kleine Gefäß, es fasst 3 Einheiten, und gießt das Wasser in das große Gefäß, das 5 Einheiten fasst.
2. Füllt das kleine nochmals auf und füllt damit das große Gefäß. Im kleinen befindet sich jetzt noch eine Einheit.
3. Leert den Inhalt des großen Gefäßes in die Schüssel aus und schüttet den Wasserrest aus dem kleinen Gefäß in das große.
4. Füllt das kleine noch einmal auf und gebt das Wasser in das große Gefäß dazu. Das macht vier Einheiten. Überprüft jetzt euer Ergebnis.

Eine Waage benutzen

Die beiden wichtigsten Rechenarten sind die Addition und die Subtraktion. Was muss zu 3 addiert werden, um 10 zu erhalten? Die Antwort ist 7, und 7 heißt das »Komplement« von 3: Mit anderen Worten, 7 ist gleich 10 – 3. Falls die Addition und die Subtraktion für euch neu sind, könnt ihr eine Waage zu Hilfe nehmen, um eine Vorstellung zu bekommen.

Stellt einen Baustein auf die Waage

1 Wenn sich ein Baustein auf der Waage befindet, ist das Gesamtgewicht eine Einheit, und die Waage zeigt eine Einheit an.

Stellt noch zwei Bausteine auf die Waage

2 Wenn ihr noch zwei weitere Bausteine auf die Waage legt, erhöht ihr die Gesamtmenge auf drei Einheiten. Ihr habt dadurch die Zahlen 1 und 2 addiert.

Entfernt nun einen Baustein von der Waage

3 Wenn ein Baustein von der Waage genommen wird, geht die Anzeige auf zwei Einheiten zurück, da eine weggenommen, d. h. subtrahiert, wurde.

Kurz gerechnet

Findet den Ausreißer in allen drei Gruppen von Ausdrücken mithilfe eines Taschenrechners. (Antworten S. 186)

1 (a) $93 + 145 + 12$ (b) $175 - 8 + 83$
   (c) $153 + 124 - 32$

2 (a) $215 \cdot 12$ (b) $50 \cdot 53$ (c) $43 \cdot 60$

3 (a) $4032 : 63$ (b) $320 : 5$ (c) $804 : 12$

Alte Symbole

Die Schreibweise für die Zahlen und die Rechenzeichen hat sich im Lauf der Jahrhunderte verändert. Während die Schreibweise für die Ziffern durch den weltweiten Gebrauch von Computertastaturen einheitlich wurde, unterscheiden sich die Rechenzeichen noch teilweise: Manche Leute verwenden beispielsweise das Symbol × als Zeichen für die Multiplikation, während andere einen Punkt (·) schreiben.

Addition
Das italienische Wort für plus, »piu«, ist die Grundlage für das Additionszeichen aus der Renaissance. Das (+) Zeichen ist eine Variante des lateinischen Wortes »et« (»und«).

Subtraktion
Dies ist das griechische Zeichen für Minus. Unser Minuszeichen (−) leitet sich aus Symbolen her, die Händler benutzten, um Unterschiede in Gewichten darzustellen.

Multiplikation
Leibniz (S. 47) verwendete dieses Zeichen für die Multiplikation, da das Zeichen × der Variablen x in der Algebra ähnlich war (S 70–71)

Division
Dieses Zeichen wurde im 18. Jahrhundert in Frankreich benutzt. Auf dem Taschenrechner wird ÷ als Divisionszeichen verwendet.

Kurz gerechnet

Könnt ihr das fehlende Rechenzeichen in diesen Ausdrücken bestimmen? Prüft eure Antworten mit einem Taschenrechner. (Lösungen S. 186)

35	64 = 99	22	41 = 63
60	15 = 4	19	3 = 57
75	60 = 15	121	11 = 11
999	333 = 666	7	63 = 441

Das NIM-Spiel

Beim NIM-Spiel werden 20 Münzen oder Spielsteine ausgelegt, und jeder Spieler kann in einem Spielzug einen, zwei oder drei Spielsteine nehmen. Der Spieler, der den letzten Stein nimmt, gewinnt das Spiel. Ihr könnt das Spiel durch die Anwendung einfacher mathematischer Überlegungen gewinnen. Achtet darauf, dass am Ende jeder Runde insgesamt vier Spielsteine weggenommen wurden und ihr als Zweiter zieht. Ihr habt dann immer die Kontrolle über die letzte Spielrunde, bei der dann noch vier Steine übrig sein werden.

IHR BRAUCHT
• Spielsteine

1 Legt die Spielsteine aus und erklärt eurer Freundin die Spielregeln (aber nicht, wie man gewinnt). Bittet sie anzufangen. Wenn sie ihre Steine genommen hat, nehmt ihr so viele, dass die Gesamtanzahl der Spielsteine in einer Runde jeweils um vier verringert wird. Wenn sie also in einer Spielrunde drei Steine nimmt, so nehmt ihr anschließend einen.

Der vorletzte Spieler hat keine Gewinnchance

2 Achtet in allen Spielrunden darauf, dass jeweils vier Steine weggenommen werden. In der letzten Spielrunde könnt ihr dann den letzten Stein nehmen und gewinnen. Wenn die Anzahl der Steine ein Vielfaches von 4 ist, gewinnt der zweite Spieler mit dieser Strategie immer.

Die Geschichte des Rechnens

Die Rechenmethoden wurden in den vergangenen Jahrtausenden immer einfacher. Das ägyptische System war schwerfällig, da Multiplikationen und Divisionen als wiederholte Addition bzw. Subtraktion durchgeführt wurden. Zur gleichen Zeit erdachten die Babylonier ein vorteilhaftes System mit Tabellen für die Multiplikation, für Quadratzahlen und dritte Potenzen (S. 41). Diese Systeme wurden jahrhundertelang verwendet. Die griechischen Mathematiker Pythagoras (S. 124), Thales und Plato (S. 152) (zwischen 600 und 400 v. Chr.) unterschieden zwischen der Arithmetik, der Lehre von den Zahlen, und der praktischen Rechentechnik, die sie als wichtig für Händler und Soldaten bezeichneten. Etwa zur gleichen Zeit führten die Chinesen einen Abakus ein, der das Dezimalsystem benutzte. Die Inder entwickelten Methoden für umfangreiche Multiplikationen und Divisionen. Ihr System wurde von der arabischen Welt um 800 n. Chr. übernommen. Seither wurde die Rechentechnik weiter verfeinert, um sie vor allem in Wissenschaft, Wirtschaft und Verwaltung zu nutzen.

Mit den Fingern rechnen

Finger können durch Zeichensprache einfache Zahlen übermitteln (S. 46). Ihr könnt die Finger auch dazu benutzen, die Vielfachen von 9 zu bestimmen. Streckt beide Hände vor euch aus und nummeriert im Kopf eure Finger von 1 (Daumen der linken Hand) bis 10 (Daumen der rechten Hand). Um das Neunfache einer einstelligen Zahl, z. B. 7, zu berechnen, beugt ihr den Finger nach unten, der zu der Zahl gehört. Die Finger links von dem gebeugten zeigen die Zehner, die rechts davon die Einer, also $7 \cdot 9 = 60 + 3 = 63$.

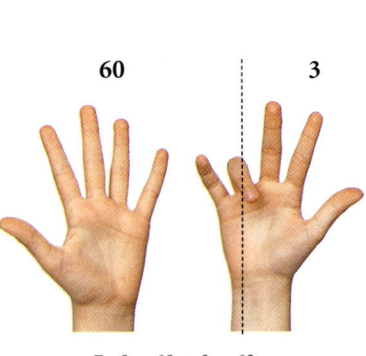

60   **3**

$7 \cdot 9 = 60 + 3 = 63$

Der Abakus

Das Wort »Abakus« kommt von dem semitischen Wort *ibq*, das »den Staub aufwischen« bedeutet. Die Sandfläche, die zum Schreiben verwendet wurde, entwickelte sich zu einer linierten Tafel, auf der Zahlen durch Perlen dargestellt wurden. In Japan und China, wo der Abakus noch heute im Gebrauch ist, besteht er aus einem Rahmen mit parallelen Drähten und einem Querstab in der Mitte. Auf den Drähten sind Perlen aufgereiht; die beiden im oberen Teil stehen für fünf Einheiten, jede Perle in der unteren Hälfte ist eine Einheit. Die Drähte stellen Einer, Zehner, Hunderter usw. dar, wobei die niedrigeren Stellenwerte rechts stehen. Um eine Zahl darzustellen, werden die entsprechenden Perlen an den Trennstab geschoben. Chinesische Benutzer behaupten, dass das Rechnen mit einem Abakus schneller als mit einem Rechenautomaten gehen kann.

Der Rechenautomat

Der erste mechanische Rechenautomat wurde von dem französischen Mathematiker Blaise Pascal (S. 78) im Jahre 1642 konstruiert. Mechanische Rechner wurden bis zur Einführung der elektronischen Geräte um 1960 für umfangreiche, zeitaufwendige Berechnungen verwendet. Moderne Rechner können sowohl einfache als auch wissenschaftliche Berechnungen durchführen.

Rechnen mit einem chinesischen Abakus
Der Abakus wird flach auf den Tisch gelegt, wobei die Gruppe mit fünf Perlen zum Benutzer zeigt. Um eine Zahl darzustellen, werden die Perlen mit Daumen und Zeigefinger zum Trennstab bewegt.

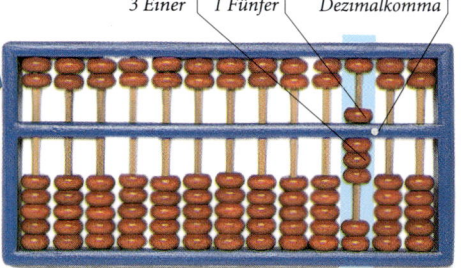

3 Einer | 1 Fünfer | Dezimalkomma

1 Zur Berechnung von 8 + 4 wird zunächst die Dezimalzahl 8,00 eingestellt.

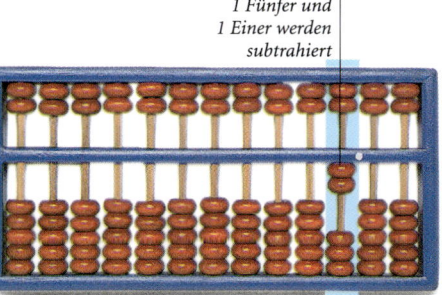

1 Fünfer und 1 Einer werden subtrahiert

2 Um 4 zu addieren, werden zuerst 6 (4 + 6 = 10) in der Einer-Spalte abgezogen. In der Einer-Spalte bleiben nur noch 2 übrig.

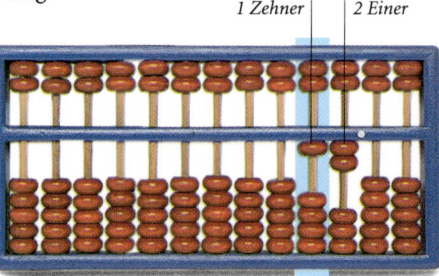

1 Zehner | 2 Einer

3 Nun wird 10 addiert. Dazu wird eine Perle in der Zehner-Spalte zum Trennstab hinaufgeschoben. Ihr könnt das Ergebnis an den Perlen ablesen: 8 + 4 = 12.

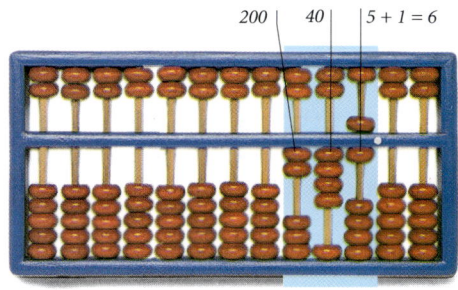

200 | 40 | 5 + 1 = 6

1 Zur Berechnung der Summe 246 + 372 wird zunächst die Dezimalzahl 246,00 eingestellt.

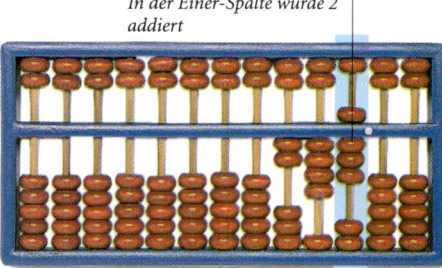

In der Einer-Spalte wurde 2 addiert

2 Heraufschieben von zwei Perlen in der Einer-Spalte ergibt 248.

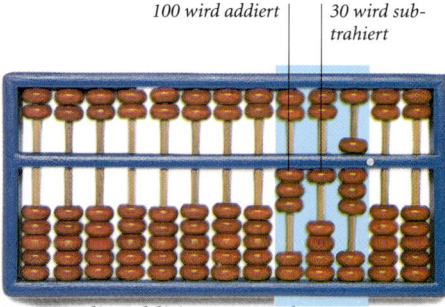

100 wird addiert | 30 wird subtrahiert

3 Für die Addition von 70 bewegt man drei Perlen bei den Zehnern nach unten und eine Perle bei den Hundertern hinauf.

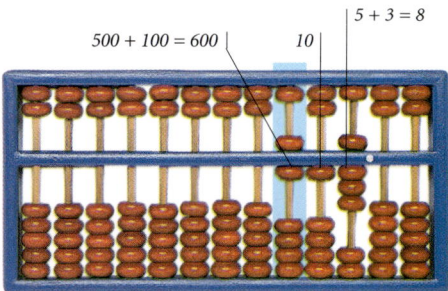

500 + 100 = 600 | 10 | 5 + 3 = 8

4 Um 300 zu addieren, werden drei Perlen auf dem Hunderter-Draht bewegt. Eine von oben zum Trennstab hin und zwei von dort weg nach unten. (+ 500 – 200 = 300)

Zahlen überprüfen

Mathematiker haben schon immer versucht, komplizierte Berechnungen und deren Überprüfung zu vereinfachen. Taschenrechner und Computer helfen uns heute, umfangreiche Zahlausdrücke in Sekundenschnelle zu berechnen. Man kann aber auch komplizierte Berechnungen geschickt in Teilrechnungen zerlegen und diese mit Papier und Bleistift durchführen, wenn man die Beziehungen zwischen den Rechenoperationen kennt. So ist beispielsweise die Multiplikation nur eine Möglichkeit, Zahlen schnell zu addieren. Sie steht auch in Zusammenhang mit der Division, bei der eine Zahl von einer anderen mehrmals abgezogen wird. Wenn ihr solche Rechentricks kennt, werdet ihr Rechnungen schneller ausführen können.

Zahlentafeln

Zahlentafeln wurden ähnlich wie nautische Jahrbücher mehr als 4000 Jahre lang für komplizierte Berechnungen benutzt. Einige von ihnen ersetzt heute der Taschenrechner, wie z.B. die Tafeln für trigonometrische Funktionen und die Logarithmentafeln. Beim Arbeiten mit diesen Tafeln werden viele Beziehungen zwischen den Zahlen benutzt.

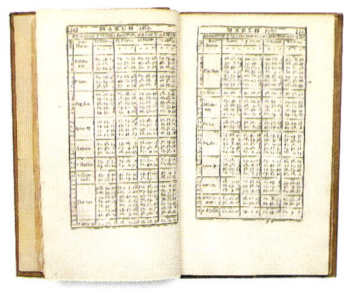

Nautisches Jahrbuch
Dieses nautische Jahrbuch wurde 1766 für Seefahrer veröffentlicht. Die Tabellen zeigen die Entfernungen zwischen Mond und Sternen in Drei-Stunden-Abständen. Dies half bei der Positionsbestimmung.

FORSCHUNGSAUFGABE
Halbieren und Verdoppeln

Das Zweiersystem kann bei der Überprüfung von Multiplikationen von Nutzen sein; man verdoppelt und halbiert einfache Zahlen. Beispiel: $33 \cdot 86$

1 Schreibt die Zahlenreihen in zwei Spalten. Die Zahlen 33 und 86 stehen in der ersten Zeile.

$$\begin{array}{ll} \mathbf{33} & \mathbf{86} \end{array}$$

2 Teilt die Zahlen in der ersten Spalte durch 2, und ignoriert dabei mögliche Reste, bis ihr bei der Zahl 1 angekommen seid.

$$\begin{array}{l} 16 \\ 8 \\ 4 \\ 2 \\ 1 \end{array}$$

3 Multipliziert jetzt die Zahlen in der zweiten Spalte jeweils mit 2, bis die Zahlenreihe genauso lang ist wie die erste.

$$\begin{array}{ll} 33 & 86 \\ 16 & 172 \\ 8 & 344 \\ 4 & 688 \\ 2 & 1376 \\ 1 & 2752 \end{array}$$

4 Streicht jede Zahl in der rechten Spalte, wenn in der linken Spalte eine gerade Zahl steht.

$$\begin{array}{ll} 33 & 86 \\ 16 & \cancel{172} \\ 8 & \cancel{344} \\ 4 & \cancel{688} \\ 2 & \cancel{1376} \\ 1 & 2752 \end{array}$$

5 Addiert die übrig gebliebenen Zahlen der rechten Spalte. Die Summe dieser Zahlen stimmt mit $33 \cdot 86$ überein.

$$2752 + 86 = 2838$$

Puzzle

Versucht einmal, die Zahl 1274953680 (eine Zahl, die alle Ziffern enthält) durch alle Zahlen von 1 bis 16 zu teilen. Was bemerkt ihr? Was fällt euch an der Zahl auf? (Antworten S. 186)

FORSCHUNGSAUFGABE
Neunerprobe

Der Rest bei der Division durch 9 wird als Probe für eine lange Multiplikation verwendet. Wir betrachten die Rechnung $8326 \cdot 6439 = 53611114$.

1 Bildet die Quersumme von jeder der drei Zahlen.

$$8 + 3 + 2 + 6 = 19$$
$$6 + 4 + 3 + 9 = 22$$
$$5 + 3 + 6 + 1 +$$
$$1 + 1 + 1 + 4 = 22$$

2 Dividiert die drei Ergebnisse durch 9 und merkt euch diese Reste.

$$19 : 9 = 2 \ (\text{Rest } 1)$$
$$22 : 9 = 2 \ (\text{Rest } 4)$$
$$22 : 9 = 2 \ (\text{Rest } 4)$$

3 Multipliziert die Reste der ersten beiden Zahlen. Wenn dieses Produkt mit dem dritten Rest übereinstimmt oder um ein Vielfaches von 9 größer ist, dann war die ursprüngliche Multiplikation richtig.

$$1 \cdot 4 = 4$$

EXPERIMENT
Buch der Kombinationen

Eine kleine Anzahl von Objekten kann auf verschiedene Weise angeordnet werden und ergibt dann sehr viele Kombinationen. Das Beispiel mit acht Bildern aus jeweils drei Teilen zeigt, wie schnell diese Anzahl wächst. Hier ist ein Muster abgebildet, das ihr vergrößern und kopieren könnt.

FORSCHUNGSAUFGABE
Teilbarkeit erkennen

In einigen Fällen könnt ihr bereits an den Ziffern einer Zahl erkennen, ob sie durch eine andere Zahl teilbar ist.

Teilbarkeit durch 10
Die Zahl endet mit der Ziffer 0, die dann weggestrichen werden kann.

$$1200 : 10 = 120$$

Teilbarkeit durch 4
Die Zahl aus den letzten beiden Ziffern ist durch 4 teilbar.

$$1644 : 4 = 411$$
$$(44 : 4 = 11)$$

Teilbarkeit durch 3
Die Summe der Ziffern der Zahl ist ein Vielfaches von 3.

$$72 : 3 = 24 \quad 192 : 3 = 64$$
$$(7 + 2 = 9) \quad (1 + 9 + 2 = 12)$$

IHR BRAUCHT
● Karton ● Papier ● Schere ● Lineal ●
Bleistift ● Filzstift ● Hefter ● Taschenrechner

Vorlage für die Buchseiten

1 Schneidet aus dem Papier acht gleich große Rechtecke aus. Zeichnet waagerechte Linien auf das Papier, um jedes Stück in drei gleich große Teile zu zerlegen. Stellt aus dem Karton zwei Heftdeckel in der Größe der Seiten her.

2 Zeichnet die Vorlagen für die Tiere ab. Lasst an der linken Seite Platz für den Buchrücken. Richtet euch nach den eingezeichneten Linien, damit die Teile der verschiedenen Seiten nach dem Auseinanderschneiden zueinanderpassen.

3 Malt die Tiere an und legt die acht Seiten dann zwischen die zwei Kartonstücke. Stellt das Buch fertig, indem ihr die Kanten begradigt und alle Seiten zusammenheftet.

4 Schlagt das vordere Deckblatt auf und schneidet alle acht Seiten an den waagerechten Linien durch. Macht das Buch irgendwo auf und schaut, welches Tier entstand. Wie viele verschiedene Tiere sind möglich?
(Lösung S. 186)

Rechenhilfen

Mit wachsendem Wissen wurde es auch immer wichtiger, neue Kenntnisse mathematisch auszudrücken und anzuwenden. So wurden beispielsweise 1614 die Logarithmen entwickelt und in umfangreichen Tabellen aufgelistet. Der Logarithmus ist die Hochzahl (S. 40), mit der eine bestimmte Basis, im Allgemeinen die Basis 10, potenziert werden muss, um wieder die Ausgangszahl zu erhalten. Zum Beispiel ist $1000 = 10^3$, also ist $\log 1000 = 3$. Durch Logarithmen wird die Multiplikation von zwei Zahlen einfach auf die Addition ihrer Logarithmen zurückgeführt. Das Ergebnis wurde früher dann in der Tafel abgelesen. Vom Abakus über die Napier-Stäbe bis zum Computer ermöglichten rechentechnische Hilfsmittel, Zahlen mit immer größerer Geschwindigkeit und Genauigkeit zu verarbeiten.

Was ist das?

 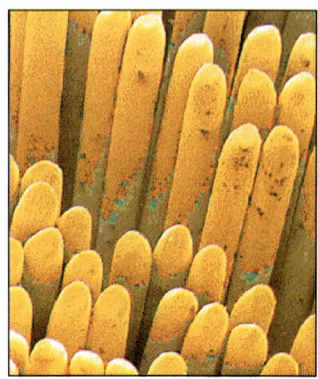

Diese zwei Fotos von alltäglichen Gegenständen wurden mit verschiedenen Vergrößerungen aufgenommen. Könnt ihr erkennen, was sie darstellen? (Antwort S. 186) Für das Erkennen ist es wichtig zu wissen, ob ein Gegenstand verkleinert oder vergrößert wurde. Wenn die Vergrößerung unbekannt ist, könnte zum Beispiel der Mond durch ein Teleskop fotografiert für ein ungeübtes Auge wie ein Felsbrocken aussehen oder wie ein Stück Gips unter einem starken Rasterelektronenmikroskop.

EXPERIMENT

Die Vergrößerung berechnen

Wenn ihr einen Gegenstand durch ein Vergrößerungsglas betrachtet, ist das Bild, das ihr durch die Lupe seht, größer als dieser selbst. Um festzustellen, ob ein Vergrößerungsglas stärker ist als ein anderes, braucht man Mathematik. Messt zunächst die Länge des Gegenstandes und die Länge seines Bildes. Wenn ihr die Länge des Bildes durch die Länge des Originals teilt, erhaltet ihr die Vergrößerung des Glases.

IHR BRAUCHT
- Taschenrechner
- Notizblock • Stift
- kleinen Gegenstand • Vergrößerungsglas • Millimeterpapier

  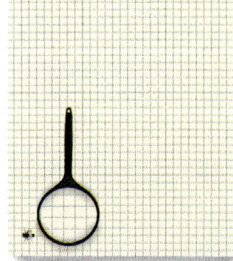

Haltet das Vergrößerungsglas direkt über den Gegenstand

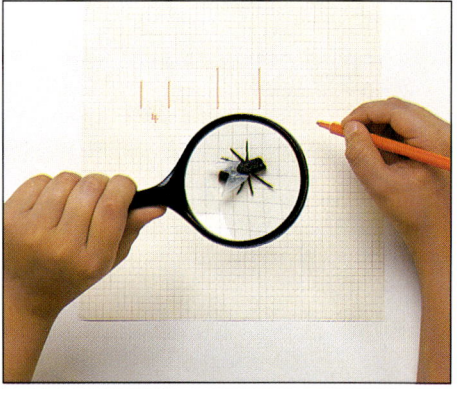

1 Legt den Gegenstand (hier eine Plastikfliege) auf das Millimeterpapier und markiert auf dem Papier seine tatsächliche Länge durch zwei parallele Linien.

2 Bewegt den Gegenstand nach rechts unten und betrachtet ihn durch das Glas. Markiert die scheinbare Länge oberhalb der Lupe, wie im Bild rechts.

3 Zählt jeweils die Kästchen zwischen den beiden Linien. Wenn ihr die Länge des Bildes durch die tatsächliche Länge des Gegenstandes dividiert, so erhaltet ihr den Vergrößerungsfaktor eurer Lupe. Bei unserem Experiment bedeckte das Insekt im Original vier Kästchen und vergrößert sechs Kästchen; unser Glas vergrößert also $1\frac{1}{2}$ mal.

EXPERIMENT

Napier-Stäbe basteln

Die Napier-Stäbe, auf die Zahlenreihen geschrieben waren, wurden als einfache Rechenhilfe entwickelt. Nebeneinander in einen Behälter gestellt, kann man sie benutzen, um Multiplikationen und Divisionen mithilfe einfacher Additionen und Subtraktionen auszuführen. Das Grundprinzip der Napier-Stäbe wurde über 200 Jahre lang verwendet, bis es mechanische und elektronische Rechenmaschinen gab.

1 Zeichnet ein Quadrat mit 18 cm Seitenlänge auf ein Stück Crea-Fix-Platte. Bittet einen Erwachsenen, es für euch auszuschneiden. Zeichnet jetzt neun Spalten und neun Reihen ein.

Bei diesem Experiment sollte ein Erwachsener mithelfen

IHR BRAUCHT
- Schneidematte
- Lineal • Notizblock
- Stift • Papiermesser
- Schachtel • Crea-Fix-Platte

2 Schreibt die Zahlen 1 bis 9 oben in die neun Spalten. Zeichnet nun in jedes andere kleine Quadrat eine diagonale Linie von der linken unteren in die rechte obere Ecke.

3 Schreibt die Zahlen 2 bis 9 in die linke Spalte. Multipliziert jede Zahl der ersten Zeile mit jeder der linken Spalte. Schreibt die Zehner in die obere linke Ecke der Quadrate und die Einer in die untere rechte.

4 Bittet einen Erwachsenen, die neun Stäbe entlang der vertikalen Linien auszuschneiden. Bewahrt die Napier-Stäbe in einer Schachtel auf.

5 Nehmt die Stäbe mit den Ziffern der Zahl heraus, die ihr multiplizieren wollt. Für die Berechnung von 1572 · 3 braucht ihr die Stäbe mit den Ziffern 1, 2, 5 und 7.

GROSSE ENTDECKER

John Napier

Napier (1550–1617) war ein schottischer Landbesitzer, der Mathematik als Hobby betrieben hat. Seine besonderen Interessen galten der Trigonometrie und der Rechentechnik. Napier entwickelte die Logarithmentafeln, mit deren Hilfe Multiplikationen auf Additionen und Divisionen auf Subtraktionen zurückgeführt werden. Nach 20 Jahren Arbeit veröffentlichte er 1614 diese Tafeln im Buch »*Eine Beschreibung der wunderbaren Gesetze des Logarithmus*«. Kurz darauf stellte er seine Napier-Stäbe vor, mit denen Multiplikationen auf eine einfache Art und Weise durchgeführt werden konnten. Er führte auch die Verwendung des Dezimalkommas (S. 34–35) in Europa ein.

Die Einer sind in der unteren Ecke

Die Zehner sind in der oberen linken Ecke

Die fertigen Stäbe

1572 · 3
Legt die Stäbe so, dass oben 1572 zu lesen ist. Addiert die Zahlen entlang der Diagonalen der dritten Reihe, um die Zahl mit 3 zu multiplizieren. Fangt rechts an und schreibt die Zahlen auf: 6 = 6 (Einerziffer des Ergebnisses), 0 + 1 = 1 (Zehnerziffer des Ergebnisses) und so weiter. (Lösung S. 186)

Kopfrechnen

Da der Gebrauch von Computern und Taschenrechnern allgemein üblich geworden ist, glauben viele Leute, Kopfrechnen sei heute nicht mehr nötig. Diese Fähigkeit fördert aber ein tieferes Verständnis für Zahlen. Gute Mathematiker suchen immer nach einfachen Methoden und Regeln. Sie versuchen damit, umfangreiche Berechnungen in eine Reihe von einfachen Ausdrücken zu zerlegen. Diese Verfahren müssen zunächst geübt werden, bevor sie dann zu einer unschätzbaren, automatisch verwendeten Hilfe werden.

Mathematisches Genie

Shakuntala Devi ist eine Inderin mit sehr ausgeprägter arithmetischer Begabung, die ihre erstaunlichen Fähigkeiten öffentlich vorführt. Sie benötigt nur eine Sekunde, um herauszufinden, dass 693 die Kubikwurzel von 332 812 557 ist. 1977 berechnete sie die 23. Wurzel einer Zahl mit 201 Ziffern. Ein texanischer Student hatte die Aufgabe gestellt. Ein Computer benötigte eine Minute und 13 000 Rechenschritte, um zu bestätigen, dass Shakuntala Devi recht hatte.

FORSCHUNGSAUFGABE

Ergänzen auf Zehner

Um Zahlen im Kopf zu addieren, ist es vorteilhaft, zumindest eine Zahl auf den nächsten Zehner zu ergänzen.

1 Um 56 + 33 zu berechnen, addiert ihr 4 zu 56 und ergänzt so auf 60.

$$56 + 4 = 60$$

2 Subtrahiert jetzt 4 von 33, um den Gesamtwert des Ausdrucks nicht zu verändern.

$$33 - 4 = 29$$

3 Berechnet jetzt den vereinfachten Ausdruck im Kopf.

$$60 + 29 = 89$$
$$(56 + 33 = 89)$$

FORSCHUNGSAUFGABE

Einfachere Subtraktion

Eine schwierige Differenz kann man vereinfachen, indem man eine der Zahlen auf den nächsten Zehner ergänzt.

Ergänzen
Ergänzt bei 67−18 die 18 zu 20. Addiert die gleiche Zahl zu 67 dazu.

$$18 + 2 = 20$$
$$67 + 2 = 69$$
$$69 - 20 = 49$$
$$(67 - 18 = 49)$$

Ergebnis überprüfen
Addiert das Ergebnis zu der vorher subtrahierten Zahl.

$$67 - 18 = 49$$
$$49 + 18 = 67$$

Zahlen mit drei Ziffern
Ergänzt bei 651−177 die 177 zum nächsten Hunderter. Addiert die gleiche Zahl, 23, zu 651.

$$177 + 23 = 200$$
$$651 + 23 = 674$$
$$674 - 200 = 474$$
$$(651 - 177 = 474)$$

FORSCHUNGSAUFGABE

Mit 5 rechnen

Das Dividieren durch und das Multiplizieren mit 5 kann vereinfacht werden, wenn man die Beziehung zwischen den Zahlen 5 und 10 ausnutzt (siehe unten).

1 Um 245 : 5 zu berechnen, multipliziert zunächst 245 mit 2.

$$245 \cdot 2 = 490$$

2 Teilt das Ergebnis dann durch 10.

$$490 : 10 = 49$$
$$(245 : 5 = 49)$$

FORSCHUNGSAUFGABE

Potenzen von 10

Beim Kopfrechnen ist die Zahl 10 wohl die Zahl, mit der man am einfachsten rechnen kann. Bei der Division und der Multiplikation mit 10 oder mit Potenzen von 10 ändert sich nur der Stellenwert der Ziffern, ihre Reihenfolge bleibt unverändert.

Durch 10 teilen
Verschiebt die Ziffern um eine Stelle nach rechts oder das Komma um eine Stelle nach links.

$$3785 : 10 = 378,5$$
$$235 : 10 = 23,5$$

Durch 100 teilen
Verschiebt das Komma um zwei Stellen nach links.

$$4568 : 100 = 45,68$$
$$5600 : 100 = 56$$

Multiplikation mit Potenzen von 10
Hängt die richtige Anzahl von Nullen an und verändert so den Stellenwert der Ziffern.

$$23 \cdot 10 = 230$$
$$245 \cdot 100 = 24\,500$$
$$987 \cdot 1000 = 987\,000$$

Vorwärts und rückwärts

Zahlen und Wörter, die vorwärts und rückwärts gelesen übereinstimmen, wie z.B. 1991 oder das Wort »nennen«, werden Palindrome genannt. Der folgende Rechentrick beruht auf der Anwendung von Palindromen.

IHR BRAUCHT
● Notizblock ● Stifte

1 Bittet einen Freund wegzuschauen, während ihr die Zahl 1089 auf ein Blatt Papier schreibt. Faltet es zusammen und legt es außerhalb eurer Reichweite auf den Tisch, wo es euer Freund aber noch sehen kann.

2 Bittet euren Freund, eine dreistellige Zahl aufzuschreiben, die kein Palindrom ist. Dreht die Zahl um und subtrahiert die kleinere von der größeren Zahl. Addiert dann das Ergebnis und dessen Umdrehung.

3 Die Summe ist immer 1089 – die Zahl, die ihr vorher auf das Papier geschrieben habt. Ihr könnt nun euer Ergebnis auseinanderfalten und eurem Freund zeigen, wie schlau ihr seid.

Zaubern mit 11

Mit der Zahl 11 kann man gut im Kopf multiplizieren. Auch die Teilbarkeit durch 11 lässt sich leicht überprüfen.

Eine Zahl mit 11 multiplizieren
Multipliziert die Zahl zuerst mit 10 und addiert dann die Ausgangszahl.

$$865 \cdot 11$$
$$865 \cdot 10 = 8650$$
$$8650 + 865 = 9515$$

Durch 11 teilbare Zahlen finden
1 Um herauszufinden, ob eine Zahl durch 11 teilbar ist, fängt man mit der Ziffer links an, subtrahiert die nächste Ziffer, addiert die nächste, subtrahiert die nächste und so weiter.

$$53746$$
$$5 - 3 + 7 - 4 + 6 = 11$$

2 Wenn das Ergebnis ein Vielfaches von 11 (einschließlich 0) ist, dann ist die Ausgangszahl durch 11 teilbar.

$$53745 : 11 = 4886$$

 **Puzzle**

Könnt ihr, ohne zu zögern, ganz schnell die Summe von elftausend plus elfhundert plus elf bilden? (Lösung S. 186)

Teilbarkeit durch 9

Bei jeder durch 9 teilbaren Zahl ist die Summe der Ziffern durch 9 teilbar. Zum Beispiel $4 \cdot 9 = 36$ und $3 + 6 = 9$.

1 Addiert die Ziffern der Zahl (z.B. 201 915), um ihre Teilbarkeit zu testen.

$$2 + 0 + 1 +$$
$$9 + 1 + 5 = 18$$

2 Bildet die Quersumme so lange, bis ihr bei einer einstelligen Zahl angekommen seid. Nur wenn diese Zahl 9 ist, ist die Ausgangszahl durch 9 teilbar.

$$1 + 8 = 9$$

Multiplizieren mit Quadratzahlen

Ihr könnt schnell zwei Zahlen multiplizieren, wenn sie sich um 2 unterscheiden und die Zahl dazwischen im Kopf quadriert werden kann.

1 Um $29 \cdot 31$ zu berechnen, quadriert zunächst die Zahl dazwischen, also die Zahl 30, im Kopf.

$$29 \cdot 31$$
$$30 \cdot 30 = 900$$

2 Subtrahiert von dem berechneten Quadrat die Zahl 1 und ihr erhaltet das Ergebnis der ursprünglichen Aufgabe.

$$900 - 1 = 899$$

Rechenspaß

Auch durch Spielen ist es möglich, etwas über die besonderen Eigenschaften und Merkmale von Zahlen zu erfahren. Tricks, Rätsel und Zahlenmuster haben die Mathematiker jahrtausendelang herausgefordert (S. 172–173). Diese Denksportaufgaben haben mitgeholfen, unser Verständnis auf vielen Gebieten voranzubringen, von der Logik bis hin zur Untersuchung von Formen, die in der Natur vorkommen.

123 Trick

1. Bittet einen Freund, eine Zahl mit höchstens fünf Stellen zu wählen und sie so aufzuschreiben, dass ihr sie nicht sehen könnt.
2. Bittet den Freund, die Zahl mit 9 zu multiplizieren – entweder im Kopf oder mit einem Taschenrechner – und dann sein Alter zu addieren. Bittet ihn, euch das Endergebnis zu sagen, und schreibt es auf. Sagt eurem Freund, dass ihr ihm jetzt verkünden könnt, wie alt er ist.
3. Führt die folgende Rechnung durch, entweder im Kopf oder so, dass euer Freund sie nicht sehen kann. (Mit etwas Übung könnt ihr die Berechnungen schnell im Kopf durchführen, was dann sehr beeindruckend ist.) Bildet die Quersumme der genannten Zahl. Wiederholt diesen Vorgang so lange, bis ihr eine einstellige Zahl bekommen habt.
4. Wenn euer Freund jünger als zehn Jahre zu sein scheint, dann ist die einstellige Zahl sein Alter. Wenn er älter aussieht, dann addiert so lange 9 dazu, bis ihr sein mögliches Alter erreicht habt.

Puzzle

1. Zeichnet dieses 3 x 3-Quadrat ab und tragt die angegebenen Zahlen ein.
2. Vervollständigt das Quadrat mit Zahlen zwischen 4 und 12 so, dass die Summen der Zeilen, der Spalten und der Diagonalen jeweils übereinstimmen. Schreibt die Summen einfach neben das Quadrat. (Lösung S. 186)

7		11
	8	
5		

? Kurz gerechnet

Hier ist eine Anleitung, euer persönliches Geburtstagsquadrat anzufertigen.

1. Zeichnet ein 3 x 3 Felder großes Quadrat, basierend auf eurem Geburtstag oder dem eines Freundes. Das farbige Muster dient als Anhaltspunkt, wie ihr die Kästchen ausfüllen müsst.
2. Wählt ein Geburtsdatum und schreibt es außen an das leere Quadrat. Beispiel: 26.3.84.
3. Schreibt die zwei Ziffern der Jahreszahl (84) in das rote Quadrat.
4. Addiert die Jahreszahl und den Tag (26) und schreibt die Summe in das graue Quadrat.
5. Addiert den Tag zu diesem Ergebnis und schreibt die neue Summe in das lila Quadrat. Die Zahlen auf diesen ersten drei Plätzen bilden die Grundlage für den Rest des Quadrats.
6. Subtrahiert die Monatszahl (3) von der Zahl in dem roten Kästchen. Schreibt das Resultat in das weiße Quadrat. Subtrahiert den Monat nochmals von der neuen Zahl und tragt das Ergebnis in das orangefarbene Quadrat ein.
7. Zieht die Monatszahl von der Zahl in dem grauen Kästchen ab und schreibt das Ergebnis in das gelbe Kästchen. Subtrahiert die Monatszahl von dieser Zahl und tragt die Differenz in das blaue Kästchen ein.
8. Subtrahiert die Monatszahl von der Zahl im lila Kästchen und schreibt das Ergebnis in das grüne Kästchen. Zieht die Monatszahl nochmals hiervon ab und schreibt das neue Ergebnis in das rosa Quadrat. Ihr habt jetzt in jedem Kästchen eine Zahl.
9. Zählt die Zahlen in jeder Zeile, Spalte und Diagonalen zusammen. Die Summen sollten alle den gleichen Wert haben. Vielleicht wird diese Zahl eure »Glückszahl«.

EXPERIMENT

Spiralspiel

Zu den Zahlenspielen gehören auch Schlangen und Leitern. Dieses Spiralspiel auf Millimeterpapier ist wie ein magisches Quadrat aufgebaut. Die Spieler würfeln abwechselnd und bewegen sich entsprechend der Augenzahl vorwärts. Der Spieler, der zuerst bei 100 ankommt, hat gewonnen. Ihr könnt aber auch eigene Regeln erfinden und Züge oder Zahlen eurer Wahl verwenden.

IHR BRAUCHT
- Farbstifte ● Filzstifte ● Schere
- Klebstoff ● 2 Würfel ● Spielsteine ● Lineal ● Crea-Fix-Platte
- kariertes Papier

1 Zeichnet ein 10 x 10-Quadrat. Tragt in das fünfte Feld von oben und von links die Zahl 1 ein. Tragt die Zahlen 2, 3 … so ein, wie es auf dem Bild ganz rechts zu sehen ist.

🔢 Trick

1. Bittet einen Freund, zwei sechsstellige Zahlen untereinanderzuschreiben. Wir nennen sie **a** und **b**.
2. Bestimmt nun zu jeder Ziffer von **a** eine Ziffer so, dass die beiden Ziffern zusammen 9 ergeben. Sie bilden eine sechsstellige Zahl, die ihr als Zeile **c** notiert.
3. Lasst euren Freund eine sechsstellige Zahl **d** hinzuschreiben.
4. Bildet selbst eine weitere Zeile **e**, indem ihr die Ziffern in Zeile **d** wie oben zu 9 ergänzt.
5. Jetzt könnt ihr die Summe dieser fünf Zeilen ganz schnell ausrechnen.
6. Die Summe aller Zahlen erhaltet ihr aus der Zahl **b**, indem ihr von dieser Zahl 2 subtrahiert und die Ziffer 2 voranstellt. Die Summe der Zahlen **a**, **c**, **d** und **e** ist immer 1 999 998, also 2 000 000 minus 2. Das Ergebnis ist also die Zahl in Zeile **b** plus 2 Millionen minus 2.

🔢 Trick

1. Schreibt eine Zahl unter 30 auf, z. B. 25.
2. Multipliziert die Einerziffer mit 4 und addiert die Zehnerziffer. Berechnet aus dieser Zahl eine weitere auf die gleiche Art usw. Ihr werdet immer zur Ausgangszahl zurückkehren.

$$16 \quad \xrightarrow{\quad} \quad 25 \ (5 \cdot 4 + 2) \quad \xrightarrow{\quad} \quad 22$$
$$\xleftarrow{4} \quad \xleftarrow{10}$$
$$01$$

🧩 Puzzle

1. Zeichnet ein 8 x 8-Quadrat. Zeichnet die beiden Diagonalen von Ecke zu Ecke und verbindet die Mittelpunkte der Seiten wie im Bild angegeben.
2. Füllt das Quadrat nun mit den Zahlen von 1 bis 64 auf eine besondere Art aus. Beginnt links oben; überspringt aber alle Zahlen, die in einem Kästchen mit einer durchgezogenen Linie stehen würden. In der Abbildung wurde die erste Zeile für euch bereits ausgefüllt. Macht im linken Feld der zweiten Reihe weiter.
3. Nachdem ihr das Quadrat von links oben nach rechts unten durchlaufen habt, fangt noch einmal in der unteren rechten Ecke des Quadrats mit der Zahl 1 an, und tragt die ausgelassenen Zahlen in die durchgestrichenen Felder jeweils von rechts nach links und von unten nach oben ein.
4. Addiert die Zahlen in jeder Zeile, Spalte und Diagonalen. Schreibt die Summen einfach außen an das Quadrat.
5. Addiert die Zahlen in den Ecken des Quadrats zu den vier Zahlen im Zentrum. Wie ihr seht, bilden die Verbindungslinien der Seitenmitten des großen Quadrats ein kleineres Quadrat. Addiert die Zahlenreihen entlang jeder Seite des kleineren Quadrats und bildet anschließend die Summen von zwei gegenüberliegenden Seiten. Was fällt euch an den Ergebnissen auf? (Lösung S. 186)

In dem abgebildeten Quadrat stehen oben die Zahlen: 2 | 3 | | 6 | 7

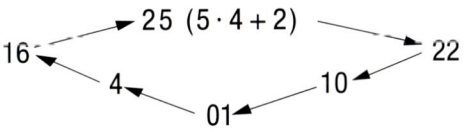

2 Malt mit einem Farbstift einen Spiralpfad durch die Mitte jedes Kästchens von 1 bis 100. Schraffiert die Kanten des Pfades in einer Kontrastfarbe.

3 Zeichnet auf die Crea-Fix-Platte ein Quadrat, das etwas größer als euer Raster ist. Schneidet es aus. Klebt das Raster auf; lasst außen einen schmalen Rand frei.

4 Wenn ihr das Spiel mit einem Freund spielen wollt, dann zieht abwechselnd entsprechend der Augenzahl. Wer zuerst die 100 erreicht hat, hat gewonnen. Ihr könnt eure eigenen Regeln erfinden, z. B.: Wenn ihr auf ein Vielfaches von 7 kommt, müsst ihr einmal aussetzen; ihr könnt auch die Augenzahlen verdoppeln, um die Spieldauer zu verkürzen.

Jeder Spieler hat einen Spielstein

Mathematik und Naturwissenschaften

Viele der bedeutendsten Mathematiker der Welt, so zum Beispiel Archimedes (S. 18) und Newton (S. 71), waren auch Naturwissenschaftler. Sie benutzten z.B. das logische Schließen und die Sprache der Mathematik, um Zusammenhänge zwischen physikalischen Größen auszudrücken und so Vorhersagen treffen zu können. Euch ist vielleicht schon aufgefallen, dass ein Pendel umso schneller schwingt, je kürzer es ist (S. 109). Mithilfe der Mathematik kann die Beziehung zwischen der Länge des Pendels und der Zeit, die es für eine Schwingung benötigt, klar ausgedrückt werden. Genauso wie das mathematische Wissen fortgeschritten ist, haben sich auch die Naturwissenschaften und die Technik weiterentwickelt. Alle wissenschaftlichen Formeln sind in der Sprache der Mathematik abgefasst. Formeln und mathematische Modelle werden auf vielen Gebieten eingesetzt, von Langzeit-Wettervorhersagen bis hin zum Geldhandel (S. 181).

Eine mathematische Brücke

Die hölzerne Brücke im Queen's College in Cambridge (England) ist als »mathematische Brücke« bekannt. Diese Bezeichnung kommt von den zahlreichen mathematischen Eigenschaften, die bei ihrem Entwurf berücksichtigt wurden. Die Grundlage ist ein Kreisbogen. Die Last wird durch Stützen getragen, die tangential an den Kreisbogen gelegt sind. Die Träger des Geländers sind Radien des Kreisbogens. Die ursprüngliche Brücke wurde im Jahr 1750 fertiggestellt. Die heutige aus Teakholz wurde 1904 gebaut.

EXPERIMENT
Beschleunigung

Galileo Galilei (1564–1642) verwendete dieses Experiment, um eine Formel für die Beschleunigung (abgekürzt a) zu finden. Er beobachtete, dass bei einem zunächst ruhenden und dann beschleunigten Objekt der zurückgelegte Weg (s) proportional zum Quadrat der verstrichenen Zeit ist, d.h. $s \sim t^2$. Galilei verwendete die Sprache der Mathematik, um die Ergebnisse seiner physikalischen Überlegungen dann durch die Formel $a = 2\,s/t^2$ darzustellen. Dieses Experiment zeigt, dass die Beschleunigung eines Objekts konstant bleibt, wenn es eine schiefe Ebene hinunterrollt. Lediglich der Winkel der Steigung beeinflusst die Beschleunigung.

IHR BRAUCHT
- Lineal ● Notizblock ● Kugel ● Modelliermasse ● Stifte ● Stoppuhr
- Leiste von mindestens 1 m Länge

1 Markiert auf der Leiste mit einem Stift Abstände von jeweils 10 cm von einem Ende aus.

2 Erhöht das eine Ende der Leiste mit der Modelliermasse um ca. 3 cm, um eine Neigung zu erzielen. Die Modelliermasse hält dabei auch das Holz.

3 Bittet einen Freund, die Zeiten zu notieren, während ihr die Kugel von oben rollen lasst. Stoppt ab, wie lange sie für die ersten 30 cm benötigt. Startet wieder von oben und stoppt die Zeit für 60 cm. Multipliziert die Entfernung mit 2 und teilt diese Zahl durch das Quadrat der Zeit (S. 40), um die Beschleunigung für die beiden Strecken auszurechnen. Vergleicht die Werte bei unterschiedlichen Streckenlängen. (Lösung S. 186)

EXPERIMENT

Einen Flaschenzug bauen

Eine Last, die an das Ende eines Seiles gebunden ist, kann durch Zugkraft am anderen Ende gehoben werden. Mehrere Rollen ergeben eine größere Zugkraft. Dieser »mechanische Vorteil« kann dadurch berechnet werden, dass das Gewicht der Last durch die zum Heben benötigte Kraft geteilt wird. Durch einen Flaschenzug mit zwei Rollen kann eine schwere Last mit einer geringeren Zugkraft gehoben werden, aber die Last bewegt sich nicht so weit wie das Seil.

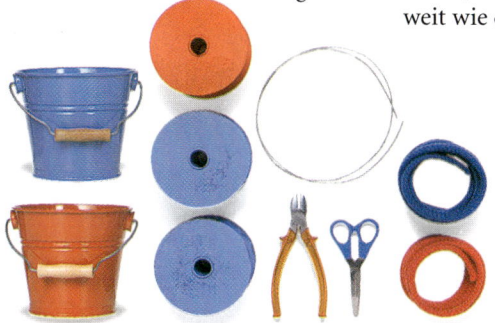

 Bei diesem Experiment sollte ein Erwachsener mithelfen

IHR BRAUCHT
• Eimer • 2 leere Drahtrollen (erhältlich in Eisenwaren-geschäften) • Draht • Draht-schere • Schere • Seil

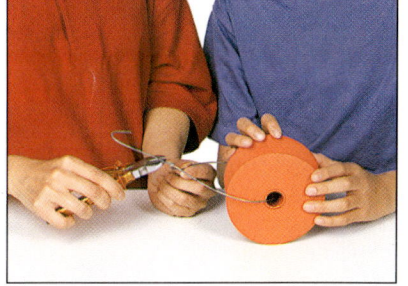

1 Bittet einen Erwachsenen, ein langes Stück Draht abzuschneiden. Fädelt es durch die Mitte einer Rolle. Biegt mit der Drahtschere vorsichtig ein Ende des Drahtes um sich selbst und das andere Ende zu einem Haken. Hängt die Rolle an einen Türrahmen.

2 Nehmt ein langes Stück Seil und bindet ein Ende an den Henkel des einen Eimers. Macht einen festen Knoten. Legt eure Last in den Eimer und hebt sie hoch.

Bindet das Seil an den Draht, der die Rolle hält, und schlingt es zuerst um die untere Rolle

3 Fädelt das Seil über die Rolle und hebt den Eimer auf Hüfthöhe. Hebt ihn mit der Hand von dort auf Schulterhöhe und setzt ihn wieder ab. Zieht jetzt den Eimer am Seil genauso hoch. Wie groß ist der mechanische Vorteil? Achtet auch darauf, wie weit ihr ziehen müsst, um den Eimer um die gleiche Strecke zu heben.

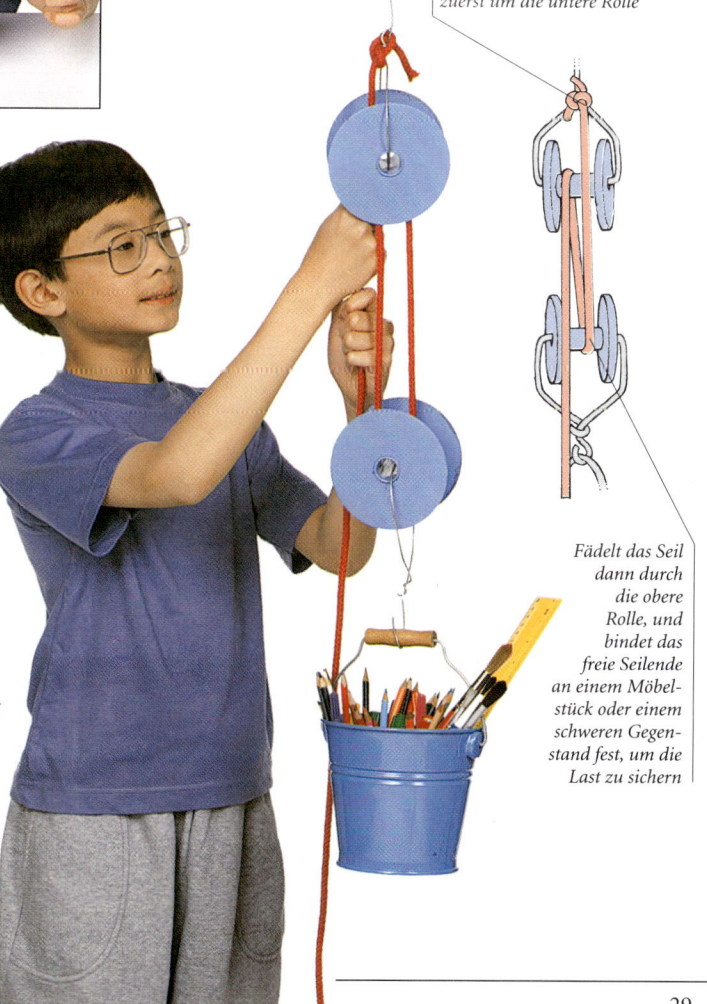

Fädelt das Seil dann durch die obere Rolle, und bindet das freie Seilende an einem Möbel-stück oder einem schweren Gegen-stand fest, um die Last zu sichern

Doppelter Flaschenzug
Mit zwei Rollen könnt ihr einen doppelten Flaschenzug bauen. (Seilführung wie im Diagramm ganz rechts.) Ihr werdet dazu viel mehr Seil benötigen als für den einfachen Flaschenzug. Probiert aus, wie viel Kraft ihr braucht, um Eimer und Inhalt zu heben. Ist es mehr oder weniger als vorher? Wird der Eimer genauso hoch gehoben? (Lösung S. 186)

Was ist die Null?

Die Bezeichnung »Null« kommt von dem lateinischen *nulla*, was »nichts« bedeutet. Das Symbol »0« kommt aus Indien. Im Jahr 830 n. Chr. beschrieb al-Khwarizmi das System indischer Zahlzeichen einschließlich der Null, aber sein Werk wurde erst 400 Jahre später für den Gebrauch in Europa übersetzt. Lange stritten die Gelehrten, ob Null eine Zahl oder eine Ziffer sei. Leonardo von Pisa (1180–1250), auch Fibonacci genannt, gab in seinem Buch *Liber Abbaci* folgende Antwort. Er sagte, dass die Null als »Platzhalter« verwendet werden kann, um Zahlenspalten zu trennen. Sie kann auch einen Eintrag auf einer Skala darstellen. Auf der Temperaturskala ist null Grad der Wert zwischen den positiven und den negativen Temperaturen, es bedeutet nicht »keine Temperatur«.

Der absolute Nullpunkt

Im Winter ist der Baikalsee in Sibirien einer der kältesten Orte auf der Erde. Dort wird es bis zu − 60° C kalt. Die theoretisch niedrigste Temperatur ist der absolute Nullpunkt − 273,16° C. Er kann nicht erreicht werden; aber Wissenschaftler haben Atome bis auf ein paar millionstel Grad über dem absoluten Nullpunkt abgekühlt.

Rechnen mit 0

Rechnungen, in denen die Zahl Null in Verbindung mit Addition, Subtraktion, Multiplikation und Division verwendet wird, zeigen interessante Eigenschaften.

Addieren von 0
Die Zahl bleibt unverändert.

$$12 + 0 = 12$$

Subtrahieren von 0
Die Zahl bleibt unverändert.

$$12 - 0 = 12$$

Multiplizieren mit 0
Die Multiplikation einer Zahl mit 0 ergibt immer den Wert 0.

$$12 \cdot 0 = 0$$

Dividieren durch 0
Durch 0 darf nicht dividiert werden.

$$12 : 0 = E \text{ oder Error}$$

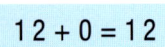

Die meisten Taschenrechner zeigen das Fehlersymbol, wenn man versucht, durch 0 zu teilen

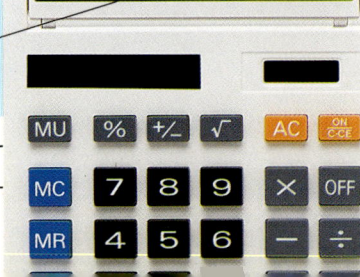

Die Höhe des Meeresspiegels

Wenn ihr in einem Atlas nachschlagt, werdet ihr einige Seen und Binnenmeere finden, die unter dem Meeresspiegel liegen. Andere liegen höher über dem Meeresspiegel als manche Berge. Zeichnet ein Diagramm, um die Unterschiede darzustellen.

IHR BRAUCHT
● Lineal ● Filzstifte ● Notizblock ● Millimeterpapier

Zeichnet jeden Streifen in einer anderen Farbe

Wie man das Diagramm zeichnet
Notiert die Höhen einiger Seen und Meere. Zeichnet ein Diagramm mit einer Meeresspiegel-Linie bei etwa einem Viertel der Seitenhöhe und senkrecht dazu eine Achse etwas vom linken Rand entfernt. Schreibt die Meterangaben in Hunderterschritten an diese Achse. Malt für die verschiedenen Höhen Streifen mit gleicher Breite farbig aus.

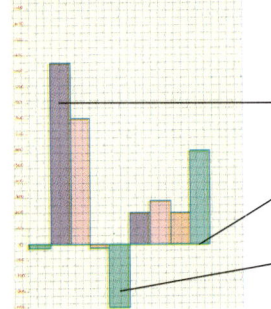

Dieser Streifen steht für den Viktoriasee in Ostafrika, der 1130 m über dem Meeresspiegel liegt

Diese Linie bedeutet Meereshöhe 0

Dieser Streifen steht für das Tote Meer in Israel (395 m unter dem Meeresspiegel)

Umrechnungsdiagramm

Mit diesem Schaubild können Temperaturen von 0° aufwärts von Celsius in Fahrenheit und umgekehrt umgerechnet werden. Nehmt für genaue Werte die Umrechnungstabelle aus einem Lehrbuch.

IHR BRAUCHT
- Lineal • eine Auswahl an Farbstiften • kariertes Papier

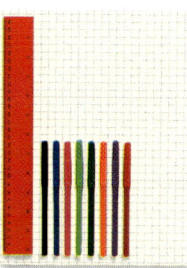

1 Markiert auf dem karierten Papier die horizontale Achse in 10°-Abschnitten von 0° C bis 50° C sowie die vertikale Achse in 20°-Schritten von 0° F bis 140° F.

2 Markiert die Punkte (0° C/32° F) und (50° C/122° F). Die Verbindungslinie hilft euch die Temperaturen umzurechnen.

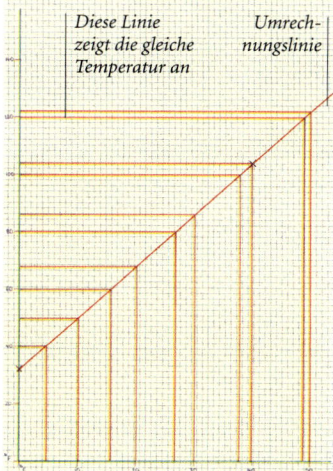

Diese Linie zeigt die gleiche Temperatur an   *Umrechnungslinie*

Der Start nach dem Countdown
Der Countdown vor dem Start einer Rakete kann bereits einige Tage vorher beginnen. Er ist computergesteuert, doch die letzten Sekunden vor dem Start werden manchmal auch laut gezählt. Gezündet wird normalerweise bei null. Man bezeichnet diesen Zeitpunkt mit T. Die Zeit vorher heißt T–, die Zeit danach T+. Dies ist der Start der STS-31 Mission, bei der das Spaceshuttle Discovery *im April 1990 das Hubble-Teleskop in den Weltraum brachte.*

Herstellen eines Thermometers

Die Temperatur ist eine Möglichkeit zu beschreiben, wie warm oder kalt etwas ist. Es gibt verschiedene Skalen für die Temperaturmessung. Fahrenheit und Celsius sind die gebräuchlichsten. Manchmal müssen nur die Veränderungen gemessen werden. Mit farbigem Wasser könnt ihr ein Thermometer basteln, das anzeigt, ob die Temperatur fällt oder steigt.

IHR BRAUCHT
- Plastikflasche • Glas • Schüssel
- Stift • Modelliermasse
- Lebensmittelfarbe
- Strohhalme
- Wasser • Eis

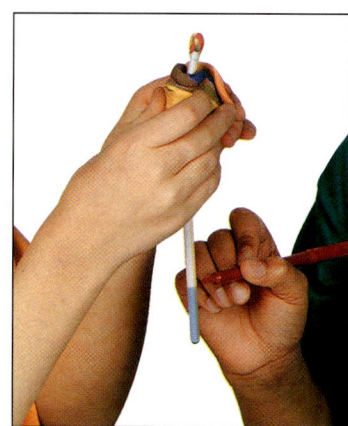

1 Saugt etwas Wasser in den Strohhalm. Verschließt zunächst das untere Ende mit eurem Finger und dann das obere mit Modelliermasse.

2 Lasst einen Freund den Wasserstand mit dem Stift am Strohhalm markieren. Befestigt den Strohhalm mit Modelliermasse im Flaschenhals.

3 Schiebt den Strohhalm so weit in die Flasche, dass das Ende den Boden gerade nicht berührt. Stellt die Flasche in eine Schüssel mit heißem Wasser und beobachtet die Flüssigkeit im Strohhalm. Stellt dann die Flasche in eine Schüssel voll Eis. Steigt oder sinkt der Wasserstand? (Lösung S. 186)

Positive und negative Zahlen

Zahlen größer als null werden »positiv« genannt, diejenigen kleiner als null heißen »negativ«. Bereits im alten China wurde zwischen diesen beiden Arten von Zahlen unterschieden. Die Chinesen hatten zwei Sorten von Zahlenstäben zum Rechnen: rote für positive Zahlen und schwarze für negative. Negative Zahlen waren bis zum 16. Jahrhundert außerhalb Chinas kaum bekannt. Heute werden sie jedoch weltweit verwendet. Wenn in der Finanzwelt Milliarden von Aktien und Anteilscheinen den Besitzer wechseln, werden die Geldwerte elektronisch zwischen den Bankkonten als positive oder negative Zahlen übertragen. In der Navigation, dem Ingenieurwesen und in der Wissenschaft werden durch die Angabe des Nullniveaus positive und negative Bereiche festgelegt – zum Beispiel die Tiefe eines Ozeans oder die elektrische Ladung eines Ions.

Kurz gerechnet

Bildet aus den Ziffern 1, 2, 3, 4 und 5 Zahlen, und versucht durch Addition oder Subtraktion den Wert 111 zu erhalten. Achtet darauf, dass ihr jede Ziffer in eurer Rechnung nur einmal verwendet. Könnt ihr nach den gleichen Regeln auch 222 und 333 erhalten? (Lösungen S. 186)

Die Person auf dem Spielfeld geht von −1 aus zwei Felder nach links und kommt so auf −3

Himmel und Hölle

Positive und negative Zahlen kann man anhand dieses Hüpfspiels für zwei Personen veranschaulichen. Ein Spieler steht auf einer Kästchenreihe. Der andere bestimmt die Züge mit einem Kreisel. Auf ihm sind sechs verschiedene Felder von −3 bis +3 eingetragen. Die Spieler müssen die Züge im Kopf berechnen. Springt abwechselnd und markiert jedes Quadrat, auf das ihr gekommen seid. Das Spiel ist beendet, wenn eine Person auf jedem Feld mindestens einmal war.

1 Ein Spieler steht auf der 0. Der andere bewegt den Zeiger zwischen 1 und −1, um den Kreisel auf 0 zu setzen.

2 Dreht den Zeiger auf dem Kreisel und wartet, bis er zur Ruhe gekommen ist. Der erste Spieler bewegt sich im Beispiel um zwei Felder vorwärts, also zum Feld +2.

3 Nach dem nächsten Drehen zeigt der Zeiger auf −3. Der Hüpfende bestimmt das Feld, auf das er sich stellen muss, durch Berechnen von +2−3, was −1 ergibt, oder er geht drei Felder zurück.

Negative Höhe

Unterseeboote werden zur Überwachung und für ozeanografische Forschung eingesetzt. Flugzeuge fliegen auf einer vorgegebenen Höhe, die oft von der Luftraumüberwachung festgesetzt wird. Taucher und U-Boot-Kapitäne müssen ihre Tiefe unter dem Meeresspiegel kennen – mit anderen Worten, ihre negative Höhe. Die genaue Bestimmung der Tiefe ermöglicht es der Besatzung außerdem, ein Periskop auszufahren. Sie kann dann die Meeresoberfläche beobachten, obwohl das U-Boot noch untergetaucht ist.

4 Der Zeiger wird wieder gedreht und bleibt bei – 2 stehen. Die Person auf dem Spielfeld rechnet – 1 – 2 = – 3, bevor sie sich auf das Feld – 3 begibt.

Tara

Die Tara ist das Gewicht eines Behälters, z. B. eines Fahrzeugs, bevor es mit Gütern beladen wird. Lastzüge werden auf einer Brückenwaage gewogen. Die Tara wird dann von dem Gesamtgewicht abgezogen, um das Gewicht der Ladung zu bestimmen. Bei diesem Experiment könnt ihr das Gewicht von etwas ermitteln, das vielleicht auf der Waage nicht still hält, wie z. B. einem Haustier, indem ihr euer eigenes Gewicht als Tara verwendet.

IHR BRAUCHT
- Personenwaage
- zu wiegendes Objekt

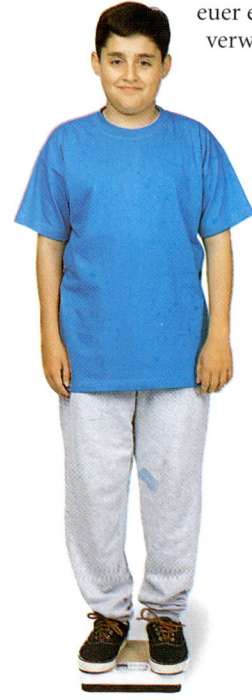

1 Wiegt euch. Schreibt euer Gewicht auf und nennt es Tara. Wenn der Zeiger der Waage vor dem Wiegen auf »0« stand, ist das Messergebnis euer Gewicht.

2 Wiegt euch jetzt mit eurem Haustier. Schreibt das Gesamtgewicht auf. Zieht die Tara vom Gesamtgewicht ab, um das Gewicht eures Haustiers zu erhalten.

Millionenschulden

Die Wall Street in New York City ist der Hauptfinanzplatz in den USA. Der Börsenkrach von 1929 verringerte die Werte der Aktien drastisch, wodurch viele Anleger verarmten. Der Wertverfall führte zu einer schweren Krise der Weltwirtschaft. In der Buchhaltung werden Schulden oft in Klammern geschrieben (3500 e), um auszudrücken, dass es sich um eine negative Zahl (also um Schulden) handelt.

Brüche und Dezimalzahlen

Brüche werden seit Jahrtausenden benutzt. Das babylonische Zahlensystem mit der Basis 60 wird noch immer für die Uhrzeit benutzt (S. 46–47). Es ist leicht, Bruchteile einer Stunde (60 Minuten) zu bilden – $\frac{1}{2}$, $\frac{1}{3}$, $\frac{1}{4}$, $\frac{1}{5}$ und $\frac{1}{6}$ einer Stunde ergeben alle eine ganze Anzahl von Minuten. Im Jahr 1616 schlug John Napier vor, jede Zahl im Dezimalsystem mithilfe eines Dezimalkommas darzustellen, das den ganzen Anteil der Zahl vom gebrochenen Teil trennt. Die Ziffern links des Kommas stellen den ganzzahligen Anteil dar (oder 0), wohingegen diejenigen rechts davon für den gebrochenen Anteil stehen, also für Zehntel, Hundertstel usw. Dezimalzahlen werden beim Messen, bei der Angabe von Geldbeträgen und bei Taschenrechnern allgemein verwendet. Einige Taschenrechner können auch Brüche darstellen und mit ihnen rechnen. Manchmal ist es günstiger mit Dezimalzahlen zu rechnen, in anderen Fällen ist das Rechnen mit Brüchen vorteilhaft.

Die Radiokarbonmethode

Radioaktiver Kohlenstoff verliert im Verlauf von 5570 Jahren die Hälfte seiner Radioaktivität, das ist seine »Halbwertszeit«. Diese Probe eines prähistorischen Rentierknochens wird untersucht, um mithilfe des radioaktiven Kohlenstoffs festzustellen, wann das Tier starb.

Puzzle

Ergänzt die fehlenden Zahlen, um ein magisches Quadrat (S. 26) aus Dezimalzahlen zu erhalten, bei dem die Summe der Zahlen in jeder Zeile und Spalte sowie den beiden Diagonalen gleich ist. (Lösung S. 186)

2,00	0,25	1,50
	2,25	

EXPERIMENT

Bruchrechenhilfe

Brüche mit gleichem Wert können in unterschiedlicher Form geschrieben werden. Beispielsweise sind $\frac{1}{2}$ und $\frac{2}{4}$ verschiedene Darstellungen der gleichen Bruchzahl. Diese Bruchrechenhilfe zeigt euch einige Beispiele von Brüchen mit dem gleichen Wert.

IHR BRAUCHT
● Lineal ● Notizblock ● Farbstifte ● Karopapier

1 Zeichnet ein Rechteck aus 32 x 50 Kästchen auf Karopapier. Teilt es in fünf Reihen, jede zehn Kästchen hoch. Zeichnet eine senkrechte Linie in der Mitte bis zum unteren Rand. Wiederholt diesen Schritt in allen vier Reihen. (Bild oben)

2 Wenn alle Linien gezogen sind, hat jede Reihe doppelt so viele Rechtecke wie die Reihe darüber. Schreibt mit einer anderen Farbe $\frac{1}{2}$ in die beiden Rechtecke der ersten Reihe, dann $\frac{1}{4}$, $\frac{1}{8}$, $\frac{1}{16}$, $\frac{1}{32}$ in die Rechtecke der darunterliegenden Reihen.

Die Bruchrechenhilfe
Die Bruchrechenhilfe könnt ihr verwenden, um Brüche mit gleichem Wert zu finden. Wenn ihr den Finger auf $\frac{1}{4}$ legt, könnt ihr feststellen, dass dieser Bruch den gleichen Wert wie $\frac{2}{8}$, $\frac{4}{16}$ und $\frac{8}{32}$ hat. (Vergleiche S. 192)

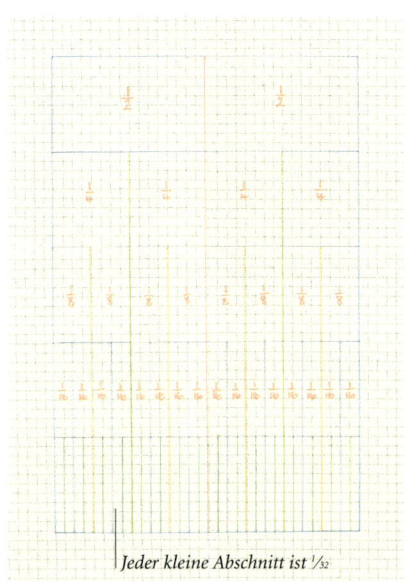

Jeder kleine Abschnitt ist $\frac{1}{32}$

Bruchteile eines Buches

Brüche werden täglich dazu verwendet, Anteile wie z.B. den Anteil der Jugendlichen an der Bevölkerung anzugeben. Um herauszufinden, welcher Anteil eines Buches gelesen wurde, teilt man die Anzahl der gelesenen Seiten durch die Gesamtzahl der Seiten.

Vereinfachen von Brüchen
Wenn 300 Seiten gelesen wurden und die Gesamtseitenzahl 400 beträgt, so teilt man 300 durch 400 oder schreibt $^{300}/_{400}$. Dieser Bruch kann durch Kürzen vereinfacht werden. Sowohl die obere Zahl (Zähler) als auch die untere (Nenner) können durch 100 geteilt werden. Dies ergibt vereinfacht den Bruch ¾.

Schlagt die letzte Seite auf, um die Gesamtzahl der Buchseiten herauszufinden

🔢 Trick

1. Gebt zwei Freunden Papier und Stifte. Bittet beide, sich eine Zahl zwischen 1 und 99 auszusuchen und diese Zahl verdeckt auf das Papier zu schreiben. Ihr werdet diese Zahlen mithilfe eines Taschenrechners erraten.
2. Gebt einem eurer Freunde den Taschenrechner und bittet ihn oder sie, die folgenden Anweisungen auszuführen:
3. Tippe die von dir gewählte Zahl ein. Multipliziere mit 2. Drücke »=«.
4. Addiere 4 und drücke »=«.
5. Multipliziere mit 5 und drücke »=«.
6. Addiere 12 und drücke »=«.
7. Multipliziere mit 10 und drücke »=«.
8. Bittet den ersten Freund, den Taschenrechner, ohne das Ergebnis zu löschen, an die andere Person weiterzugeben, damit sie ihre Zahl zur Gesamtsumme auf dem Rechner addiert.
9. Subtrahiert nun selbst 320 von der neuen Summe. Drückt »=«.
10. Teilt durch 100 und drückt »=«.
11. Schaut euch jetzt den Taschenrechner an. Die Ziffern links vom Komma zeigen die Zahl, die euer erster Freund gewählt hat, diejenigen hinter dem Komma stellen die andere Zahl dar. Bittet beide Freunde, ihre Zahlen zu zeigen. Sie sollten die gleichen wie die auf der Anzeige sein.

Gelosia-Multiplikation

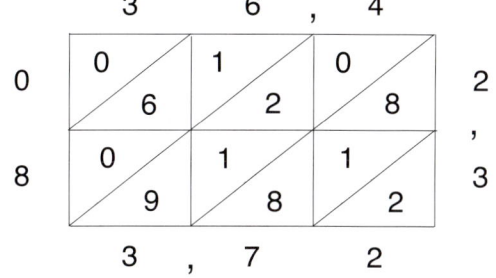

Diese Technik wurde in Indien ab dem 12. Jahrhundert verwendet. Das Diagramm zeigt die Berechnung von 2,3 · 36,4. Schreibt die Zahl 36,4 an die obere Kante und 2,3 an die rechte Seite. Jede Ziffer oben wird nacheinander mit jeder Ziffer an der Seite multipliziert, die Zehner werden jeweils in die obere linke Ecke und die Einer unten rechts in die Kästchen geschrieben. Als Nächstes werden die Zahlen entlang der Diagonalen summiert. Beginnt unten rechts und schreibt die Einer unter die Diagonale; übertragt die Zehner zur nächsten Diagonale. Geht vom Komma der beiden Ausgangszahlen nach unten bzw. nach links bis zum Schnittpunkt. Folgt der Diagonale schräg nach unten und setzt dort das Komma für das Ergebnis. Es lautet 83,72.

Multiplikation von Brüchen

Brüche können viel leichter veranschaulicht werden als Dezimalzahlen; »ein Halbes« ist leichter vorstellbar als »0,5«. Manche Brüche können auch einfacher ausgedrückt und verwendet werden. Wenn man z.B. 1 durch 3 teilt, ergibt sich der Bruch ⅓, die Dezimalzahl ist jedoch $0,\overline{3}$. Der Querstrich über der Ziffer 3 bedeutet, dass sie unendlich oft wiederholt werden muss. Wenn man ⅓ mit 6 multipliziert, erhält man als Ergebnis genau 2 (⅓ · 6 = 2). Da $0,\overline{3}$ unendlich viele Stellen besitzt, kann man nur schwer damit rechnen. Wenn man $0,\overline{3}$ z.B. auf 0,333 verkürzt und mit 6 multipliziert, erhält man lediglich 1,998.

Einen Kuchen teilen
Zuerst wird der Kuchen mit einem Schnitt durch die Mitte in zwei gleiche Teile geteilt. Man hat jetzt zwei Hälften. Wenn man beide Hälften in zwei gleiche Teile teilt, hat man vier Teile bzw. vier Viertel. Ihr könnt sehen, dass die Hälfte einer Hälfte ½ · ½ gleich einem Viertel (¼) ist. Das Ergebnis ist kleiner als die ursprünglichen Brüche.

Schätzen

Obwohl die Mathematik eine exakte Wissenschaft ist, benötigen wir in der Praxis oftmals nur Näherungswerte. Firmen schätzen beispielsweise die Menge ab, die von Kunden wahrscheinlich gekauft wird. Jemand, der eine Straße überqueren will, schätzt die Geschwindigkeit der herannahenden Autos, um so zu entscheiden, ob er vor der Überquerung der Straße warten soll oder nicht. Oftmals runden wir eine Zahl auch gefühlsmäßig. Ihr sagt wahrscheinlich, dass ihr 12 Jahre alt seid, anstelle von $12\frac{1}{4}$, und dass ihr in 20 Minuten zu Hause seid und nicht in 18 Minuten und 42 Sekunden. Mit einem Taschenrechner macht man leicht Fehler bei der Eingabe von Ziffern oder des Dezimalkommas; um sie festzustellen, sollte man die Ergebnisse zuerst einmal schätzen.

Schätzen einer Menschenmenge

Die Polizei muss oft die Größe einer Menschenmenge schätzen, so wie bei dieser politischen Demonstration. Sie wird wohl eine Zahl angeben, die auf den nächsten Tausender gerundet ist. Die Organisatoren der Demonstration werden vielleicht eine größere Zahl nennen, um dadurch die Stärke ihrer Macht zu unterstreichen.

EXPERIMENT
Abschätzen durch Wiegen

Für die Anzahlbestimmung bei großen Mengen nimmt man oft eine Stichprobe, um einen Durchschnitt oder einen Mittelwert zu erhalten (S. 83). Dieser wird dann verwendet, um die Gesamtzahl zu schätzen. So haben z.B. Erdnüsse nicht alle die gleiche Form und das gleiche Gewicht. Wenn man aber eine genügend große Stichprobe nimmt, um das Gewicht einer durchschnittlichen Erdnuss abzuschätzen, kann man ausrechnen, wie viele Erdnüsse sich ungefähr in einem Beutel mit einem bestimmten Gewicht befinden.

IHR BRAUCHT
- Taschenrechner
- Beutel mit Erdnüssen ● Notizblock ● Stift
- Waage

1 Wiegt den ganzen Beutel mit Erdnüssen. Notiert das Gewicht. Dieser Beutel wog 840 g. Überprüft, ob das vom Hersteller angegebene Gewicht mit dem von euch ermittelten übereinstimmt.

Der ganze Beutel mit Erdnüssen wird gewogen

Wiegt genügend Nüsse, um eine gut ablesbare Anzeige zu bekommen

2 Wiegt eine Handvoll Erdnüsse ab. Nehmt eine runde Zahl, z.B. 100 g; nehmt eventuell Erdnüsse weg oder fügt welche hinzu. Ihr müsst eine genügend große Menge abwiegen, damit die Waage einen gut ablesbaren Wert anzeigt, aber nicht so viele, dass ihr mehrere Hundert zählen müsst.

Zählt die Nüsse in der Stichprobe

3 Legt die Erdnüsse vor euch hin. Zählt sie und notiert die Anzahl. Teilt das Gewicht des Beutels durch das Gewicht der Stichprobe und multipliziert das Ergebnis mit der Anzahl der Nüsse in der Stichprobe, um die Gesamtzahl der Erdnüsse im Beutel festzustellen.

Notiert das Gewicht der Stichprobe

Reine Vermutung

Testet mit diesem einfachen Versuch euer Schätzvermögen. Füllt eine Kanne mit farbigem Wasser. Nehmt zwei verschieden geformte Gefäße und eine Schüssel. Schätzt, wie oft der Inhalt aus jedem Gefäß in die Schüssel passt. Füllt dann die Schüssel nacheinander mithilfe der beiden Gefäße, um nachzuprüfen, wie gut ihr geschätzt habt.

IHR BRAUCHT

● Krug mit Wasser ● 2 verschieden geformte Behälter
● Schüssel ● Notizblock ● Stift ● Lebensmittelfarbe

Die Schätzung war 14 Maßeinheiten

Das Ergebnis war 8

1 Schreibt eure Schätzung auf, wie oft der Inhalt des ersten Behälters in die Schüssel passt. Füllt den Behälter, und leert ihn so oft in die Schüssel, bis sie voll ist.

2 Notiert euch, wie oft ihr tatsächlich umgefüllt habt. Vergleicht diesen Wert mit eurer Schätzung. Wiederholt das Ganze mit dem zweiten Behälter. Schätzt dein Freund besser?

Eine Stichprobe durchführen

Biologen und andere Wissenschaftler markieren in vorgegebenen Gebieten kleine Quadrate, um dort das Wachstum von Pflanzen und anderen Lebewesen zu untersuchen. Aus den Beobachtungen auf den kleinen Flächen werden dann die Ergebnisse für größere Flächen geschätzt. Wenn ihr für die Stichprobe eine Fläche mit einem Rahmen umgrenzt, könnt ihr auch die Veränderungen des Pflanzenwachstums im Laufe der Zeit beobachten. Hier wird die Anzahl der Gänseblümchen auf einem Stück Rasen geschätzt.

IHR BRAUCHT

● Lineal ● Bleistift ● Schere
● Notizblock ● Stück dicken Karton

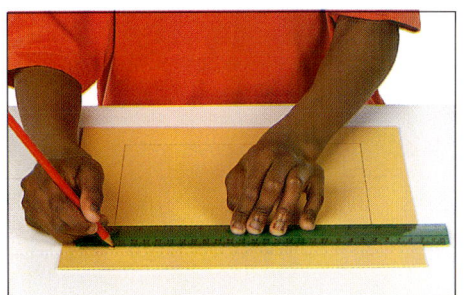

1 Messt die Länge eures Fußes, und zeichnet ein Quadrat in dieser Größe, um den Rahmen zu basteln. Zeichnet um dieses Quadrat ein zweites Quadrat, sodass ein etwa 4 cm breiter Rand entsteht. Schneidet die Quadrate entlang der Linien aus.

2 Tragt den Rahmen zu einem Stück Rasen und legt ihn irgendwohin. Zählt die Anzahl der Gänseblümchen im Quadrat und schreibt die Zahl auf. Wiederholt das Ganze an anderen Stellen, um einen Durchschnittswert (S. 83) zu erhalten.

3 Geht die Seiten eines Rasenstücks ab und schreibt die Länge und Breite in Fuß-Längen auf. Berechnet den Flächeninhalt (S. 98–99). Wenn ihr die Anzahl der Gänseblümchen in der Stichprobe mit der Maßzahl der Fläche multipliziert, erhaltet ihr einen Näherungswert für die Anzahl der Gänseblümchen auf dem Rasen.

ANDERE ARTEN VON ZAHLEN

Manche Zahlen haben besondere Eigenschaften. Sie sind nicht einfach Kuriositäten, sondern können beispielsweise zur Verschlüsselung geheimer Nachrichten verwendet werden. Die Untersuchung des Aufbaus und der Eigenschaften von Zahlen heißt Zahlentheorie. Dieses Gebiet der Mathematik gibt es seit fast 2500 Jahren, und es wird immer noch weiterentwickelt.

Die Mathematiker nennen die Zahlen, mit denen wir zählen, natürliche Zahlen. Man kann sie verwenden, um eine Ansammlung von Dingen, wie zum Beispiel Schafe auf einem Feld, Kieselsteine am Strand oder Sterne am Himmel, zu zählen.

Die Schüler des griechischen Philosophen Pythagoras verwendeten die Geometrie, um viele noch heute benutzte Theorien über natürliche Zahlen zu entwickeln. Die Pythagoreer waren fasziniert von Quadraten und anderen geometrischen Formen und beschäftigten sich mit den Quadratwurzeln natürlicher Zahlen (S. 41). Sie fanden heraus, dass manche natürlichen Zahlen, wie 4, 9, 16, 25 und 36, Quadratwurzeln besitzen, die wiederum natürliche Zahlen sind.

Alle anderen natürlichen Zahlen, wie 2, 7 und 11, die selbst keine Quadratzahl sind, besitzen keine natürliche Zahl als Quadratwurzel. Ihre Quadratwurzeln

Der verrückte Mathematiker
Dieses Bild einer Gruppe Wahnsinniger von William Hogarth (1697–1764) zeigt einen Mathematiker, der die Wand im Hintergrund bekritzelt. Einfache Leute hielten Mathematiker oft für exzentrisch oder sogar für verrückt.

lassen sich noch nicht mal als Brüche darstellen. Man bezeichnet die Quadratwurzeln solcher Zahlen als »irrationale Zahlen«. Ein Taschenrechner zeigt beispielsweise $\sqrt{2}$ als 1,4142136 oder als 1,414213562 an, je nachdem, wie viele Stellen seine Anzeige besitzt. Die exakte Zahl kann er nicht angeben, da sie eine unendliche Anzahl von Stellen hinter dem Komma besitzt, die sich auch nicht periodisch wiederholen. Zu den irrationalen Zahlen gehören auch π (S. 134) und das Verhältnis des Goldenen Schnittes (S. 58).

Größe

Im Laufe der Entwicklung der Mathematik wurden immer größere Zahlen benötigt. Die Griechen kannten solche Zahlen, sie verfügten aber über

keine einfache Methode, um sie aufzuschreiben. Archimedes (S. 18) schlug in seiner Schrift *Sandrechnung* ein System vor, dessen Basis unsere Zahl 10 000 wäre. Die größte Zahl in seinem Zahlensystem wäre im Dezimalsystem eine 1 mit 80 Millionen Billionen Nullen. Archimedes schätzte in seiner *Sandrechnung* die Anzahl der Sandkörner, die man benötigt, um das Universum auszufüllen, auf etwa 10^{58}.

Vollkommene Zahlen und Primzahlen

Zwei weitere Arten von Zahlen stehen im Zentrum der Zahlentheorie, die »vollkommenen« Zahlen und die »Primzahlen«. Die vollkommenen Zahlen wurden, wie die irrationalen Zahlen, von den Schülern des Pythagoras entdeckt. Eine vollkommene Zahl ist gleich der Summe aller Zahlen, durch die sie teilbar ist, einschließlich 1, aber ausschließlich der Zahl selbst. Die Zahl 28 beispielsweise ist vollkommen, denn sie ist die Summe ihrer Teiler 1, 2, 4, 7 und 14.

Primzahlen besitzen genau zwei Teiler. Die Primzahlen wurden

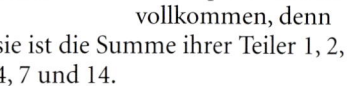

Andersartige Zahlen
Da die Menschen gerne mit den Fingern zählen, hat sich die Zahl 10 als Basis durchgesetzt. Wenn es außerirdische Lebewesen gibt, könnte ihr Zahlensystem auf gleiche Weise entstanden sein. Diese »außerirdischen« Finger zeigen die Basis 6.

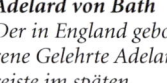

Adelard von Bath
Der in England geborene Gelehrte Adelard reiste im späten 11. Jahrhundert häufig durch Europa. Er erwarb eine arabische Übersetzung der Elemente des Euklid, übersetzte sie ins Lateinische und half so, Euklid in Europa wieder bekannt zu machen. Seine Übersetzung war viele Jahrhunderte lang das wichtigste mathematische Lehrbuch in Europa.

Pappkartonrechner
Diese Datenbank (S. 47) speichert Informationen über die Gäste einer Party. Sie funktioniert ähnlich den Lochkarten in frühen Computern. Die Informationen werden im Binärcode dargestellt, als Folge von Löchern und offenen Schlitzen auf den Karten.

erstmals 200 Jahre nach Pythagoras' Tod vom griechischen Mathematiker Euklid (S. 114) untersucht. Euklid schrieb nicht weniger als 13 Bücher über Geometrie, Arithmetik und Zahlentheorie. Er nannte seine Bücher *Elemente*.

Die Zahl 2 ist die kleinste Primzahl (1 ist keine Primzahl) und noch dazu die einzige gerade. Euklid bewies die Existenz unendlich vieler Primzahlen. Er stellte außerdem einen Lehrsatz auf, den wir heute als »Hauptsatz der elementaren Zahlentheorie« bezeichnen. Er besagt, dass jede Zahl eindeutig als Produkt von Primzahlen darstellbar ist.

Die Mathematiker haben nie das Interesse an Primzahlen und an vollkommenen Zahlen verloren. Heute weiß man, in welchem Ausmaß die Primzahlen unter den größeren Zahlen seltener werden. Es gibt aber immer noch offene Fragen über Primzahlen. Kann zum Beispiel jede gerade Zahl, die größer als zwei ist, als die Summe von zwei Primzahlen geschrieben werden? Eine berühmte Behauptung, die als »Goldbach-Vermutung« bekannt ist, sagt aus, dass dies möglich sei. Diese Vermutung konnte bisher aber weder bewiesen noch widerlegt werden.

Da große Primzahlen so schwierig zu finden sind, werden sie oft von Institutionen wie Krankenhäusern und Banken zum Verschlüsseln vertraulicher Nachrichten verwendet. Der Sender kann die Information mithilfe von zwei großen Primzahlen, die nur ihm und dem Empfänger bekannt sind, verschlüsseln – so ähnlich wie mit den Geheimzahlen bzw. PINs im Bankwesen (S. 45). Da jeder Person in der Kette immer nur Teile der Information bekannt sind, ist es für alle außer dem Empfänger unmöglich, sie zu entschlüsseln.

Im Jahr 1995 meldete ein amerikanischer Mathematiker ein Patent auf zwei große Primzahlen für die Entwicklung von Verschlüsselungsverfahren in Computersystemen an. Im Jahre 1992 entdeckten britische Wissenschaftler mithilfe eines Cray-2-Supercomputers eine neue Primzahl. Die Zahl, die sie fanden, ist $2^{756839} - 1$. Wenn man diese Zahl ganz ausschreiben würde, hätte sie 227 832 Ziffern.

Die Basis

Die Eigenschaften von Zahlen sind von der Basis unabhängig, bezüglich der sie dargestellt werden. Wir zählen zur Basis 10, doch zur Entwicklung der Mathematik haben auch Menschen beigetragen, die bezüglich der Basen 60 und 360 zählten. Ein heute sehr wichtiges Zahlensystem ist

das Dualsystem oder Zweiersystem. Alle Zahlen werden mit den Ziffern 0 und 1 dargestellt. Zahlen zur Basis 2 kann man in elektronischen Schaltkreisen am einfachsten speichern und verarbeiten. Die Spannung in einer Schaltung kann entweder abgeschaltet sein und stellt dann 0 dar, oder sie kann anliegen, was 1 repräsentiert.

Da Zahlen ihre besonderen Eigenschaften beibehalten, wenn man sie im Binärcode schreibt, können Computer verwendet werden, um die Eigenschaften der Zahlen weiter zu untersuchen. Computer sind jedoch nicht das beste Mittel, um Probleme wie die

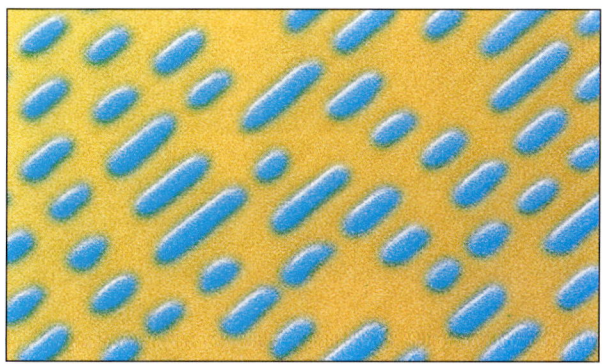

Goldbach-Vermutung zu lösen. Der Beweis bzw. die Widerlegung solcher Theorien bedarf der Intuition von Mathematikern, die so kreativ wie Euklid, Euler (S. 164) oder Pythagoras sind.

Anordnungen von Zahlen

Beim Umgang mit Zahlen stößt man immer wieder auf Muster. Zwei einfache Arten sind Folgen und Reihen (S. 48). Ein weiteres Muster ist das Pascalsche Dreieck. Es war bereits 1400 n. Chr. in China bekannt und wurde von Blaise Pascal (S. 78) im 17. Jahrhundert untersucht. Er erkannte, dass es in diesem Dreieck mehrere Regelmäßigkeiten gleichzeitig gibt, wie die Quadratzahlen, die Dreieckszahlen und die Fibonacci-Zahlen. Die Beschäftigung mit solchen Mustern führte zu großen Fortschritten in der Mathematik.

Vergrößerte Compact Disc
Die Musikdaten auf einer Compact Disc sind auf einer spiralförmigen Linie angeordnet, die aus ungefähr einer Billion winziger Vertiefungen verschiedener Länge mit glatten Flächen dazwischen besteht. Der Laser im CD-Spieler sendet einen Lichtstrahl auf diese Spur. Das reflektierte Licht wird im Binärcode gelesen; jede Vertiefung ist eine 0 und jeder flache Teil eine 1.

Astronomischer Rechenautomat
Die riesigen Entfernungen zwischen Sternen und Planeten können nur mit sehr großen Zahlen ausgedrückt werden. Die Astronomen des 19. Jahrhunderts arbeiteten mit gewaltigen Zahlen. Ihre Assistenten benutzten handbetriebene Maschinen wie diese, auf der Zahlen mit bis zu 42 Stellen dargestellt werden konnten.

Potenzen

Die Potenz einer Zahl zu bilden bedeutet, sie mit sich selbst zu multiplizieren. So versteht man unter 7 hoch 4, kurz 7^4, das Produkt $7 \cdot 7 \cdot 7 \cdot 7 = 2401$. Den Mathematikern war die Potenzbildung seit Jahrhunderten bekannt; die Gesetze des Potenzrechnens wurden aber erst im 14. Jahrhundert formuliert. Seit dieser Zeit ist die Anwendung zahlentheoretischer Methoden auch in anderen Teilbereichen der Mathematik möglich, beispielsweise in der Analysis.

Newtons Arbeiten

Diese Berechnung wurde von Sir Isaac Newton (S. 71) 1665 durchgeführt und zeigt seinen Versuch, die Fläche unter einer Hyperbel (einer bestimmten Kurve, S. 140) zu berechnen. Er berechnete diesen Wert auf 55 Stellen genau und verwendete Potenzen, um die Zahlen auf eine handliche Form zu bringen. Diese Potenzen stehen am rechten Ende der Zeilen.

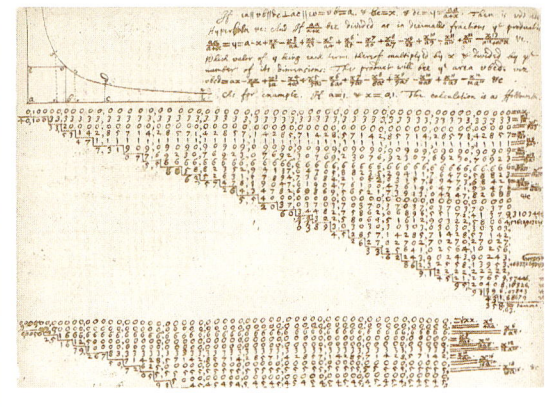

FORSCHUNGSAUFGABE

Ungerade Zahlen und Potenzen

Es gibt eine einfache Möglichkeit, die Summe der aufeinanderfolgenden ungeraden Zahlen zu bilden, wenn die Summe bei 1 beginnt.

1 Addiert die ersten beiden Zahlen; das Ergebnis ist eine gerade Zahl.

$$1 + 3 = 4$$

2 Die Zahl 4 ist gleich $2 \cdot 2$, was auch als 2^2 geschrieben werden kann.

$$1 + 3 = 4$$
$$= 2 \cdot 2$$
$$= 2^2$$

3 Addiert die ersten drei ungeraden Zahlen. Was stellt ihr fest? Bildet die Summe der ersten sechs ungeraden Zahlen. Seht ihr den Weg, den Wert schnell zu berechnen? (Lösung S. 186)

$$1 + 3 + 5 = 9$$
$$= 3 \cdot 3$$
$$= 3^2$$

▚ Puzzle

Sucht die Primfaktoren (S. 38–39) von 25, 100, 144, 169. Welche besonderen Eigenschaften haben diese Zahlen? (Lösung S. 186)

EXPERIMENT

Vorstellung für Potenzen entwickeln

Eine ganz einfache Übung – das Falten von einem Blatt Papier – kann euch helfen, eine Vorstellung davon zu entwickeln, wie rasch die Potenzen einer Zahl größer werden. Ihr werdet schnell die Grenze für die Anzahl der möglichen Knicke erkennen, gleichgültig wie groß oder wie dünn euer Blatt Papier ist. Beim Falten des Papiers teilt ihr es in eine immer größer werdende Zahl von Abschnitten. Macht diesen Versuch mit dem größten Blatt Papier, das ihr finden könnt. Wie oft muss man das Papier falten, um 64 oder 128 Abschnitte zu erhalten?

IHR BRAUCHT
● ein großes Blatt Papier

1 Legt das Papier auf dem Tisch vor euch hin. Faltet es entweder längs oder quer in zwei Hälften. Verstärkt die Falte mit euren Fingernägeln, damit ihr die Faltlinie deutlich sehen könnt.

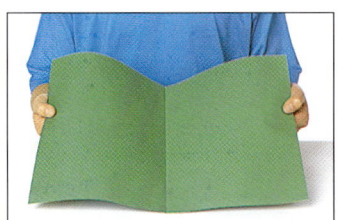

2 Faltet das Papier auf. Ihr habt das Papier durch die Falte in der Mitte in zwei gleich große Teile geteilt. Dies könnte man als 2^1 (2 hoch 1) schreiben – es steht für zwei Teile und einen Knick.

3 Faltet das Papier wieder wie vorher zusammen und faltet es danach erneut in zwei Hälften. Ihr habt nun $2 \cdot 2$, d.h. 2^2 Teile. Macht so weiter, damit ihr seht, wie schnell die Werte der Potenzen wachsen.

Darstellung von Potenzen

Mathematiker versuchen, Zahlmengen und Beziehungen zwischen ihnen auch anschaulich darzustellen. Quadratzahlen und Kubikzahlen werden beispielsweise in Form von Quadraten und Würfeln veranschaulicht. Eine bemerkenswerte Verbindung zwischen den ganzen Zahlen und den Kubikzahlen hat 1770 der britische Mathematiker Edward Waring (1734–1798) formuliert. Er schrieb, dass »jede ganze Zahl entweder eine dritte Potenz oder eine Summe von dritten Potenzen« ist. Untersucht diese Idee selbst, und seht, ob Waring recht hatte. Nehmt eine Zahl, und versucht, von 1 und −1 verschiedene dritte Potenzen zu addieren, um dann die Zahl zu bekommen. Zum Beispiel gilt $75 = 4^3 + 3^3 + (-2)^3 + (-2)^3$. Nehmt einen Taschenrechner zu Hilfe.

Zahlen in erster Potenz
Eine Zahl wie z. B. 2 kann als erste Potenz, als 2^1, geschrieben werden. Da eine Zahl hoch 1 immer gleich sich selbst ist, bleibt die Hochzahl in der Regel weg. Bei einer Veranschaulichung der Potenzen durch Dimensionen werden Zahlen in der ersten Potenz dann eindimensional dargestellt. Die Murmeln werden in einer geraden Linie angeordnet.

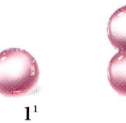   

1^1 2^1 3^1 4^1 5^1

 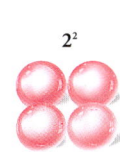  

1^2 2^2 3^2 4^2

Quadratzahlen
Das Quadrat einer Zahl, z. B. 3^2, ist die Zahl mit sich selbst multipliziert: $3 \cdot 3 = 9$. Dies ist auch die Anzahl der Kästchen in einem quadratischen Raster mit der Seitenlänge 3. Wenn wir Quadrate mit Murmeln darstellen, hat 1^2 eine Murmel, 2^2 hat vier und 3^2 hat neun Murmeln usw. Die Zahlen 1, 4, 9 usw. heißen Quadratzahlen. Umgekehrt wird 3 als Quadratwurzel von 9 bezeichnet (geschrieben $\sqrt{9} = 3$).

 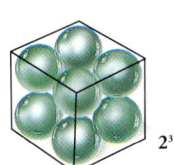 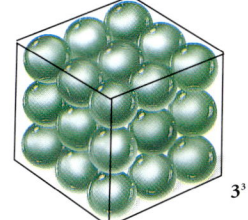

1^3 2^3 3^3

Dritte Potenzen
Um die dritte Potenz einer Zahl zu berechnen, müsst ihr diese Zahl dreimal mit sich selbst multiplizieren. Zum Beispiel ist die dritte Potenz 4^3 (gelesen: 4 hoch 3): $4 \cdot 4 \cdot 4 = 64$. Die dritten Potenzen werden als Würfel aus Murmeln dargestellt, deshalb auch die Bezeichnung »Kubikzahlen«. Die dritte Wurzel einer Kubikzahl ist wieder die ursprüngliche Zahl. Zum Beispiel ist die dritte Wurzel von 64 gleich 4. Dies schreibt man $\sqrt[3]{64} = 4$.

FORSCHUNGSAUFGABE

Potenzrechnen

Es gibt eine Möglichkeit, schnell mit Potenzen zu rechnen. Diese Rechenregeln lassen sich dadurch verdeutlichen, dass man die Berechnungen auf verschiedene Arten schreibt.

1 Um Potenzen mit gleicher Grundzahl zu multiplizieren, werden die Hochzahlen (Exponenten) addiert.

$5^2 \cdot 5^3 = 5^{(2+3)}$
$5^5 = 3125$

2 Die Berechnung kann anders dargestellt werden, wenn man den ganzen Ausdruck ausschreibt.

$(5 \cdot 5) \cdot (5 \cdot 5 \cdot 5)$
$= 5 \cdot 5 \cdot 5 \cdot 5 \cdot 5$
$= 5^5$
$= 3125$

Potenzen dividieren
Um Potenzen mit gleicher Grundzahl zu dividieren, werden die Exponenten subtrahiert.

$5^3 : 5^2 = 5^{(3-2)} = 5^1$
$(5 \cdot 5 \cdot 5) : (5 \cdot 5)$
$= 125 : 25$
$= 5$

Die nullte Potenz
Mit diesem Verfahren wird nachgewiesen, dass jede Zahl hoch 0 den Wert 1 hat.

$5^2 : 5^2 = 5^{(2-2)} = 5^0$
$(5 \cdot 5) : (5 \cdot 5) = 25 : 25 = 1$
also $5^0 = 1$

✦ Puzzle

Verwendet euren Taschenrechner, um Regelmäßigkeiten in den Quadraten von Zahlen zu finden, die nur aus der Ziffer 1 oder nur aus der Ziffer 3 bestehen. Zum Beispiel:

$1^2 = 1 \cdot 1 = 1$ $3^2 = 3 \cdot 3 = 9$
$11^2 = 11 \cdot 11 = 121$ $33^2 = 33 \cdot 33 = 1089$

Setzt die Muster fort, und sucht jeweils nach einem Schema. Könnt ihr die Quadrate von 1111111 und 3333333 ohne Rechnung hinschreiben? (Lösung S. 186)

FORSCHUNGSAUFGABE

Zahlen mit Endziffer 5 quadrieren

Mit dieser Technik könnt ihr das Quadrat jeder Zahl berechnen, die kleiner als 100 ist und auf 5 endet.

1 Um das Quadrat von 65 zu berechnen, wird die Zehnerziffer 6 mit der um 1 größeren Zahl 7 multipliziert.

65^2

$6 \cdot 7 = 42$

2 Schreibt diese Zahl auf und ergänzt 25 dahinter; dies ist die richtige Lösung.

4225 deshalb
$65^2 = 65 \cdot 65 = 4225$

Große Zahlen

Sehr große Zahlen werden in vielen Lebensbereichen verwendet, von der Mathematik über das Ingenieurwesen, die Technik und Astronomie bis hin zur Geografie. Wenn Zahlen zu groß sind, um sie einfach aufzuschreiben, verwendet man die Normdarstellung als überschaubare Darstellungsweise. Bei Maßangaben werden große Zahlen im Allgemeinen durch den Wechsel der Einheit in einfacherer Form notiert; so wird man beispielsweise eine Entfernung in der Form 2 km und nicht als 2 000 000 mm angeben. In metrischen Einheiten ist es bequem, große Zahlen durch »Kilo« (· 1000), »Mega« (· 1 000 000) und »Giga« (· 1 000 000 000) anzugeben.

Lichtjahre

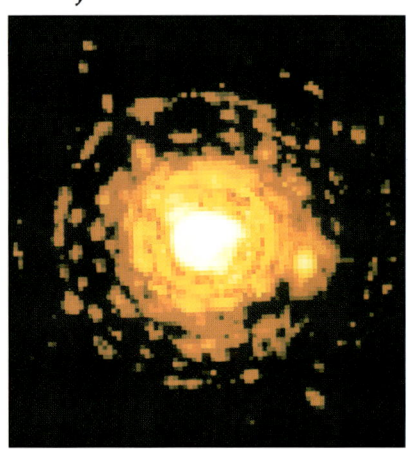

Die Entfernung zwischen diesem Stern Gliese 623.a und dem hellen Fleck rechts von ihm beträgt 320 Millionen km. Entfernungen im Weltraum werden in Lichtjahren gemessen. Ein Lichtjahr ist die Entfernung, die ein Lichtstrahl während eines Jahres zurücklegt: $9{,}5 \cdot 10^{12}$ km (S. 40), in Worten 9,5 Billionen km.

Elektrischer Widerstand

Der Wert dieses elektrischen Widerstands wird durch ein System farbiger Streifen angezeigt. Damit kann man große Zahlen auf ein winziges Objekt schreiben. Die ersten beiden Streifen geben eine Ziffer an, der dritte steht für einen Multiplikator, ausgedrückt als Exponent einer Potenz mit Basis 10. Die Streifen hier stehen für 1 (braun), 0 (schwarz), gefolgt von 10 hoch 2 (rot), also $10 \cdot 10^2$, d.h. 1000 Ohm.

EXPERIMENT
Die Zeitlinie der Erde

Für diese Zeitlinie benötigt ihr ein Lexikon, um darin die Entwicklung des Lebens auf der Erde nachzuschlagen. Fangt vor 3500 Millionen Jahren an und sucht die Zeitpunkte, zu denen einzellige Organismen, Fische, Amphibien, Vögel, Wälder, Dinosaurier, Säugetiere und Menschen erstmals auf der Erde nachgewiesen wurden. Diese Zeitlinie könnt ihr an die Wand hängen.

IHR BRAUCHT
● Lineal ● Farbstifte ● Stifte
● Klebeband ● Schere ● Papier
(am besten kariert)

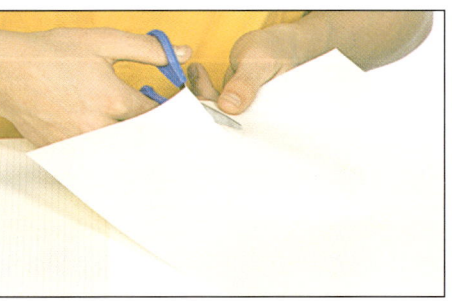

1 Schneidet ein paar Papierbögen der Länge nach durch, und verbindet die Streifen mit Klebeband zu einem etwa 3,6 m langen und 15 cm breiten Band. Zeichnet etwa 3 cm über dem unteren Rand die Zeitlinie, und markiert auf ihr 2 cm vom rechten Rand den Zeitpunkt »heute«.

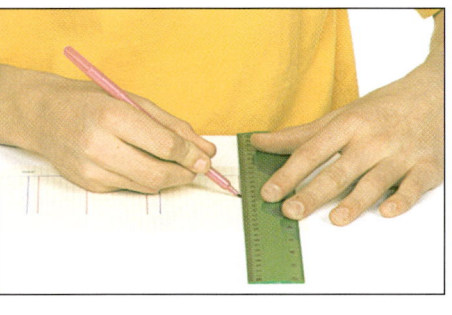

2 Teilt die Linie von dort aus nach links in 10 cm lange Abschnitte, die jeweils 100 Millionen Jahre darstellen. Nehmt eure Daten, und zeichnet senkrecht zur Zeitlinie Linien für die wichtigen Ereignisse, z. B. 41 cm links von »heute« für das Erscheinen der Amphibien vor 410 Millionen Jahren.

Zeichnet vertikale Linien, die Abschnitte von 10 Millionen Jahren abteilen

Schreibt unter jede vertikale Linie die Jahreszahl, für die sie steht

Normdarstellung

Mit sehr großen Zahlen kann man nur schwer arbeiten, wenn man sie ganz ausschreibt. Deshalb wird eine Normdarstellung verwendet, um sie bequem auszudrücken. Eine große Zahl wie 234 000 000 000 schreibt man als Dezimalzahl zwischen 1 und 10, multipliziert mit der entsprechenden Zehnerpotenz (S. 40), zum Beispiel $2{,}34 \cdot 10^{11}$. Viele Taschenrechner arbeiten mit dieser Normdarstellung (siehe oben). Manche zeigen jedoch »ERROR« oder E an, wenn die Zahlen für sie zu groß werden.

Kurz gerechnet

Berechnet mit einem Taschenrechner eure bisherige Lebensdauer in Sekunden. Berücksichtigt den Tag eurer Geburt ebenfalls mit 24 Stunden. Schätzt die Zahl zuerst, und überprüft später, wie genau ihr wart. Schreibt alle eure Berechnungen auf, und überprüft eure Lösung mit der Angabe auf S. 186. Vergesst bei euren Berechnungen nicht, dass es auch Schaltjahre gab (S. 45).

EXPERIMENT

Was ist unendlich?

Unendlich ist größer als jede irgendwie festgelegte Zahl. In der Zahlentheorie und der Algebra ist »unendlich« von besonderer Bedeutung. Bereits bei der Zahlenfolge 1, 2, 3, 4 ... stoßt ihr auf »unendlich«, da ihr immer noch 1 addieren könnt. Das folgende Experiment vermittelt euch eine Vorstellung von unendlich als etwas, was niemals aufhört. Unendlich stellt man in der Mathematik mit dem Symbol »∞« dar.

Die einzige Grenze sind die Spiegelungen, die euer Auge noch klar erkennen kann

IHR BRAUCHT
- zwei Spiegel, einer größer als der andere

Spiegelungen ohne Ende
Haltet einen Spiegel und gebt einem Freund den anderen. Stellt euch so nah vor ihn hin, dass ihr euch in seinem Spiegel durch euren Spiegel sehen könnt. Die Spiegelungen gehen weiter und weiter.

3 Wenn ihr die senkrechten Linien bis zum Auftreten des Menschen eingezeichnet habt, malt farbige Streifen bis zum rechten Ende der Linie (heute), um zu verdeutlichen, seit wann die verschiedenen Lebewesen auf der Erde leben. Einige, wie die Dinosaurier, sind bereits wieder ausgestorben.

Zeichnet zusätzliche senkrechte Linien ein, um das Erscheinen der Tierarten darzustellen

Eine kurze Lebenszeit
Wenn wir die Geschichte der Erde anhand dieser Zeitlinie betrachten und den kurzen Zeitraum sehen, seit dem Menschen die Erde bewohnen, dann sollten wir nachdenklich und bescheiden werden.

Macht jede Linie 5 mm bzw. eine Kästchenreihe breit

Besondere Zahlen

Viele Zahlen sind durch besondere Eigenschaften ausgezeichnet. Zu ihnen gehören Primzahlen, vollkommene Zahlen und Quadratzahlen. Dank der besonderen Eigenschaften dieser Zahlen kann man sie oft mithilfe von Formeln beschreiben, z. B. die Quadratzahlen durch n^2. Manche Eigenschaften ermöglichen eine einfache Schreibweise für riesige Zahlen, die den Fachleuten trotzdem viele Informationen gibt. Eine bestimmte Fermatsche Primzahl, die man mit $F_{1945} = 2^{(2^{1945})} + 1$ bezeichnet, hat mehr Stellen, als es überhaupt Teilchen im Universum gibt, und kann deshalb nicht ausgeschrieben werden. Besondere Zahlen dienen heute zur Verschlüsselung von Daten bei der Speicherung und Übertragung mit Computern.

EXPERIMENT

Das Sieb des Eratosthenes

Eratosthenes war ein griechischer Mathematiker und Astronom, der um 200 v. Chr. lebte. Er berechnete den Umfang der Erde, ausgehend von der Beobachtung von Sonnenstrahlen, die in einen tiefen Brunnen fielen. Das Sieb des Eratosthenes ist ein systematischer Weg, Primzahlen herauszufiltern. Eine Primzahl ist eine Zahl mit genau zwei Teilern.

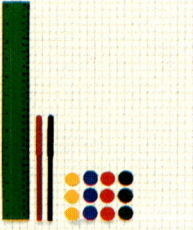

IHR BRAUCHT
- Lineal ● Stifte
- farbige Spielsteine
- kariertes Papier

🧠 Kurz gerechnet

Im Allgemeinen ist es schwierig, ein Schema in den Primzahlen zu finden. Hier sind einige, die durch die Formel $n^2 + n + 17$ erzeugt werden:

17 19 23 29 37 47 59

Wie lauten die nächsten 5 Zahlen in dieser Folge? Ergibt die Formel für alle Werte von n größer als 15 Primzahlen? (Lösung S. 186)

1 Zeichnet ein Quadrat mit 10 cm Seitenlänge. Teilt es in 10 x 10 kleinere Quadrate. Fangt oben links an und schreibt die Zahlen von 1 bis 100 mit einem roten Stift in die Felder.

2 Legt einen blauen Spielstein auf die 1, dann rote Steine auf jedes Vielfache von 2, außer auf 2 selbst. Legt gelbe Steine auf die freien Felder mit Vielfachen von 3, außer 3 selbst. Setzt dieses Verfahren für die Vielfachen von 5 und 7 fort. Alle freien Felder zeigen Primzahlen.

FORSCHUNGSAUFGABE

Vollkommene Zahlen finden

Eine Zahl heißt vollkommen, wenn sie die Summe ihrer Teiler ist, einschließlich der 1, aber ohne die Zahl selbst. Die Zahl 6 ist eine vollkommene Zahl, denn es gilt $6 = 1 + 2 + 3$. Alle geraden vollkommenen Zahlen werden durch Auswerten der Formel $2^{n-1}(2^n-1)$ erzeugt, wobei n eine Primzahl ist. Ob es ungerade vollkommene Zahlen gibt, ist nicht bekannt.

1 Ersetzt n in der Formel durch die Primzahl 3.

$$2^{3-1}(2^3-1) = 2^2(2^3-1)$$
$$= 2^2(8-1) = 2^2 \cdot 7 = 4 \cdot 7 = 28$$

2 Addiert die Teiler von 28, ohne die Zahl 28 selbst.

$$1 + 2 + 14 + 4 + 7 = 28$$

3 Wertet nun die Formel für n = 5 aus, denn 5 ist die nächste Primzahl.

$$2^{5-1}(2^5-1) = 16 \cdot 31 = 496$$

4 Bestimmt die Teiler von 496, und zeigt, dass die Zahl 496 eine vollkommene Zahl ist.

$$1 + 2 + 248 + 4 + 124 +$$
$$8 + 62 + 16 + 31 = 496$$

Teilerbestimmung

IHR BRAUCHT
- Stifte • kariertes Papier • Lineal

1 Zeichnet parallel zur linken und zur unteren Kante jeweils eine Linie als Achse. Beschriftet die Achsen mit den Zahlen von 1 bis 25; 1 in die untere linke Ecke.

Eine Zahl a heißt Teiler einer Zahl b, wenn beim Teilen von b durch a kein Rest bleibt. Die Zahl 6 ist Teiler von 24, denn 6 ist in 24 ohne Rest enthalten. Dieses Diagramm enthält die Zahlen von 1 bis 25. Ihr müsst die Teiler dieser Zahlen alle selbst ausrechnen. Die Zahlen in der vertikalen Reihe sind die möglichen Teiler.

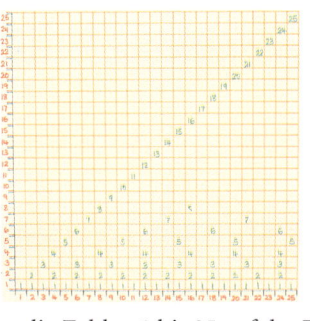

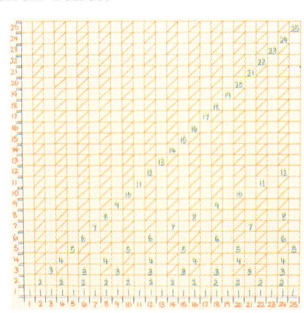

2 Tragt die Zahlen 1 bis 25 auf der Diagonale ein; beginnt links unten. Schreibt 1 in jedes Feld der ersten Reihe von unten, 2 in jedes zweite Feld der zweiten Reihe usw.

3 Sucht in der untersten Zeile die Zahl, deren Teiler ihr herausfinden wollt. Die Teiler sind die Zahlen, die in der Spalte darüber stehen.

Datensicherheit

Sicherheit und Geheimhaltung von Daten sind wesentliche Aspekte des öffentlichen und des privaten Lebens. Beispielsweise werden für den Zugang zu einem Bankkonto persönliche Identifikationsnummern (PIN) benutzt. Codes werden auch verwendet, um Chiffren in Computersystemen zu erzeugen. Bei einem Text werden die Buchstaben in Zahlen umgewandelt, um sie anschließend zu verschlüsseln. Nur der Empfänger hat den Schlüssel, um die angekommene Nachricht zu dechiffrieren.

IHR BRAUCHT
- Notizblock • Taschenrechner
- Stift • Zahlenschloss mit einstellbarer Geheimzahl

Einstellen der Kombination
Benutzt eine Geheimzahl, um euer Schloss mit einem Code zu versehen. Denkt euch ein Wort mit drei Buchstaben aus und verschlüsselt es. Ordnet jedem Buchstaben eine Zahl zu; am einfachsten ist A = 1, B = 2 usw. Ein Wort kann man sich normalerweise leichter merken als eine Zahlenkombination.

Modulo-Rechnung

Bei dieser Art der Arithmetik teilt man die Zahlen und betrachtet den Rest. Sie ist nützlich bei Situationen, die sich stets wiederholen, wie beispielsweise die Zeit auf 12- oder 24-Stunden-Uhren.

Schaltjahr – modulo 4
Wenn die Jahreszahl durch 4 teilbar ist, handelt es sich um ein Schaltjahr. (Ausnahmen gelten bei Jahreszahlen mit mindestens zwei Endnullen.)

$$1996 : 4 = 499$$
$$1996 \text{ war ein Schaltjahr}$$

Die Zeit – modulo 12
Teilt die Zeit auf einer 24-Stunden-Uhr durch 12. Der Rest ist die Zeit auf einer 12-Stunden-Uhr.

$$22.00 : 12$$
$$= 1 \text{ Rest } 10$$
$$10 \text{ Uhr}$$

Buchnummern – modulo 11
1 Durch Rechnen modulo 11 könnt ihr überprüfen, ob die ISBN (Internationale Standard Buchnummer) eines Buches korrekt ist.

$$\text{ISBN}$$
$$0 1 4 0 5 1 1 1 9 \ 9$$

2 Die erste Ziffer wird mit 10 multipliziert, die nächste mit 9, die übernächste mit 8 usw. bis zur letzten Ziffer, die mit 1 multipliziert wird.

$$0 + 9 + 32 +$$
$$0 + 30 + 5 +$$
$$4 + 3 + 18 + 9 = 110$$

3 Diese Zahlen werden addiert und durch 11 dividiert. Wenn die ISBN richtig war, bleibt kein Rest.

$$110 : 11 = 10$$
$$\text{ohne Rest}$$

Basen von Zahlensystemen

Wenn man Ziffern hintereinanderschreibt, um eine Zahl darzustellen, hat jede Stelle einen anderen Wert (S. 30). Verschiedene Kulturen haben für ihre Zahlensysteme verschiedene Basen benutzt. Heute ist 10 die gebräuchlichste Basis – aber es gibt auch noch andere. Das britische System für Maße und Gewichte rechnet mit 12 Inches pro Fuß und 16 Unzen pro Pfund. Die Zeit zum Beispiel geben wir zur Basis 60 an, mit 60 Minuten pro Stunde und 60 Sekunden pro Minute. Computer verwenden das Binärsystem mit der Basis 2, bei dem die Zahlen durch Nullen und Einsen dargestellt werden. Nachrichten werden bei der Eingabe in den Binärcode umgewandelt und gespeichert. Sie werden in Form elektrischer Signale weitergegeben, wobei anliegende Spannung für 1 steht, fehlende für 0.

FORSCHUNGSAUFGABE

Die Basen 10, 2, 60 und 12

Die Zahl 105 ist im Dezimalsystem (Basis 10) aufgeschrieben. Bei anderen Basen ändert sich ihre Darstellung. Bei allen steht die rechte Spalte für die nullte Potenz (S. 41) der Basis, also für die Einer. Die nächste Spalte links davon steht für n^1, die nächste für n^2 und so weiter.

	n^6	n^5	n^4	n^3	n^2	n^1	n^0
Basis 10 Die Zahl besteht aus: $1 \cdot 100, 0 \cdot 10, 5 \cdot 1$					1	0	5
Basis 2 Die Zahl ist so aufgebaut: $1 \cdot 64, 1 \cdot 32, 0 \cdot 16, 1 \cdot 8, 0 \cdot 4, 0 \cdot 2, 1 \cdot 1$	64 1	32 1	16 0	8 1	4 0	2 0	1 1
Basis 60 Die Zahl ist wie folgt aufgebaut: $0 \cdot 3600, 1 \cdot 60, 45 \cdot 1$					3600 0	60 1	1 45
Basis 12 Die Zahl ist wie folgt aufgebaut: $0 \cdot 144, 8 \cdot 12, 9 \cdot 1$					144 0	12 8	1 9

VORFÜHRUNG

Außerirdische Wesen

Wir verwenden 10 als Basis, weil wir zehn Finger an unseren Händen haben. Bittet eine Freundin, die Rolle einer Außerirdischen mit sechs Fingern zu übernehmen – sie verwendet 6 als Basis. Versucht es auch mit anderen Basen.

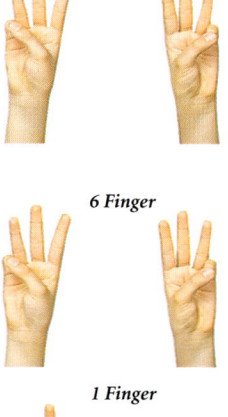
6 Finger

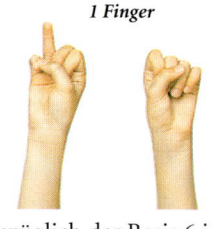
6 Finger

1 Finger

10 Finger

Beide stellen Zahlen dar, aber mit verschiedenen Basen

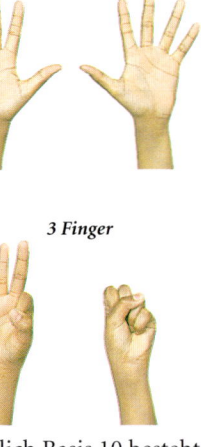
3 Finger

1 Bezüglich Basis 10 besteht 13 aus einem vollen Satz von 10 Fingern und 3 weiteren. Das sind 1 Zehner und 3 Einer.

2 Die »Außerirdische« hat nur sechs Finger. Die beiden Handpaare zeigen den Unterschied der beiden Basen. Es hilft vielleicht, wenn die »Außerirdische« laut bis zu der jeweiligen Zahl heraufzählt, da sie ihre Finger dreimal verwenden muss (rechts).

3 Bezüglich der Basis 6 ist 13 genau 2 Sechser plus 1 Einer. Bei der Darstellung zur Basis 6 erhaltet ihr also »21«.

EXPERIMENT
Bau eines Computers

Informationen können in einem Computer als »Felder« einer Datenbank im Binärcode gespeichert und verarbeitet werden. Diese einfache Datenbank verwendet Karten, um Informationen wie z. B. »Junge«, »mag Musik«, »tanzt gern«, »darf abends ausgehen« zu speichern. Die Daten werden durch ein Loch für »ja« oder einen Schlitz für »nein« markiert. Vor der Erfindung der Magnetplatten setzten viele Computer Lochkarten zur Datenspeicherung ein.

Bei diesem Experiment sollte ein Erwachsener mithelfen

1 Zeichnet Symbole für acht verschiedene Merkmale und kopiert sie. Malt sie an und schneidet sie aus. Klebt sie etwa 2 cm von oben auf jede Karte in der gleichen Reihenfolge.

2 Klebt auf jede Karte das Foto einer Person. Bittet einen Erwachsenen, ein Loch über die Symbole zu machen, die für sie zutreffen, und einen Schlitz bei denen, die es nicht tun.

IHR BRAUCHT
• Cornflakes-Schachtel • Lineal • Bleistift • Locher
• Schere • 8 Stricknadeln • Klebstoff • blauen Farbstift • Karton

3 Kopiert die acht Symbole noch einmal. Klebt sie auf kleine Kartonrechtecke, und bittet einen Erwachsenen, jedes Rechteck zu durchstechen und auf eine Stricknadel zu schieben.

4 Entfernt den Deckel von der Schachtel. Bittet einen Erwachsenen, acht Schlitze für die Nadeln von oben her in die Schachtel zu machen. Nehmt dazu eine der Karten als Muster.

5 Haltet die Karten zusammen; steckt die Nadeln für die Symbole hindurch und legt sie in die Schlitze der Schachtel.

6 Wählt einige Eigenschaften, die auf eure Gäste zutreffen sollen. Zieht alle anderen Stricknadeln aus der Schachtel und legt sie auf die Seite.

7 Entfernt die Karten, die auf dem Boden liegen. Sie gehören zu Personen, die keine der gewünschten Eigenschaften haben. Auf den Nadeln sind die Karten von Personen mit mindestens einer der geforderten Eigenschaften.

Die Markierungen auf den Nadeln entsprechen den Teilen der Karten mit Löchern anstatt Schlitzen

Folgen und Reihen

Bei Zahlen lassen sich viele Regelmäßigkeiten beobachten. Das Erkennen neuer Muster und deren Anwendung hat die Mathematiker über Jahrhunderte gefesselt. Eine »Folge« ist eine Anordnung von Zahlen, deren Gesetzmäßigkeit sich häufig durch eine Formel angeben lässt. Eine der einfachsten Folgen ist 1, 2, 3, 4, 5 ..., bei der die Zahlen immer um 1 größer werden. Eine »Reihe« entsteht durch das Aufsummieren der Zahlen einer Folge.

Zu der Folge $1, \frac{1}{2}, \frac{1}{4}, \frac{1}{8} \dots$ gehört die Reihe 1, $\frac{3}{2} (= 1 + \frac{1}{2})$, $\frac{7}{4} (= 1 + \frac{1}{2} + \frac{1}{4})$, $\frac{15}{8} (= 1 + \frac{1}{2} + \frac{1}{4} + \frac{1}{8}) \dots$ Je mehr Zahlen der Folge hinzugenommen werden, desto mehr nähern sich die Zahlen der Reihe dem Wert 2. Viele Untersuchungen über Folgen und Reihen werden in den Naturwissenschaften und im Ingenieurwesen angewandt. In der Biologie folgt die Zellteilung zum Beispiel der Folge 1, 2, 4, 8, 16 usw.; der Exponent der Potenz 2^n wird also jedes Mal um 1 erhöht: $2^0, 2^1, 2^2, 2^3, 2^4$.

Das Pascalsche Dreieck

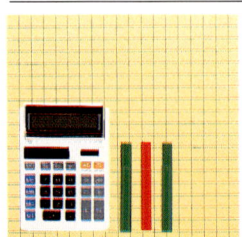

IHR BRAUCHT
- Taschenrechner
- kariertes Papier oder Ähnliches • Stifte

Der Franzose Blaise Pascal (1623–1662) war ein mathematisches Wunderkind. Das Zahlendreieck war zwar schon lange vorher bekannt, aber Pascal entdeckte, dass viele seiner Eigenschaften mit speziellen Folgen und Reihen in Verbindung stehen. Neben der Folge der Fibonacci-Zahlen enthält es auch Zahlenfolgen, die in algebraischen Formeln auftauchen (S. 70). Außerdem sind die Zahlen der einzelnen Zeilen wichtig für die Wahrscheinlichkeitsrechnung (S. 80).

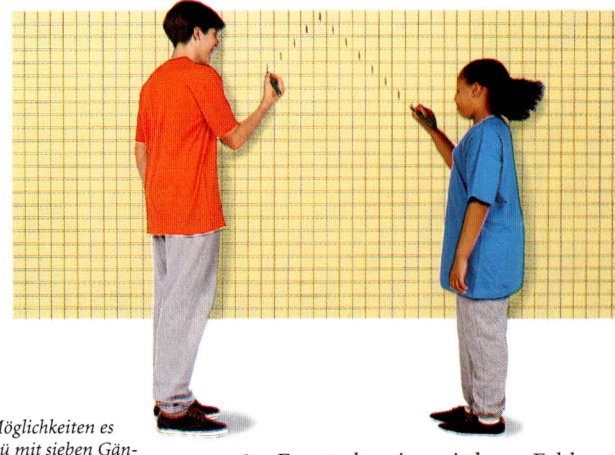

1 Fangt oben im mittleren Feld des karierten Papiers an und schreibt 1 hinein. Fahrt fort, nach links und rechts unten Einsen einzutragen, um die beiden Schenkel des Dreiecks zu markieren.

Folge der natürlichen Zahlen

Um herauszufinden, wie viele Möglichkeiten es gibt, drei Gänge aus einem Menü mit sieben Gängen auszuwählen, geht zur vierten Zahl (1 + 3) in der achten Zeile (1 + 7): die Lösung ist 35

2 Addiert zwei benachbarte Zahlen und schreibt ihre Summe in die nächste Zeile, unterhalb der beiden Zahlen in die Mitte (siehe Bild).

Dieses Muster entsteht im Pascalschen Dreieck

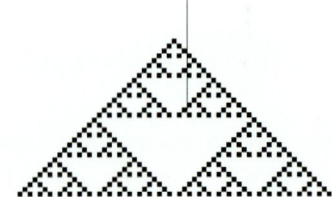

Muster im Dreieck
Malt alle Kästchen mit einer ungeraden Zahl an, wenn ihr mit dem Dreieck fertig seid. Ihr seht, wie sich ein Muster entwickelt. Dieses Bild zeigt das Muster über 32 Zeilen; wenn man noch weiter fortfährt, treten sogar noch erstaunlichere Effekte auf.

Die Belohnung des Sissa

Die Geschichte von Sissa Ben Dahir zeigt eine weitere Zahlenfolge. Der Legende nach erfand Sissa, ein Höfling eines indischen Königs, ein dem Schach ähnliches Spiel. Der König bot Sissa eine Belohnung für seine Arbeit an. Sissa erbat sich Reiskörner. Auf das erste Feld eines Schachbretts sollte ein Korn gelegt werden, und diese Zahl sollte dann bei jedem folgenden Feld verdoppelt werden. Der König hielt Sissa für dumm, aber er ahnte gar nicht, wie schnell die Zahlen anwachsen. Wir haben Schokoladentaler anstelle von Reiskörnern verwendet.

IHR BRAUCHT
- Schachbrett
- Schokoladentaler

1 Legt einen Taler auf das linke obere Feld des Schachbretts. Dies markiert den Anfang.

Legt einen einzelnen Schokoladentaler auf das erste Feld

2 Legt zwei Taler auf das zweite Feld. Setzt die Folge fort, indem ihr die Anzahl für jedes weitere Feld verdoppelt. Nehmt eventuell einen Taschenrechner, wenn euch die Zahlen zu groß werden. War Sissa bei seiner Bitte bescheiden? (Lösung S. 186) Wenn euch die Schokoladentaler ausgehen, dann schreibt einfach die Zahlen bis zum letzten Feld auf.

Die Fibonacci-Zahlen

Fibonacci, mit vollem Namen Leonardo von Pisa (1180–1250), war der Sohn eines italienischen Händlers. Auf seinen Reisen durch Europa und Nordafrika entwickelte er eine Leidenschaft für Zahlen. In seinem Hauptwerk *Liber Abbaci* (S. 30) beschreibt er ein Rätsel, dessen Lösung die uns heute als Fibonacci-Zahlen bekannte Folge ist. Die ersten Zahlen der Folge sind 1, 1, 2, 3, 5, 8, 13, 21 ... Ab der dritten Zahl ist jedes Folgeglied die Summe seiner beiden Vorgänger. Die Fibonacci-Zahlen kann man in der Anordnung der Blätter einer Blume und der Schuppen einer Ananas oder eines Kiefernzapfens wiederfinden.

Zählen der Schuppen
Wenn ihr einen Kiefernzapfen betrachtet, stellt ihr fest, dass die Schuppen gleichmäßige Spiralen bilden – manche gehen nach links und andere nach rechts. Wenn ihr die Anzahl der Schuppen auf jeder Ebene zählt, werdet ihr die Fibonacci-Zahlen wiederfinden.

123 Trick

Für diesen Trick benötigt ihr nur ein Blatt Papier und Bleistifte.

1. Markiert zehn Zeilen und bittet einen Freund, eine Zahl in die erste Zeile zu schreiben.
2. Bittet einen anderen Freund, eine andere Zahl in die zweite Zeile zu schreiben.
3. Lasst einen Freund jetzt die Zahlen addieren und in die dritte Zeile schreiben.
4. Bittet sie, abwechselnd immer die Zahlen in den letzten beiden Zeilen zu addieren und die Summe in die nächste Zeile zu schreiben.
5. Schaut kurz auf das Papier, wenn eure Freunde bei der siebten Reihe angekommen sind. Multipliziert diese Zahl mit 11, schreibt sie auf und legt das Blatt verdeckt auf den Tisch.
6. Bittet eure Freunde alle Zahlen zu addieren, wenn sie mit den zehn Zahlen fertig sind.
7. Deckt eure Lösung auf, um ihnen zu zeigen, dass ihr die Antwort bereits wusstet.

Dieser Trick funktioniert deshalb, weil bei den Fibonacci-Zahlen die siebte Zahl genau ein Elftel der Gesamtsumme der ersten zehn Zahlen ist.

PROPORTIONEN

Architektur und Natur
Die Frontseite des Pallazzo Ca' d'Oro am Canale
Grande in Venedig (links) ist nicht nur wegen ihrer
Symmetrien (S. 158), sondern auch wegen der Proportionen
ästhetisch ansprechend. Die Blütenblätter der Blume
(oben) sind spiralförmig angeordnet. Die Anzahlen sind
auch in einer Zahlenfolge zu finden, die nach dem
italienischen Mathematiker Fibonacci
benannt ist (S.49).

Verhältnisse, Brüche und Prozentzahlen drücken die Beziehung
eines Teils zum Ganzen
mathematisch aus. Einige antike
Kulturen, vor allem die Ägypter,
haben grundlegende Methoden
zum Rechnen mit Brüchen
entwickelt. Zahlenverhältnisse
bestimmen beispielsweise die
physikalischen Eigenschaften von
Gasen oder elektronischen Schaltkreisen. Sie sind in Wissenschaft und
Technik von entscheidender
Bedeutung. Prozentangaben findet
man überall im Geschäftsleben,
in der Verwaltung und in der
Finanzwelt.

DER VERGLEICH VON GRÖSSEN

Verhältnisse werden verwendet, um Größen zu vergleichen. Man kann mit ihnen sehr unterschiedliche Dinge beschreiben, von den Zutaten beim Backen bis zu den Atommassen. Manche Verhältnisse sind für die Mathematik und die Natur von besonderer Bedeutung. Die Beschäftigung mit ihnen hilft uns vielleicht, die grundlegende Struktur der belebten Welt zu verstehen.

Der italienische Maler Masaccio (1401–1428) war einer der ersten Renaissancemaler, der zur Erzeugung eines räumlichen Eindrucks die Perspektive verwendete. Auf dem Fresko (oben) scheinen die oberen Enden der vier Säulen um Christus herum ein Quadrat zu bilden.

Ein Verhältnis beschreibt die relative Beziehung zwischen zwei oder mehreren Größen – um welchen Faktor die eine größer als die andere ist. Das Verhältnis zweier Größen kann man durch Division berechnen. Wenn ein Kuchen beispielsweise 180 g Mehl und 60 g Butter enthält, so stehen Mehl und Butter im Verhältnis 3 zu 1 zueinander, denn 180 : 60 ist 3.

Verhältnisse verwenden

Mithilfe von Verhältnissen kann man vieles ausdrücken. Sie sind zum Beispiel die Grundlage der Geldmärkte, die den relativen Wert der Währungen weltweit bestimmen. Diese Werte, die so genannten Wechselkurse, ändern sich stündlich je nach Wirtschaftslage und Politik der verschiedenen Länder. Wenn Händler als Folge solcher Veränderungen verschiedene Währungen kaufen und verkaufen, kann viel Geld gewonnen oder verloren werden.

Touristen müssen ihr Geld in die Währung des Urlaubslandes umtauschen. Der Wechselkurs ermöglicht es ihnen, den Wert eines Gegenstandes in ihrer Heimatwährung auszurechnen.

Durch Verhältnisse kann man nur Größen vergleichen, die in der gleichen Einheit messbar sind. Die Geschwindigkeit ist zum Beispiel kein Verhältnis. Sie wird durch die Division der zurückgelegten Wegstrecke durch die dazu benötigte Zeit berechnet und in der Einheit Kilometer pro Stunde (km/h) oder Meter pro Sekunde (m/s) angegeben. Das Wort »pro« bzw. das Zeichen »/« deutet die Division von Längeneinheiten durch Zeiteinheiten an.

Das alte Ägypten

Die alten Ägypter gehörten zu den ersten Menschen, die Verhältnisse verwendeten. Auszüge aus dem Papyrus Rhind zeigen uns, wie die Baumeister vor über 3500 Jahren mithilfe von Verhältnissen sicherstellten, dass die Pyramiden richtig ausgerichtet waren. Es war das Ziel der Ägypter, den quadratischen Grundriss ihrer Pyramiden genau nach den Himmelsrichtungen zu orientieren. Die Nord-Süd-Achse war durch die Beobachtung des Schattens ziemlich leicht zu finden. Die Ost-West-Achse musste durch Konstruktion einer dazu senkrecht stehenden Linie gefunden werden. Die Ägypter konstruierten diese Linie mithilfe von Seilen, die durch Knoten in Abschnitte unterteilt waren. Die Längen dieser Abschnitte standen zueinander in genau festgelegten Verhältnissen.

Schreibweisen

Die alten Ägypter schrieben Verhältnisse, genauso wie wir heute, als Brüche. Ein Bruch besteht aus zwei übereinandergeschriebenen Zahlen: $\frac{3}{4}$ (drei Viertel), $\frac{19}{40}$ (neun-

Malfarben
Um den gleichen Farbton zu erzielen, muss beim Mischen von Künstler- und Druckerfarben auf das richtige Verhältnis der Grundfarben geachtet werden.

zehn Vierzigstel) und $-\frac{5}{7}$ (minus fünf Siebtel) sind Beispiele gewöhnlicher Brüche.

In der Mathematik heißt die obere Zahl bei einem Bruch »Zähler« und die untere »Nenner«. Der Nenner beschreibt, in wie viele Teile eine Sache geteilt wurde; der Zähler gibt an, wie viele Teile davon verwendet werden. Zum Beispiel sind $\frac{3}{10}$ eines Kuchens drei Stücke eines Kuchens, der in zehn gleiche Teile geteilt wurde.

Im Unterschied zu uns schrieben die Ägypter nur »Stammbrüche«, das sind Brüche mit dem Zähler 1. Andere Brüche wurden durch die Addition von Stammbrüchen dargestellt. Den Bruch $\frac{2}{5}$ haben die Ägypter zum Beispiel als $\frac{1}{3} + \frac{1}{15}$ geschrieben. Die einzige Ausnahme war der Bruch $\frac{2}{3}$, für

Verhältnisse im Bankwesen
Münzen wurden in Europa bereits seit dem 12. Jahrhundert bei Geldwechslern gewogen und verglichen. Der internationale Geldhandel baut immer noch auf den Verhältnissen zwischen den Werten der verschiedenen Währungen, den so genannten Wechselkursen, auf.

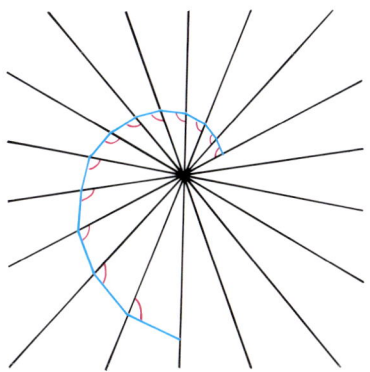

Die gleichwinklige Spirale
Diese Spirale wird konstruiert mithilfe von Strahlen, die unter dem gleichen Winkel von einem gemeinsamen Punkt ausgehen. Alle rot markierten Winkel haben die gleiche Größe.

den sie ein eigenes Symbol benutzten.

Die Römer und die Babylonier entwickelten Brüche, die bei einem festen Nenner beliebige Zahlen als Zähler haben konnten. Die Brüche der Römer hatten die Zahl 12 als Nenner und die der Babylonier die Zahl 60. Mit diesen Systemen konnten manche Brüche nur ungefähr angegeben werden: $\frac{1}{7}$ liegt beispielsweise im römischen System zwischen $\frac{1}{12}$ und $\frac{2}{12}$.

Heute werden Verhältnisse manchmal auch mit dem Symbol »:« geschrieben, so z. B. 6 : 11 (das Verhältnis 6 zu 11). Das Zeichen »:« wurde erstmals 1631 von dem britischen Mathematiker William Oughtred (1575–1660) verwendet und bedeutet etwas anderes als der Bruchstrich. Der Bruch $\frac{3}{4}$ bedeutet drei Teile eines in vier Teile geteilten Ganzen. Im Gegensatz dazu bedeutet 3 : 4 drei Teile und vier Teile eines in sieben Teile geteilten Ganzen. Das Symbol »:« kann man auch bei Verhältnissen von mehr als zwei Größen verwenden. Bei einem Fahrrad könnte die Anzahl der Zähne von drei Gängen im Verhältnis 2 : 3 : 4 stehen.

Vereinfachen

Manche Verhältnisse wie 770 : 990 können auch durch kleinere Zahlen (7 : 9) ausgedrückt werden. Eine andere Möglichkeit besteht darin, verschiedene Brüche auf einen gemeinsamen Nenner zu beziehen. Werden Brüche mit dem Nenner 100 dargestellt, so kann man sie auch in »Prozenten« angeben und das Zeichen »%« verwenden. Beispielsweise kann $\frac{3}{10}$ auch als 30 % geschrieben werden, da $\frac{3}{10} = \frac{30}{100}$ ist.

Mithilfe der Prozentangabe können wir Brüche schnell vergleichen. So ist es beispielsweise schwierig zu erkennen, ob $\frac{6}{15}$ größer, gleich oder kleiner als $\frac{42}{120}$ ist. Wenn man jedoch beide als Prozentzahlen schreibt, 40 % und 35 %, ist die Antwort sofort erkennbar.

Verhältnisse in der Natur

Der griechische Mathematiker Pythagoras gründete eine Philosophenschule (S. 60). Pythagoras und seine Anhänger beschäftigten sich mit den so genannten »rationalen Zahlen« – Zahlen, die als Verhältnis zweier ganzer Zahlen darstellbar sind. Sie glaubten, mithilfe der Zahlen den Aufbau des Universums erklären zu können. Bei Untersuchungen von schwingenden Saiten entdeckten sie, dass mit Saiten im Längenverhältnis 1 : 2 : 3 : 4 alle bekannten wohlklingenden Intervalle erzeugt werden können. Diese Entdeckung bestärkte Pythagoras in seinem Glauben an die allumfassende Bedeutung der Zahlen.

Auch in der Geometrie versuchten die Pythagoreer die Längenverhältnisse bei besonderen Figuren zu bestimmen. Eine Zahl, die sie in ihrem System nicht beschreiben konnten, war das Verhältnis des Umfangs eines Kreises zu seinem Durchmesser (S. 134). Heute nennen wir dieses Verhältnis π (pi). Zahlen wie π heißen »irrationale Zahlen«, da sie sich nicht exakt als Brüche darstellen lassen. Die Entdeckung der irrationalen Zahlen war für die pythagoreischen Gelehrten ein Schock. Sie sollen den Mathematiker, der dieses Wissen an Nicht-Pythagoreer weitergab, mit dem Tod bedroht haben.

Ein weiteres interessantes Verhältnis ist das des Goldenen Schnitts. Diesem Verhältnis, ungefähr 1,618 : 1, begegnen wir in vielen Naturerscheinungen. Es taucht in der Anordnung von

Schattenlänge
Wenn man eine kleine Pflanze betrachtet und das Verhältnis ihrer Schattenlänge zu ihrer Höhe bestimmt, kann man bei gleichem Lichteinfall aus der Länge des Schattens die Höhe einer viel größeren Pflanze berechnen, die man nicht direkt messen könnte.

Blütenblättern ebenso auf wie in den Spiralen von Meeresmuscheln. Die Forscher fanden heraus, dass Gebäude und Bilder dann am angenehmsten auf das Auge wirken, wenn sie gemäß dem Goldenen Schnitt aufgebaut sind. Die Wissenschaftler sind von diesem Verhältnis immer noch fasziniert. Am Ende des 20. Jahrhunderts wurde vermutet, dass es sich auch in der Anordnung der DNS, der Basis allen Lebens, wiederfindet.

Ein naturgegebenes Verhältnis
Die Schalen von Weichtieren wie diesem Nautilus sind wie gleichwinklige Spiralen aufgebaut, in denen auf natürliche Weise der Goldene Schnitt vorkommt. Die Zeichnung links oben ahmt die Form der Schale nach und zeigt, wie man in der Natur vorkommende Formen durch mathematische Verfahren beschreiben kann.

Vergleiche

Bei einem Verhältnis werden verschiedene Größen der gleichen Art verglichen. Wenn bei einem Erfrischungsgetränk der Volumenanteil des Saftes viermal so groß ist wie der von Wasser, so stehen die beiden im Verhältnis 4:1. Manchmal stellt man ein Verhältnis durch einen Bruch dar; im genannten Beispiel besteht das Getränk zu $\frac{4}{5}$ aus Saft. Auch in der Wissenschaft werden Verhältnisse häufig eingesetzt, wie beispielsweise das »Kosten-Nutzen-Verhältnis« in der Betriebswirtschaft. Einige Verhältnisse sind für die Mathematik von besonderer Bedeutung. Beispielsweise ist das Verhältnis vom Umfang eines Kreises zu seinem Durchmesser bei allen Kreisen gleich, ungefähr 3,142:1 oder genau π (S. 134).

Den Luftdruck vermindern

Viele wissenschaftliche Phänomene lassen sich durch einfache Größenverhältnisse erklären. Ein solches Verhältnis ist das Gesetz, das den Zusammenhang zwischen Druck und Volumen eines Gases (z. B. Luft) bei konstanter Temperatur beschreibt. Bei diesem Experiment wird Luft aus einer Flasche herausgepumpt, um den Druck im Inneren zu verringern. Die Marshmallows im Inneren der Flasche enthalten eingeschlossene Luftblasen; achtet darauf, was mit ihnen geschieht.

IHR BRAUCHT
● Vakuumpumpe und Vakuumverschluss für Weinflaschen ● Marshmallows ● durchsichtige Flasche

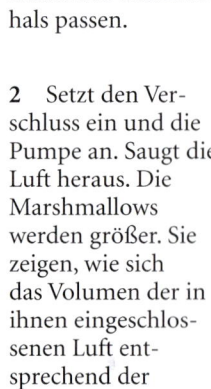

1 Füllt die Flasche zu $\frac{3}{4}$ mit den Marshmallows. Eventuell müsst ihr sie der Länge nach durchschneiden, damit sie durch den Flaschenhals passen.

Verhältnis von Schattenlängen

Das Verhältnis von Höhe und Schattenlänge eines Objekts ist immer konstant, wenn der Winkel des Lichteinfalls gleich ist. Wenn ihr die Schattenlänge eines Objekts kennt, könnt ihr mit diesem Wissen seine Höhe bestimmen, die für eine direkte Höhenmessung zu groß ist.

IHR BRAUCHT
● Stift ● Notizblock ● Maßband ● Pflanze im Topf

1 Messt die Höhe der Pflanze samt Topf mit dem Maßband. Rundet diese Zahl auf die nächsten 10 cm auf oder ab.

2 Setzt den Verschluss ein und die Pumpe an. Saugt die Luft heraus. Die Marshmallows werden größer. Sie zeigen, wie sich das Volumen der in ihnen eingeschlossenen Luft entsprechend der Druckminderung vergrößert.

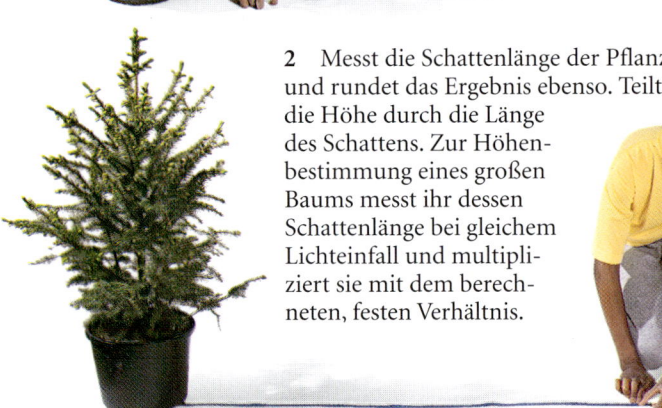

2 Messt die Schattenlänge der Pflanze und rundet das Ergebnis ebenso. Teilt die Höhe durch die Länge des Schattens. Zur Höhenbestimmung eines großen Baums messt ihr dessen Schattenlänge bei gleichem Lichteinfall und multipliziert sie mit dem berechneten, festen Verhältnis.

3 Öffnet dann das Ventil und lasst wieder Luft einströmen. Die Marshmallows schrumpfen mit dem Ansteigen des Luftdrucks wieder; das Volumen der in ihnen eingeschlossenen Luft verringert sich.

EXPERIMENT
Bevölkerungsdichte

In der Wissenschaft wird die Dichte definiert als die Masse eines gegebenen Körpers dividiert durch sein Volumen (S. 105). Man kann das gleiche Prinzip anwenden, um die Bevölkerungsdichte in einem Land zu bestimmen. Sie ist die durchschnittliche Anzahl der Menschen pro Flächeneinheit und ein Maß dafür, wie dicht eine Stadt oder ein Land besiedelt ist. Dieses Beispiel zeigt ein paar Länder in Südostasien, von der Mongolei bis Hongkong. Untersucht die Bevölkerungsdichte dieser Länder und vergleicht sie mit Ländern und Städten in eurer Nähe.

IHR BRAUCHT
- Lineal • Bleistifte • Kugelschreiber • Schere
- Klebstoff • Taschenrechner • Notizblock
- Pauspapier • kariertes Papier • 1 Bogen Karton

Geldwechsel

Bei internationalen Geschäften oder Auslandsreisen muss Geld von einer Währung in eine andere Währung umgerechnet werden. Die Wechselkurse (das Verhältnis einer Währung zu einer anderen) werden durch die Devisenbörsen festgelegt. Mithilfe dieser Verhältnisse können Reisende die Preise im Ausland mit den Preisen zu Hause vergleichen.

1 Paust die Umrisse der Länder, die ihr vergleichen wollt, aus einem Atlas ab. Notiert die Flächengrößen und die Bevölkerung jedes Landes. Die Flächengrößen der Länder sollten alle in der gleichen Einheit angegeben werden.

2 Malt die Umrisse der Länder aus und schneidet sie dann aus. Notiert euch die Namen der Länder auf der Rückseite. Berechnet für jedes Land die Bevölkerungsdichte, indem ihr die Einwohnerzahl durch die Flächengröße teilt.

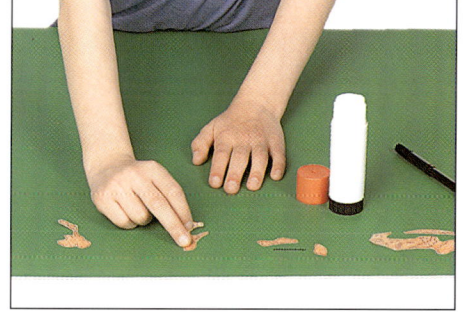

3 Klebt die Länderumrisse in einer Reihe oben auf den Karton. Legt sie so weit auseinander, dass ihr sie noch klar unterscheiden könnt. Schreibt die Namen der einzelnen Länder direkt neben oder unter die Umrisse.

4 Verwendet ein Quadrat auf dem karierten Papier als Maßstab für einen Menschen pro Quadratkilometer. Zählt für jedes Land die Kästchen ab, die zu seiner Bevölkerungsdichte gehören, und schneidet die Streifen dann aus.

Dieses große Stück kariertes Papier steht für die Bevölkerungsdichte eines einzigen südostasiatischen Landes

5 Klebt jeden Streifen unter das entsprechende Land. Welches der südostasiatischen Länder hat die höchste Bevölkerungsdichte? (Lösung S. 186)

Verwendung von Verhältnissen

Verhältnisse von Zahlen sind manchmal wichtiger als die Angabe der absoluten Werte. Für Astronomen ist es beispielsweise leichter, die Sterne nach scheinbarer Größe zu klassifizieren, die auf dem Verhältnis der Helligkeit basiert. Die Richterskala für die Stärke eines Erdbebens ist ein weiteres Beispiel. Der angegebene Wert (Größenordnung zwischen 1 und 10) ist ein Maß für die Energie des Bebens; zu beachten ist, dass jedes Anwachsen um 1 etwa die zehnfache Energie bedeutet. Quotienten spielen auch in der Zahlentheorie (S. 38) eine große Rolle. Rationale Zahlen sind diejenigen Zahlen, die als Quotient von zwei ganzen Zahlen ausgedrückt werden können, so wie $\frac{1}{2}$. Im Gegensatz dazu können irrationale Zahlen, wie $\sqrt{2}$, nicht als Bruch dargestellt werden. Wenn die absoluten Größen nicht so wichtig sind, können Größenverhältnisse von Nutzen sein. Beim Backen zum Beispiel hängen Geschmack und Konsistenz vom Verhältnis der Zutaten und nicht von deren absoluten Mengen ab.

Scheinbare Größe

Sirius im Sternbild des Großen Bären ist der hellste Stern am Nachthimmel. Sterne werden nach scheinbarer Größe klassifiziert – ihrer Helligkeit, von der Erde aus gesehen. Diese Klassifikation baut auf dem Verhältnis 1 : 2,512 auf. Ein Stern der Größe 1 ist 2,512 mal heller als einer der Größe 2. Sterne der Größe 1 sind ungefähr hundertmal heller als diejenigen der Größe 6. Manche sind so hell, dass sie durch eine negative Zahl dargestellt werden. Sirius hat die Größe −1,6, die Sonne −26,7; die Sonne erscheint uns zehn Milliarden Mal heller als Sirius.

EXPERIMENT

Mischen und Abgleichen von Farbtönen

Die Herstellung und der Vergleich von Farben ist für Kunst und Industrie so wichtig, dass Wissenschaftler Vergleichstabellen mit Standardfarben erstellt haben. Ihr könnt eure eigenen Farbtöne mischen, indem ihr verschiedene Mischungsverhältnisse der Grundfarben Gelb, Rot und Blau benutzt. Tragt in eine Tabelle die verwendeten Farben und ihre Mischungsverhältnisse ein; später könnt ihr mithilfe der Tabelle diese Farbtöne ganz genau wiederherstellen.

IHR BRAUCHT
- Wasser • Farbpulver
- Farbenbehälter
- Palette • Pinsel
- Filzstifte • Löffel
- Papier

1 Nehmt einen Löffel, um die Farben genau abzumessen, und gebt zwei Teile Blau und einen Teil Gelb in einen Behälter. Ihr bekommt dann Grün. Vermischt es mit etwas Wasser. Mischt in einem anderen Behälter einen anderen Grünton aus einem Teil Blau und zwei Teilen Gelb.

2 Macht euch für später eine Vergleichstabelle mit euren Mischfarben. Malt zur Erinnerung mit Filzstiften ein Kästchen pro Löffel in den Grundfarben aus. Malt einen kleinen Pinselstrich mit der gemischten Farbe unter das entsprechende Mischungsverhältnis.

Internationale Farbstandards
Dieser Mann verwendet eine international anerkannte Standard-Farbtabelle, um einen bestimmten Farbton zu finden. Dieser Farbton kann dann durch die Angabe einer Nummer bestellt werden. Die Farbtabellen enthalten für jede Grundfarbe den Prozentanteil, der zur Herstellung dieses Farbtons verwendet wurde.

Ein Rezept für Mürbekekse

Bei manchen Rezepten wird ein bestimmtes Verhältnis der Zutaten angegeben, damit man die Mengen ändern kann, ohne Konsistenz oder Geschmack zu verändern. Ihr könnt so viele Mürbekekse backen, wie es die Größe des Backbleches zulässt; aber ihr müsst das Verhältnis 3 : 2 : 1 bei den Zutaten einhalten.

IHR BRAUCHT
● Rührschüssel ● 3 Teile Mehl ● 2 Teile Butter oder Margarine ● 1 Teil Zucker ● Holzbrett ● Keksform ● Messer ● antihaftbeschichtetes Backblech

1 Mischt Mehl und Zucker in der Schüssel. Schneidet die Butter mit dem Messer, und knetet mit den Fingern, bis Zucker und Mehl sich mit der Butter vermengt haben und ein Teigkloß entstanden ist.

2 Nehmt den Teig aus der Schüssel. Rollt ihn etwa 1 cm dick aus. Streut zuvor ein wenig Mehl auf eure Arbeitsunterlage, damit die Masse nicht anklebt. Stecht die Kekse mit der Form aus, und legt sie auf das Backblech. Achtet darauf, dass sich die Ränder nicht berühren.

3 Backt die Kekse bei 120° C etwa 20 Minuten lang oder bis sie leicht braun sind. Nehmt das Blech mit einem Topflappen oder einem Ofenhandschuh vorsichtig aus dem Ofen und stellt es auf ein Holzbrett, damit es die Arbeitsplatte nicht ansengt.

Musik mit Wasser und Luft

In der Musik benutzt man häufig Verhältnisse. Beispielsweise ist in jeder Tonart das Frequenzverhältnis der Töne gleich, die eine Oktave (S. 60) bilden. Wenn ihr ein paar Flaschen in unterschiedlicher Höhe mit Wasser füllt, könnt ihr durch Anblasen der Öffnung verschiedene Töne erzeugen. Der Ton ist umso tiefer, je mehr Luft in der Flasche ist.

IHR BRAUCHT
● Lineal ● Bleistift ● Krug mit Wasser ● Lebensmittelfarbe ● Klebeband ● Schere ● 5 gleiche Flaschen mit geradem Rand

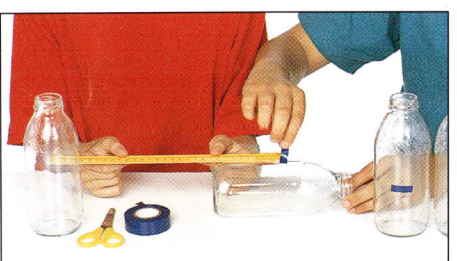

1 Messt die Entfernung vom Flaschenboden bis zum Beginn des Halses. Markiert auf jeweils einer Flasche $\frac{1}{5}$, $\frac{2}{5}$, $\frac{3}{5}$, $\frac{4}{5}$ bzw. den gesamten Abstand zwischen Boden und Beginn des Flaschenhalses mit Klebeband.

2 Füllt jede Flasche bis zur angegebenen Markierung mit Wasser. Wenn ihr etwas Lebensmittelfarbe hinzugebt, könnt ihr die Wasserstände leichter sehen. Seid vorsichtig, dass die Lebensmittelfarbe nicht eure Haut oder eure Kleidung verfärbt.

3 Ihr könnt jetzt auf den mit Wasser gefüllten Flaschen eine Melodie spielen, indem ihr der Reihe nach über die Flaschenöffnungen blast. Achtet auf die verschiedenen Töne.

Der Goldene Schnitt

Der Goldene Schnitt wird seit Jahrhunderten in Kunst und Architektur verwendet und tritt auch in der Natur auf. Er teilt eine Strecke so in zwei Teile, dass das Längenverhältnis des größeren Teils zum kleineren gleich dem Verhältnis der ganzen Streckenlänge zur größeren Teilstrecke ist. Durch Berechnung erhält man den Zahlwert $\frac{\sqrt{5}+1}{2}$: 1 oder ungefähr 1,618 : 1. Dieses Verhältnis wirkt auf den Betrachter besonders angenehm. Die Griechen waren von dieser besonderen mathematischen Beziehung fasziniert. Mit Sicherheit hatten die Ägypter schon vorher ein »Heiliges Verhältnis«; bei der großen Pyramide von Gizeh in Ägypten ist das Verhältnis der Höhe einer Außenfläche zur Hälfte der Grundlinie 1,618 : 1.

Moderne Methoden

Viele Architekten verwendeten den Goldenen Schnitt bei ihren Plänen. Das 1952 errichtete Gebäude der Vereinten Nationen in New York ist ein modernes Beispiel dafür. Das Verhältnis der Gebäudehöhe zu seiner Länge ist 1,618 : 1. Der französische Architekt Le Corbusier (S. 118) berücksichtigte den Goldenen Schnitt sogar bei der Gestaltung der Innenräume.

Erkundung des Parthenon

Der Parthenon-Tempel, ein Bestandteil der Akropolis in Athen, ist eines der prächtigsten klassischen Bauwerke. Viele halten ihn für fast vollkommen. Er war von den alten Griechen als Schutzraum für die Göttin Athene gebaut worden. Das Säulengebälk, der dreieckige Dachabschnitt, fehlt inzwischen. Orientiert sich das Gebäude am Goldenen Schnitt, wenn man dieses miteinbezieht? Dies wäre ein Hinweis darauf, dass sich die Architekten bereits im 5. Jahrhundert v. Chr. der ästhetischen Bedeutung des Goldenen Schnitts bewusst waren. Wir wissen, dass die Renaissancemaler dieses besondere Verhältnis verwendeten; sie nannten es das »Göttliche Verhältnis«.

IHR BRAUCHT
- Lineal • Taschenrechner • Stifte
- Zeichendreieck
- Bild des Parthenon

Kupferstich des Parthenon
Dieser Kupferstich zeigt, wie der Parthenon einst aussah. Fotokopiert ihn und vergrößert ihn dabei um 50 Prozent. Versucht herauszufinden, ob die Maße dem Goldenen Schnitt entsprechen.

1 Zeichnet auf einer Fotokopie des Kupferstichs ein Rechteck um die Außenbegrenzungen des Parthenon, das auch das Säulengebälk umschließt.

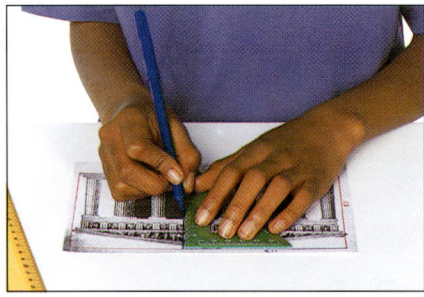

3 Tragt die gemessene Höhe von links her an der oberen und der unteren Rechteckseite ab. Verbindet die beiden Endpunkte. Überprüft, ob ein Quadrat entstanden ist.

2 Messt die Höhe des Gebäudes und schreibt das Maß neben eine der kürzeren Kanten des Rechtecks. Dies ist eine der gesuchten Längen.

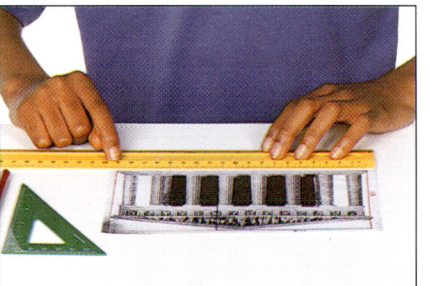

4 Messt die Länge des Gebäudebodens. Dividiert die Länge des Gebäudebodens durch die Höhe des Gebäudes, um das Längenverhältnis zu erhalten.

Spiralen in der Natur

Der Goldene Schnitt tritt nicht nur bei rechteckigen Formen wie Gebäuden auf. Man kann ihn auch verwenden, um eine wunderschöne Spirale (S. 146–147) zu erzeugen. Diese Spirale tritt oft in der Natur auf – bei den Kernen einer Sonnenblume, der Anordnung von Blättern an Zweigen und den Schuppen von Kiefernzapfen (S. 49). Die Grundlage der Spirale sind benachbarte Quadrate, die in der angegebenen Weise zu Rechtecken ergänzt werden. Die Quadrate und damit auch die Rechtecke werden immer größer. Das Verhältnis der Rechteckseiten nähert sich immer mehr dem Goldenen Schnitt.

IHR BRAUCHT
● Lineal ● Stift ● Bleistifte ● Zirkel ● kariertes Papier

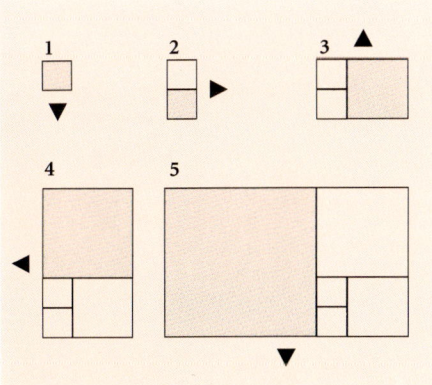

Die Schablone
Beginnt mit einem Quadrat auf dem karierten Papier. Fügt in Richtung der Pfeile ein neues Quadrat an die Seite der alten Figur an. Wiederholt diesen Schritt mehrmals.

1 Färbt die Quadrate, damit man sie deutlicher sieht, und zeichnet mit dem Zirkel in jedes Quadrat einen Viertelkreis.

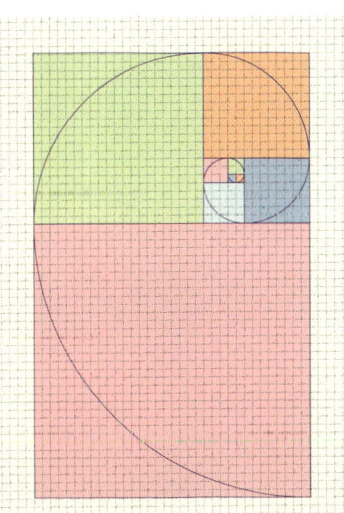

2 Die Spirale des Nautilus entspricht, wie die Bilder zeigen, sehr gut der Verbindungslinie der gezeichneten Viertelkreise.

Spirale auf einer Nautilus-Muschel
Der Nautilus, ein Meerestier, ist ein Weichtier wie die Schnecke. Sein Gehäuse ist ein Beispiel dafür, wie die Natur den Regeln der Verhältnisse folgt. Vergleicht eure gezeichnete Spirale mit der auf dem Gehäuse.

Erzeugen des Goldenen Schnitts

Den Goldenen Schnitt kann man auf verschiedene Arten erzeugen. An den Diagonalen eines regelmäßigen Fünfecks, einer Figur mit fünf gleich langen Seiten und gleich großen Innenwinkeln, könnt ihr den Goldenen Schnitt entdecken. Das Experiment zeigt, wie man durch Falten eines Papierknotens ein Fünfeck erzeugt.

IHR BRAUCHT
● Schere ● Bleistift
● Lineal ● Papierstreifen, etwa 30 cm lang und 4 cm breit

1 Faltet den Papierstreifen zu einem einfachen Knoten und zieht die Enden vorsichtig heraus.

2 Legt den Knoten auf den Tisch und streicht ihn vorsichtig mit der Handfläche glatt. Verstärkt die Falze mit dem Fingernagel. Schneidet die überstehenden Stücke ab.

3 Zeichnet zwei sich schneidende Diagonalen. Jede wird dadurch in einen längeren und einen kürzeren Teil zerlegt. Ist das Längenverhältnis der beiden Teilstrecken ungefähr 1,618 : 1?

Was ist ein Bruch?

Ein Bruch besteht aus zwei übereinandergesetzten Zahlen, die durch eine Linie getrennt sind, wie bei $\frac{1}{3}$. Die obere Zahl ist der Zähler; er gibt an, wie viele Teile zu dem Bruch gehören. Die untere Zahl heißt Nenner und gibt an, in wie viele Teile das Ganze geteilt wird. Brüche können kleiner als 1 sein, so wie $\frac{5}{7}$, oder größer als 1, wie $\frac{9}{7}$, was auch als $1\frac{2}{7}$ geschrieben werden kann. Der Bruch $\frac{5}{7}$ heißt »echter« Bruch, weil der Zähler kleiner als der Nenner ist; $\frac{9}{7}$ wird auch als »unechter« Bruch bezeichnet. Die Zahl $1\frac{2}{7}$ wird »gemischte« Zahl genannt; sie besteht aus der ganzen Zahl 1 und dem echten Bruch $\frac{2}{7}$. Brüche werden gewöhnlich vollständig gekürzt dargestellt, d.h., Zähler und Nenner wurden durch ihren größten gemeinsamen Teiler dividiert (S. 183). Anstelle des Bruches $\frac{12}{36}$ schreibt man $\frac{1}{3}$; dabei wurden beide Zahlen durch ihren größten gemeinsamen Teiler 12 dividiert.

Musik und die Pythagoreer

Der griechische Philosoph Pythagoras (ca. 500 v. Chr.) begründete eine Denkschule, die Mathematik und Philosophie miteinander verband. Seine Schüler, die Pythagoreer, entdeckten, dass Harmonie in der Musik mit einfachen Zahlenverhältnissen zusammenhängt. Aus dieser Beobachtung schlossen sie auf eine »Harmonie« in den Bewegungen der Sterne und Planeten.

EXPERIMENT

Ein Musikinstrument

Bei Saiteninstrumenten kann das Verhältnis zwischen den Tönen als Bruchteile der Saitenlängen dargestellt werden, wie ihr bei diesem einfachen Versuch sehen werdet.

Bei diesem Experiment sollte ein Erwachsener mithelfen

IHR BRAUCHT
- Papiermesser ● Zirkel ● 1 großen und 2 kleine Bleistifte ● Schere
- Klebeband ● Gummiband
- Umschlagklammern
- längliche Schachtel

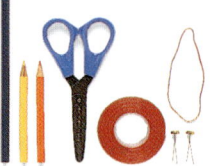

1 Zeichnet mit dem Zirkel einen Kreis nahe an einem Ende der Schachtel. Bittet einen Erwachsenen, den Kreis mit einem Papiermesser auszuschneiden. Befestigt an beiden Seiten der Schachtel, 4 cm von der Kante entfernt, je einen kleinen Bleistift mit dem Klebeband.

2 Steckt die Umschlagklammern an beiden Enden in die Seiten der Schachtel. Wickelt das Gummiband um die eine Klammer und zieht es über den Bleistift zum anderen Ende der Schachtel. Sichert es an der anderen Klammer, sodass das Gummi über die Schachtel gespannt ist.

3 Zupft das Gummiband über dem Schallloch eures Instruments. Es regt die Luft im Inneren der Schachtel zum Schwingen an und verstärkt den Klang. Bei anderen Musikinstrumenten können die Saiten gestrichen (Geige) oder angeschlagen werden (Klavier). Hört euch den Ton an.

4 Schiebt einen langen Bleistift unter das Gummiband, etwa ein Viertel der Schachtellänge vom Ende mit dem Schallloch entfernt. Zupft das Gummiband nochmals und hört auf den neuen Ton. Bemerkt ihr den Unterschied?

Haltet den Bleistift fest

5 Schiebt den Bleistift in die Mitte der Schachtel und zupft das Band. Ihr werdet feststellen, dass der Ton tiefer ist.

Die Länge des schwingenden Teils wurde verdoppelt; dadurch wurde der Ton um eine Oktave tiefer

EXPERIMENT
Ein Lichtstärkenmesser

Einen Lichtstärkenmesser benutzt man zum Vergleich von Helligkeiten. Ihr könnt euch selbst einen basteln und damit die Helligkeit von zwei Lampen vergleichen. Das Licht verteilt sich bei der Ausbreitung über eine immer größer werdende Fläche; die Helligkeit nimmt dabei mit dem Quadrat der Entfernung (S. 40) ab. Wenn man die Helligkeit einer Lampe kennt, lässt sich die Helligkeit einer anderen mithilfe der folgenden Formel ungefähr bestimmen.

IHR BRAUCHT
- 2 Lampen mit verschiedenen Wattzahlen • Butter
- Klebeband • Schere
- Papiermesser
- Bleistift • Papier
- Karton • Lineal
- Taschenrechner
- Notizblock

$$\frac{\text{Helligkeit von Lampe 1}}{\text{Helligkeit von Lampe 2}} = \frac{(\text{Entfernung zu Lampe 1})^2}{(\text{Entfernung zu Lampe 2})^2}$$

Jazz und Mathematik

Gottfried Leibniz (S. 47) schrieb: »Musik ist eine geheime arithmetische Übung, und derjenige, der ihr frönt, ist sich nicht bewusst, dass er dabei mit Zahlen umgeht.« Jazz hört sich vielleicht unstrukturiert an, es dominieren jedoch zwei formale mathematische Schemata. Das eine besteht aus vier 8-taktigen Teilen, das andere ist das 12-taktige Bluesschema. Jazzmusiker, wie dieser Klarinettist, improvisieren in ihrem eigenen Stil, der darauf beruht, dass viele verschiedene Melodien zu den Akkorden eines Stücks passen können.

Von vorn gesehen erscheint der gleiche Fleck dunkel

Dem Betrachter erscheint der Fleck hell

1 Klebt das Papier auf einen Rahmen aus Karton (S. 163). Macht einen Fettfleck auf das Papier. Wenn Lampe und Betrachter auf verschiedenen Seiten sind, erscheint der Fleck hell, da er lichtdurchlässig ist.

2 Sind Betrachter und Lampe auf der gleichen Seite, erscheint der Fleck dem Betrachter dunkler, da das Fett einen Teil des Lichts durchlässt, anstatt es zu reflektieren.

3 Schaltet beide Lampen ein. Stellt das Papier dazwischen. Bewegt den Rahmen, bis der Fleck zu verschwinden scheint. Dies passiert, wenn der Fleck von beiden Lampen gleich starkes Licht erhält. Messt die Entfernungen zwischen dem Fettfleck und den beiden Glühbirnen. Berechnet die Quadrate der Entfernungen, und setzt sie in die obige Formel ein. Dieser Quotient ist die relative Helligkeit der beiden Lampen.

Brüche überall

Brüche kommen überall in der Mathematik, der Wissenschaft und der Natur vor. Sie wurden schon von den alten Ägyptern verwendet (S. 52). Der italienische Mathematiker Fibonacci (S. 30) beschrieb 1302 ein kompliziertes System von Brüchen zur Währungsumrechnung. Er erstellte auch Umrechnungstabellen, um gewöhnliche Brüche wie $\frac{3}{8}$ in Stammbrüche umzuwandeln, deren Zähler immer 1 ist. Dezimalbrüche, also Zehntel, Hundertstel und Tausendstel, fanden erst Verwendung, nachdem Simon Stevin (1548–1620), ein Mathematiker aus Brügge (Belgien), 1585 seine Arbeit *De Thiende* (Das Zehntel) veröffentlicht hatte; später folgte die Verwendung des Dezimalkommas (S. 34). Seitdem hat sich der Gebrauch von Dezimalzahlen sowohl in der Mathematik als auch im täglichen Leben immer stärker ausgebreitet. Das Rechnen mit gewöhnlichen Brüchen ist dagegen zurückgegangen.

Verborgener Eisberg

Eisberge, so wie dieser in der Antarktis, entstehen, wenn Teile eines Gletschers beim Erreichen des offenen Meeres wegbrechen. Sie können eine Höhe von 150 m über der Wasseroberfläche erreichen. Trotzdem sind neun Zehntel ihrer Masse und drei Viertel ihrer Höhe unter Wasser verborgen. Eisberge sind trotz ihrer schönen und imposanten Erscheinung gefährlich. Sie sind eine ernst zu nehmende Gefahr für Schiffe, da diese mit ihnen zusammenstoßen können. Die *Titanic* (S. 81) ist das größte und bekannteste Schiff, das nach dem Zusammenstoß mit einem Eisberg sank.

EXPERIMENT

Schmelzendes Eis

Wenn ein Gegenstand im Wasser schwimmt, erfährt er eine Kraft nach oben, den Auftrieb. Das archimedische Prinzip sagt, dass der Auftrieb eines Gegenstandes gleich dem Gewicht der Wassermenge ist, die von dem eingetauchten Teil des Gegenstandes verdrängt wird. Bei diesem Experiment werden Eiswürfel in ein Glas mit Wasser gegeben. Wenn Wasser gefriert, vergrößert sich sein Volumen um einen gewissen Anteil (gegenüberliegende Seite). Ein Teil der Eiswürfel befindet sich über dem Wasser. Bedeutet dies, dass der Wasserspiegel steigt, wenn das Eis schmilzt?

Überprüfen des Wasserstandes
Gebt etwas Wasser in das Glas und fügt drei Eiswürfel dazu. Markiert den Wasserstand an einer Seite des Glases mit einem Stück Klebeband. Lasst das Glas so lange stehen, bis das Eis geschmolzen ist. Überprüft den Wasserstand, nachdem das Eis geschmolzen ist. Ist er gestiegen, gefallen oder gleich geblieben? (Antwort S. 186)

IHR BRAUCHT
- Wasserglas ● Eiswürfel
- Schere ● Klebeband

Puzzle

Normalerweise werden Brüche gekürzt. In diesem Rätsel aber sollt ihr umgekehrt verschiedene Brüche mit dem Wert $\frac{1}{2}$ bestimmen. Bei jedem der gesuchten Brüche mit dem Wert $\frac{1}{2}$ sollen alle Ziffern 1, 2, 3, 4, 5, 6, 7, 8 und 9 vorkommen. (Lösung S. 186) Eine Lösung lautet $\frac{6729}{13458}$, aber es gibt mindestens sechs verschiedene Möglichkeiten. Versucht auch andere Brüche, z. B. solche mit dem Wert $\frac{1}{3}$, darzustellen. Achtet darauf, dass ihr jede der Ziffern 1, 2, 3 ... 9 genau einmal verwendet.

EXPERIMENT
Wasser gefrieren lassen

Wenn Wasser gefriert, dehnt es sich aus. Das Volumen vergrößert sich. Die Dichte wird geringer, deshalb schwimmt Eis in Wasser (S. 103). Mit diesem Experiment könnt ihr die Volumenzunahme bestimmen. Messt das Volumen des Wassers vor dem Gefrieren (Volumen 1) und das des Eises danach (Volumen 2). Die relative Volumenänderung könnt ihr dann nach folgender Formel berechnen:

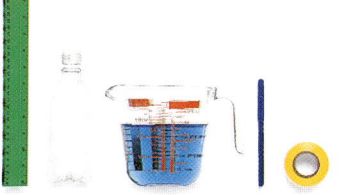

IHR BRAUCHT
- Lineal
- Plastikflasche
- Krug mit farbigem Wasser
- Stift
- Klebeband

$$\text{relative Volumenänderung} = \frac{\text{Volumen 2} - \text{Volumen 1}}{\text{Volumen 1}}$$

1 Klebt ein langes Stück Klebeband an eine Seite der Flasche. Markiert auf dem Band vom Boden aus nach oben jeweils 1-cm-Abstände.

2 Füllt die Flasche 10 cm hoch mit Wasser. Stellt die Flasche aufrecht in den Gefrierschrank. Welche Markierung erreicht das gefrorene Wasser? Berechnet die relative Änderung mit der angegebenen Formel. (Lösung S. 186)

Einkauf für die Familie

Im Alltag sprechen wir beispielsweise von einem Viertel Kilogramm oder einem halben Pfund Käse. In den Geschäften werden manche Nahrungsmittel in verschiedenen Mengen bzw. in Behältern unterschiedlicher Größe verkauft. Um den Preis einer Volumen- oder Gewichtseinheit zu bestimmen, verwendet man den folgenden Bruch. Je niedriger der Preis pro Einheit ist, desto günstiger ist das Angebot.

$$\text{Preis pro Einheit} = \frac{\text{Preis der Ware}}{\text{Gewicht bzw. Volumen}}$$

Wie viel Land gibt es?

Ein Verhältnis als Bruch ausgedrückt ist leichter zu verstehen als eine Dezimalzahl, da man sich Brüche besser vorstellen kann. Der Anteil der Erde, der mit Wasser bedeckt ist, ist erstaunlich groß. Um ihn zu berechnen, braucht ihr einen Atlas oder ein Lexikon, aus dem ihr die Größe der einzelnen Kontinente und die Größe der Oberfläche der Erde entnehmen könnt.

Schaut euch den Globus an und versucht, den Anteil zu schätzen

Anteil der Landfläche
Schreibt die Größe der Erdoberfläche auf. Addiert die Flächen der sieben Kontinente (mit der Antarktis), um die gesamte Landfläche zu bekommen. Beide Flächen sollten in den gleichen Einheiten angegeben sein. Schreibt die Landfläche als einen Bruchteil der Erdoberfläche:

$$\frac{\text{Landfläche}}{\text{Oberfläche der Erde}}$$

Rundet beide Zahlen auf die nächsten Hunderter und kürzt den Bruch. Ihr erhaltet ungefähr den Anteil der mit Land bedeckten Erdoberfläche. Prüft eure Lösung auf S. 186 nach.

Prozente

Prozentzahlen sind eine besondere Schreibweise für Brüche mit dem Nenner 100. Zum Beispiel sind 20 Prozent gleich $\frac{20}{100}$ und werden als 20 % geschrieben. Um 23 Einheiten als einen Bruchteil von 50 Einheiten zu berechnen, wird der Bruch durch die Multiplikation von Zähler und Nenner mit 2 auf $\frac{46}{100}$ erweitert. Daraus kann der Prozentsatz von 46 % direkt abgelesen werden. Wenn ein Bruch wie $\frac{2}{7}$ nicht genau mit dem Nenner 100 dargestellt werden kann, gibt man einen Näherungswert an: $\frac{2}{7} = \frac{28}{98}$ $\approx \frac{28}{100}$, also etwa 28 %. Prozentzahlen werden zum Vergleich von ähnlichen Daten verwendet, wie beispielsweise in der Schule beim Vergleich von Schülerleistungen. Ein Vergleich kann aber auch irreführend sein, wie in der folgenden Forschungsaufgabe gezeigt wird. Dort stimmen nämlich die Bezugsgrößen nicht überein.

FORSCHUNGSAUFGABE
Verwendung von Prozentzahlen

Durch Prozentangaben kann ein Sachverhalt auch verschleiert werden, wenn man nicht genau aufpasst. Ein Beispiel ist die folgende Aussage: »Die Preise sind um 50 % gestiegen und wurden später lediglich um 33⅓ % reduziert.« Auf den ersten Blick sieht es so aus, als ob der Preis danach höher als vorher sei.

1 Der Originalpreis einer Ware sei 100 €. Innerhalb eines Jahres steigen die Preise um 50 %.

$$50\% \cdot 100€$$
$$= \frac{50}{100} \cdot 100€$$
$$= 50€$$

2 Der neue Preis beträgt nun

$$100€ + 50€ = 150€$$

3 Im zweiten Jahr wird der Preis um 33⅓ %, d.h. um ⅓ gesenkt.

$$33\tfrac{1}{3}\% \cdot 150€$$
$$= \frac{1}{3} \cdot 150€$$
$$= 50€$$

4 Die Preisreduzierung drückt den Preis wieder auf 100 €. Es ist wichtig zu wissen, auf welcher Grundlage eine Prozentangabe ursprünglich berechnet wurde.

$$150€ - 50€ = 100€$$

Farbige Scheiben

Maler mischen oftmals die Farben Gelb, Rot und Blau, um daraus andere Farben zu erhalten. Professionelle Drucker (S. 56) verwenden die Farben Magenta, Cyan und Gelb (zusammen mit Schwarz), um Farbbilder zu reproduzieren. Dieses Experiment zeigt, wie man Farben mischen kann, ohne die Farben selbst zu vermischen. Werden verschiedene Farben auf eine Scheibe aufgetragen und diese dann schnell gedreht, so scheinen sich die Farben zu verwischen. Malt eine weitere Scheibe an und ändert die Farbanteile. Was könnt ihr beobachten?

IHR BRAUCHT
- Lineal • Bleistift • Zirkel • Schere
- Winkelmesser • Schnur
- stabilen weißen Karton • rote, blaue und gelbe Farbe • Pinsel

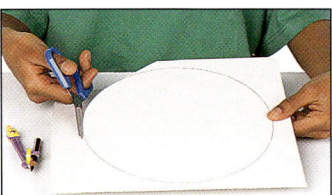

1 Zeichnet einen großen Kreis mit einem Radius von mindestens 10 cm auf den Karton. Schneidet den Kreis sorgfältig mit der Schere aus.

2 Teilt den Kreis in drei gleich große Sektoren von jeweils 120°. Zeichnet Radien ein, um die Abschnitte zu markieren.

3 Malt alle drei Teile des Kreises sorgfältig in einer anderen Grundfarbe aus. Achtet darauf, dass die Farben nicht ineinanderfließen.

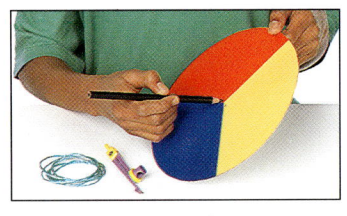

4 Macht zwei Löcher im Abstand von 1 cm in die Scheibe, den Kreismittelpunkt genau zwischen ihnen. Fädelt von jeder Seite ein etwa 60 cm langes Stück Schnur durch beide Löcher und verknotet die Enden.

5 Verdreht die Schlaufe auf der einen Seite im Uhrzeigersinn, auf der anderen Seite gegen den Uhrzeigersinn. Spannt die Schlaufen jetzt wieder, damit sich das Rad dreht. Beobachtet den Effekt.

Schaut die Scheibe genau an, wenn sie sich dreht

EXPERIMENT
Rechenscheibe

Diese Rechenscheibe ist wie ein Rad geformt. Jede Speiche in dem Rad hat ein Fenster, das eine andere Möglichkeit zur Berechnung einer bestimmten Prozentzahl aufzeigt – im Kopf, schriftlich, als Bruch und als Dezimalzahl.

Bei diesem Experiment sollte ein Erwachsener mithelfen

IHR BRAUCHT
- Papiermesser • Lineal
- Klebeband • Ahle • Schere
- Umschlagklammer • Bleistift
- Farbstift • 2 Stück Karton
- Schneideunterlage

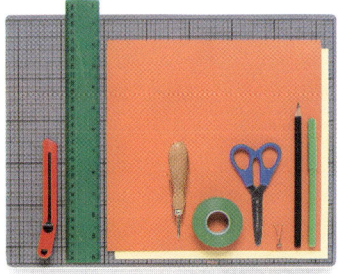

1 Fotokopiert die Muster (rechts), und vergrößert sie um 50 %. Klebt die Kopie des Musters der Vorderseite auf einen Karton. Schneidet die Form aus.

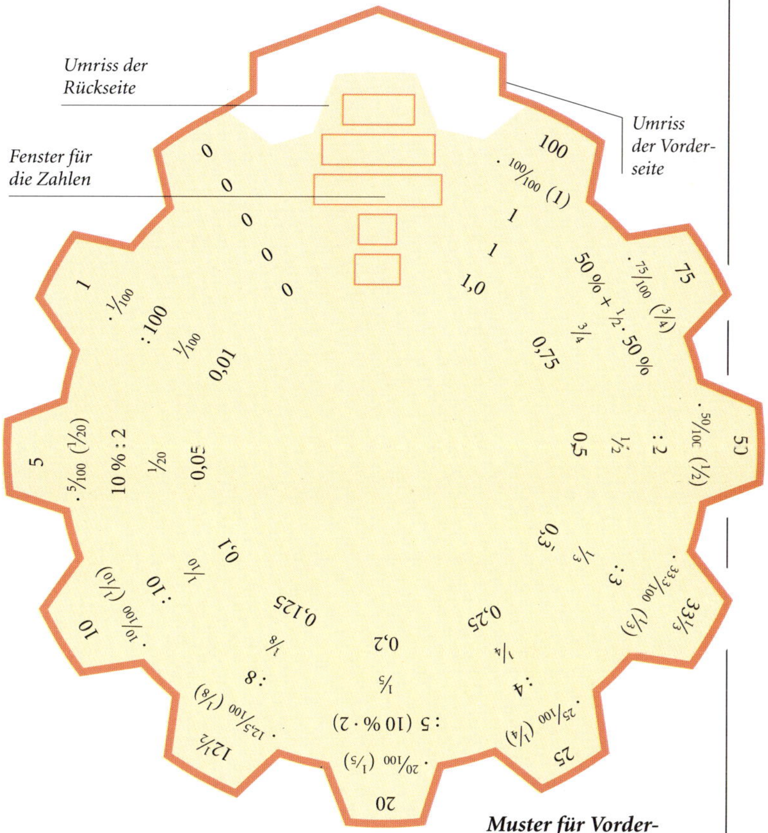

Umriss der Rückseite

Fenster für die Zahlen

Umriss der Vorderseite

Muster für Vorder- und Rückseite der Rechenscheibe

2 Bittet einen Erwachsenen, die fünf Fenster auf der Vorderseite mit einem Papiermesser auszuschneiden und dabei gleichzeitig das Papier und den Karton auszuschneiden.

3 Schneidet das Muster für die Rückseite aus und übertragt den Rand auf den anderen Karton. Legt die beiden Scheiben übereinander und übertragt die Nullen von der Vorlage.

4 Bewegt die Vorderseite für jede Spalte eine Speiche weiter nach rechts, um die verbleibenden Spalten auszufüllen. Schneidet jetzt die Rückseite mit der Schere aus.

5 Bittet einen Erwachsenen, mit einem scharfen Werkzeug ein Loch in die Mitten von beiden Scheiben zu machen.

6 Richtet die Scheiben aus und steckt die Umschlagklammer durch die beiden Löcher in der Mitte, um sie zusammenzuhalten. Schreibt auf der Vorderseite »%« neben das oberste Fenster, »schriftlich« neben das nächste, dann »im Kopf«, »Bruch«, »Dezimalzahl« (in dieser Reihenfolge) neben die anderen. Die Fenster zeigen, welche Rechnung am jeweiligen Prozentwert beteiligt ist.

ALGEBRA

Zeichen und Formeln
*Im antiken Griechenland wurden Schriftsysteme
wie das »Linear B« (oben) benutzt, um Zahlen auf
Lehmtafeln aufzuzeichnen. Heute verwenden Architekten
komplizierte algebraische Gleichungen, wenn sie ein
Gebäude planen (links), und zwar sowohl um den
Aufbau festzulegen, als auch um die Belastung
zu berücksichtigen, die das Gebäude aushalten muss.*

Algebra ist der Teil der Mathematik,
der zur Beschreibung von
Zusammenhängen Buchstaben
anstelle von Zahlen verwendet. Sie ist
auch die Grundlage für die
mathematische Beschreibung vieler
wissenschaftlicher Erkenntnisse.
Mathematiker sind in der Lage,
mithilfe der Algebra gleichartige
Problemstellungen in einer
einheitlichen Darstellung zu erfassen,
zu vereinfachen und gemeinsam zu
lösen. Zunächst unbekannte Mengen,
wie die für ein Gebäude benötigte
Betonmenge, das Gewicht der
Grassamen für ein bestimmtes
Grundstück oder die Anzahl
der für ein Büffet benötigten Brote,
können alle mithilfe der Algebra
bestimmt werden.

DIE SPRACHE DER ARITHMETIK

Wenn Mathematiker die Lösung eines Problems suchen, verwenden sie oft einen Buchstaben für die gesuchte Zahl. Mit dieser Methode, Algebra genannt, können verschiedene Probleme gleichzeitig untersucht werden. Heute wird Algebra nicht nur in der Mathematik, sondern auch in den Naturwissenschaften, den Wirtschaftswissenschaften und in der Technik angewendet.

Die Algebra ermöglicht es Mathematikern, Problemstellungen zu untersuchen, die auf eine mathematische Form gebracht werden können. Eine in einem Problem unbekannte Größe wird durch einen Buchstaben dargestellt, beispielsweise x. Diese Buchstaben heißen »Variablen«, da sie für eine (noch) nicht bekannte Zahl stehen. Die mathematische Beschreibung des Problems führt in der Regel zu einer oder mehreren »algebraischen Gleichungen« (S. 72), wie beispielsweise $x = 3x - 2$. Wenn ein Problem erst einmal in

Papyrus Rhind
Im Papyrus Rhind, dem umfangreichsten erhaltenen mathematischen Text aus dem alten Ägypten, wird eine unbekannte Zahl als »Haufen« bezeichnet. Die auf diesem Papyrus verwendete Technik ist eine andere Art von Algebra als unsere heutige.

Der Einfluss des Islam
Im 8. Jahrhundert erstreckte sich das islamische Reich von Indien bis Spanien. Die Araber brachten griechische und indische Mathematik nach Europa.

einer algebraischen Form aufgeschrieben wurde, können die Variablen ähnlich wie Zahlen behandelt werden. Die Gleichheit der beiden Seiten bleibt erhalten, wenn beide auf dieselbe Art und Weise verändert werden. Die Zahl, die für x eingesetzt werden muss, damit beide Seiten gleich sind, heißt Lösung der Gleichung.

Frühe Algebra

Die Algebra hat sich seit der Zeit der alten Ägypter vor über 3500 Jahren entwickelt. Beispiele findet man schon im Papyrus Rhind (S. 14). Die Ägypter schrieben Probleme in Worten auf und verwendeten dabei das Wort »Haufen«, um eine unbekannte Zahl darzustellen.

Ungefähr 300 v. Chr. schrieb der griechische Gelehrte Euklid (S. 114) *Die Elemente*; in diesen Büchern gab er mehrere »Identitäten« an, d. h. algebraische Gleichungen, die für alle Zahlen gültig sind. Er hatte sie durch die Untersuchung geometrischer Formen gewonnen.

Die alten Griechen formulierten Probleme sprachlich, wenn sie diese nicht mithilfe der Geometrie lösen konnten. Diese Methode schränkte ihre Möglichkeiten ein, umfangreichere Probleme zu lösen. Im 3. Jahrhundert n. Chr. schrieb Diophant von Alexandria (ca. 250 n. Chr.) das Buch *Arithmetica*, in dem er Symbole für unbekannte Zahlen und für Operationen wie Addition und Multiplikation verwendete. Seine Darstellungsweise enthielt sowohl sprachliche Elemente als auch Symbole.

Der arabische Einfluss

Obwohl sie die letzte altgriechische Denkschule bei der Eroberung Alexandrias schlossen, erhielten und entwickelten die Araber viele mathematische Ideen der Griechen über Jahrhunderte hinweg weiter. Nachdem sie ihren Herrschaftsbereich 747 n. Chr. bis nach Spanien ausgedehnt hatten, brachten sie die Ideen der Griechen und der Inder nach Westeuropa.

Die Arbeiten der indischen Mathematiker hatten sie besonders durch die Werke von zwei der wichtigsten Gelehrten, Brahmagupta (598–660) und Arya-Bhata (ca. 475–ca. 550), kennengelernt. Neben anderen Entdeckungen fand Brahmagupta, ein Astronom, viele Formeln für die Flächen und Volumina von Körpern. Arya-Bhata erstellte Tabellen für den Sinus (S. 126) und entwickelte ein System, das dem von Diophant ähnlich war.

Auf der Grundlage der griechischen und indischen Ideen entwickelten arabische Gelehrte selbst neue Techniken. Den bedeutendsten Beitrag zur Algebra leistete al-Khwarizmi (ca. 780–ca. 850). Er schrieb um 830 drei Bücher über Mathematik.

François Viète (1540–1603)
Der französische Rechtsanwalt Viète (auch: Vieta) befasste sich mit der Mathematik in seiner Freizeit. Er entwickelte eine neue Form der Algebra und eine Formel zur Berechnung von π (S. 134).

Das Wichtigste hieß *Hisab al-jabr wa'l muqabalah* (Rechnen mithilfe von Ergänzen und Ausgleichen). »Ergänzen« bedeutet das Vereinfachen einer Gleichung, indem man auf beiden Seiten die gleichen Operationen durchführt.

Schach und Algebra
Algebraische Methoden helfen, ein logisches Spiel wie Schach in einzelne Spielzüge zu zerlegen und dann zu analysieren.

»Ausgleichen« beinhaltet das Kombinieren von verschiedenen Teilen einer Gleichung, um sie so einfacher zu machen. Beides sind heute Grundtechniken der Algebra. Die Ideen al-Khwarizmis waren so einflussreich, dass das Wort »Algebra« vom Titel seines Buches abgeleitet wurde.

Buchstaben als Symbole

Während der Renaissance wurde die Algebra von deutschen Mathematikern weiterentwickelt. Es dauerte aber bis ins 16. Jahrhundert, bis die Darstellungen aus einer Mischung von Symbolen und Wörtern abgelöst wurden. Der französische Mathematiker Viète schuf 1591 eine vollständig symbolische Algebra. In seinem Buch *Artem Analyticam Isagoge* (Einführung in die analytische Kunst) schlug er vor, die Konsonanten (B, C, D, F und so weiter) für unbekannte Zahlen und die

Vokale (A, E, I, O, U) für bekannte Zahlen zu verwenden. René Descartes (S. 74) zeigte 1637, wie geometrische Strukturen in algebraische Gleichungen umgewandelt werden können. In seinem Buch *Discours de la méthode* führte er sowohl die Buchstaben x, y und z als Variablen ein, als auch die Zeichen + und – für die Addition und die Subtraktion. Die Arbeit von Descartes machte es möglich, die Algebra von Euklid und anderen griechischen Gelehrten auf eine uns heute verständliche Form zu bringen.

Neue Lösungen

Viète und Descartes schufen ein sehr flexibles algebraisches System, das zur Lösung vieler Probleme verwendet werden konnte. Mathematiker und Naturwissenschaftler begannen, dieses System auch in der Physik einzusetzen. Zu Beginn des 17. Jahrhunderts beschäftigten sich viele Wissenschaftler mit physikalischen Größen, die sich ständig ändern. Zwar kann man die Durchschnittsgeschwindigkeit eines bewegten Gegenstandes, z.B. eines auf den Boden fallenden Balls, berechnen, indem man die Fallstrecke misst und sie durch die Fallzeit dividiert, doch die Geschwindigkeit des Balles ändert sich ständig. Für die Lösung von Problemstellungen aus der Praxis müssen die Wissenschaftler oftmals wissen, wie schnell sich ein Gegenstand zu einem bestimmten Zeitpunkt bewegt. Newton (S. 71) entwickelte dazu eine neue Berechnungsmöglichkeit, die er »Fluxionenrechnung« nannte. Sie ermöglichte es ihm, sich ständig verändernde Systeme zu untersuchen. Er korrespondierte mit Gottfried Leibniz

Évariste Galois (1811–1832)
Galois entwickelte eine komplizierte Theorie über die allgemeine Lösbarkeit von Gleichungen. Er schrieb seine zahlreichen mathematischen Entdeckungen in der Nacht vor seinem Tod bei einem Duell nieder.

(S. 47), der eine ähnliche Form der Algebra entwickelt hatte. Leibniz half Newton dabei, die Schreibweise seiner Fluxionen zu verbessern. Die Historiker stritten lange darüber, wer von beiden zuerst dieses Verfahren verwendet hat. Es ist heute als Infinitesimalrechnung bekannt und dient der Beschreibung sich ständig verändernder Systeme. Die Infinitesimalrechnung ist zur Bestimmung des Bedarfs an Lebensmitteln ebenso nützlich, wie für die Berechnung der Flugbahn einer Rakete oder zur Beschreibung der Klimaentwicklung.

Moderne Techniken

Die Mathematiker haben weitere Formen der Algebra entwickelt.

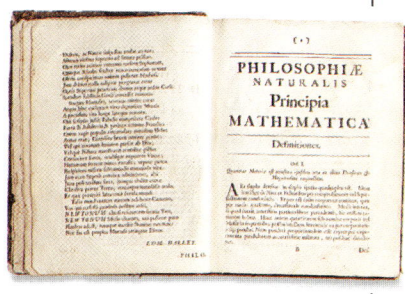

Principia Mathematica
Dieses bedeutende Werk enthält Newtons (S. 71) Ideen, die er mithilfe seiner Fluxionenrechnung entwickelt hat. Diese Form der Algebra hat sowohl die Mathematik als auch die Naturwissenschaften revolutioniert und ist heute als Infinitesimalrechnung ein eigenes Teilgebiet der Mathematik.

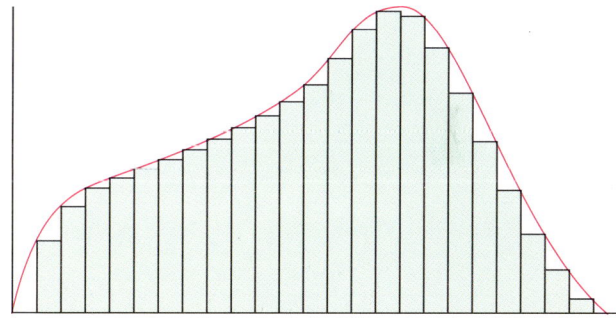

Die Fläche unter einer Kurve
Mithilfe der Infinitesimalrechnung kann man die Fläche unter einer Kurve und die Steigung der Kurve ermitteln.

Eine der wichtigsten neuen Techniken wurde von dem britischen Mathematiker George Boole (1815–1864) in seiner Arbeit *Untersuchung der Gesetze des Denkens* eingeführt. Mithilfe seiner Algebra, der so genannten Booleschen Algebra, kann man schwierige logische Probleme durch eine Folge von Symbolen beschreiben und durch logische Operationen lösen. Heute wandeln Computer sehr unterschiedliche Aufgaben in eine Abfolge einfacher logischer Operationen um, die dann mithilfe der Booleschen Algebra ausgeführt werden. Diese verhältnismäßig neue Form der Algebra wird beispielsweise häufig in der Wahrscheinlichkeitstheorie (S. 80) und der Computertechnik angewendet.

Verwendung von Buchstaben

Die Algebra ist in allen Bereichen der Mathematik wichtig, insbesondere beim Lösen von Gleichungen und in der Infinitesimalrechnung. In der Algebra werden konstante, aber unbekannte Größen durch Buchstaben dargestellt. Die Algebra verwendet die gleichen Rechenoperationen wie beim Rechnen mit Zahlen (S. 14); zum Beispiel a + a = 2a; 5b – 4b = 1b = b; a · a = a². Mithilfe von Variablen werden die Beziehungen zwischen verschiedenen Größen dargestellt. Der Flächeninhalt (A) eines Rechtecks wird zum Beispiel ausgedrückt als A = a · b, wobei a die Länge und b die Breite ist. Formeln mit Variablen ermöglichen den Wissenschaftlern beispielsweise die Berechnung der Stromstärke in einem elektrischen Stromkreis oder des Auftriebs, der auf die Flügel eines Flugzeugs bei einer gewissen Geschwindigkeit wirkt. Einige Arten von Zahlen, wie beispielsweise die vollkommenen Zahlen (S. 44), können algebraisch definiert und so genauer untersucht werden. Auch viele Denksportaufgaben und praktische Probleme kann man mithilfe der Algebra lösen.

GROSSE ENTDECKER
Girolamo Cardano

Cardano (1501–1576) war ein italienischer Mathematiker und Physiker. Er veröffentlichte 1545 das Buch *Ars Magna (Die große Kunst)*, in welchem er das Lösungsverfahren für kubische und biquadratische Gleichungen beschrieb – also solchen, bei denen die höchste Potenz einer vorkommenden Variablen 3 bzw. 4 ist (S. 40). Manche bezeichnen dieses Buch als Beginn der modernen Algebra.

Cardano war auch für sein Interesse am Glücksspiel und an der Astrologie bekannt. Er wurde 1570 wegen Ketzerei verhaftet, verbrachte mehrere Monate im Gefängnis und durfte danach nie wieder Bücher veröffentlichen.

🧩 Puzzle

Ein Freund erzählte heute, dass seine Mutter an seinem diesjährigen Geburtstag dreimal so alt war wie er selbst, dass sie aber in 15 Jahren nur noch zweimal so alt sein wird. Wie alt sind die beiden heute? (Siehe Gleichungssysteme S. 72, Lösung S. 186)

EXPERIMENT
Muster erkennen

Wenn ihr mit Buntstiften viele Quadrate nebeneinanderlegt (siehe Bilder), besteht zwischen der Anzahl (b) der erforderlichen Buntstifte und der Anzahl (q) der Quadrate eine Gesetzmäßigkeit. Versucht diese Gesetzmäßigkeit zu finden, indem ihr zunächst ein Quadrat legt, dann ein zweites daneben und so weiter. Wie kann man die Buchstaben q und b in einer Formel verbinden? Es hilft euch, wenn ihr euch die Formel so ähnlich wie b = * q + ? vorstellt.

IHR BRAUCHT
● Buntstifte

1 Nehmt vier Buntstifte und bildet mit ihnen ein Quadrat. Fügt ein zweites Quadrat hinzu und schreibt die Anzahl der Stifte auf, die dazugekommen sind. Es hilft euch vielleicht auch, wenn ihr die Gesamtzahl der benötigten Stifte aufschreibt.

2 Setzt die Reihe der Quadrate fort und notiert euch jeweils die Zahlen. Könnt ihr, anstatt alle eure Buntstifte aufzubrauchen, die erforderliche Anzahl der Buntstifte für 10 Quadrate vorhersagen? Macht eine Tabelle mit einer Spalte für die Anzahl der Quadrate und einer Spalte für die Anzahl der Stifte. Dies wird euch helfen, eine algebraische Formel für die Anzahl der Stifte zu finden. Ihr könnt dann ausrechnen, wie viele Buntstifte für 300 oder 3000 Quadrate gebraucht werden. (Lösung S. 186)

Infinitesimalrechnung

In der Infinitesimalrechnung sind algebraische Verfahren von grundlegender Bedeutung. Die Infinitesimalrechnung verfolgt das Ziel, mithilfe von Funktionen und von Änderungsraten die wechselseitigen Beziehungen zwischen Größen und ihren Veränderungen zu beschreiben. Zum Beispiel verwendet man die Infinitesimalrechnung, um die Beschleunigung, also die Veränderung der Geschwindigkeit in einer festen Zeitspanne, zu bestimmen. Die Infinitesimalrechnung wird auch eingesetzt, um die größten und kleinsten Werte einer Funktion (S. 73), die Fläche unter einer Kurve oder das Volumen eines bestimmten Gegenstandes zu finden. Die Infinitesimalrechnung ist heute ein wichtiges Hilfsmittel in allen Naturwissenschaften und in der Technik. So brauchen z.B. Ingenieure die Infinitesimalrechnung, um die Leistung und die Belastbarkeit bestimmter Motoren und Strukturen festzustellen; Wirtschaftswissenschaftler verwenden sie, um die Veränderungen des Marktes zu untersuchen.

Sir Isaac Newton

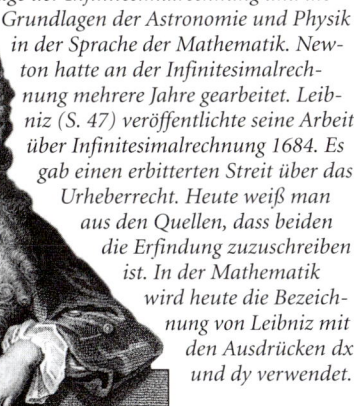

Newton (1642–1727) veröffentlichte 1687 seine Principia, *die als die größte je niedergeschriebene wissenschaftliche Arbeit angesehen wird. In ihr veröffentlichte er die Grundzüge der Infinitesimalrechnung und die Grundlagen der Astronomie und Physik in der Sprache der Mathematik. Newton hatte an der Infinitesimalrechnung mehrere Jahre gearbeitet. Leibniz (S. 47) veröffentlichte seine Arbeit über Infinitesimalrechnung 1684. Es gab einen erbitterten Streit über das Urheberrecht. Heute weiß man aus den Quellen, dass beiden die Erfindung zuzuschreiben ist. In der Mathematik wird heute die Bezeichnung von Leibniz mit den Ausdrücken dx und dy verwendet.*

Berechnung der Wachstumsrate

Infinitesimalrechnung wird zur Ermittlung von Änderungsraten eingesetzt. Die Wachstumsgeschwindigkeit von Pflanzen ist nicht direkt beobachtbar. Man kann aber das Wachstum einer Pflanze aufzeichnen und eine Funktion (S. 73) aufstellen, die Zeit und Wachstum miteinander verbindet. Es ist dann möglich, die Wachstumsrate anzugeben und das Wachstum ähnlicher Pflanzen unter gleichen Bedingungen vorherzusagen. Mit der Infinitesimalrechnung kann man auch den Zeitpunkt berechnen, zu dem ein in die Luft geworfener Ball die maximale Höhe erreicht. Dabei wird die Eigenschaft verwendet, dass der Ball in diesem Moment nicht mehr steigt, seine vertikale Geschwindigkeit also null ist.

VORFÜHRUNG

Algebraisches Schach

Wenn man sich das Brett als Raster vorstellt, kann man Koordinaten (S. 74) verwenden, um die Position jeder Figur während eines Schachspiels zu notieren und den Spielverlauf zu dokumentieren. Die Bezeichnungen ergeben sich aus dem großen Bild. Verwendet diese optische Hilfe bei der anschließenden Beschreibung der Spielzüge durch Zahlen.

Wenn eine Figur eine andere schlägt, erhält sie deren Koordinaten

Das Spiel

Stellt das Schachbrett wie üblich mit den weißen Steinen unten auf. Verwendet ein Achsenpaar mit der Position x = 1 und y = 1 im linken unteren Feld des Bretts. Spielt ein paar Züge und schreibt dann die neuen Koordinaten der Figuren auf; notiert euch, ob die Figur weiß oder schwarz ist.

Die Algebra

Auf diesem Brett wurden vier Figuren bewegt. Der Bauer, ursprünglich auf (2/2), hat sich in y-Richtung um 2 auf (2/4) bewegt, während sich der andere Bauer von (7/2) nach (7/4) bewegt hat. Der Springer wurde von (2/1) um zwei Reihen nach oben und ein Feld nach links zum Feld (1/3) gezogen. Ein Läufer ging von (6/1) nach (8/3).

🔢 Trick

1. Bittet einen Freund, sich eine Zahl zu denken, zu dieser 2 zu addieren und das Ergebnis mit 3 zu multiplizieren.
2. Nun soll er 6 subtrahieren und euch das Ergebnis nennen.
3. Dividiert die genannte Zahl durch 3. Wieso ist euer Ergebnis immer seine gedachte Zahl? Rechnet mit x für die gedachte Zahl. (Lösung S. 186)

Bestimmen einer Lösung

Eine algebraische Gleichung kann man sich als Waage vorstellen. Damit beide Seiten im Gleichgewicht bleiben, muss alles, was auf der rechten Seite passiert, auch auf der linken geschehen. Bekannte Beispiele sind Einsteins Gleichung für die Beziehung zwischen Masse und Energie, $E = m \cdot c^2$, wobei E die Energie, m die Masse und c die Lichtgeschwindigkeit im Vakuum ist. Zur Kennzeichnung einiger Arten von Gleichungen verwendet man die höchste Potenz (S. 41) der Variablen. Lineare Gleichungen, wie $4x = 2x + 5$, sind die einfachsten und enthalten die Variable nur mit Exponent 1. Bei quadratischen und kubischen Gleichungen kommt die Variable in der 2. (x^2) bzw. 3. Potenz (x^3) vor. Um Gleichungen mit mehr als einer Unbekannten zu lösen, muss gleichzeitig ein System von Gleichungen berücksichtigt werden.

FORSCHUNGSAUFGABE

Gleichungssysteme

Bei einer Quizsendung gibt der Spielleiter bekannt, dass eine Gruppe von Menschen und Hunden zusammen 35 Köpfe und 94 Beine haben. Wie stellt ihr fest, wie viele Menschen und wie viele Hunde es sind?

1 Schreibt h für die Anzahl der Hunde und m für die Anzahl der Menschen. Jeder Hund und jeder Mensch hat einen Kopf; insgesamt sind es 35 Köpfe.

$$h + m = 35$$
$$\text{Also } m = 35 - h$$

2 Hunde haben vier Beine und Menschen nur zwei. Es sind insgesamt 94 Beine.

$$4h + 2m = 94$$

3 Setzt den Ausdruck für m in die zweite Gleichung ein.

$$4h + 2 \cdot (35 - h) = 94$$
$$4h + 70 - 2h = 94$$

4 Vereinfacht die Gleichung und bestimmt den Wert für h.

$$4h - 2h = 94 - 70$$
$$2h = 94 - 70$$
$$2h = 24$$
$$h = 24 : 2$$
$$h = 12$$

5 Setzt den Wert für h in die erste Gleichung ein, so bekommt ihr die Anzahl m der Menschen.

$$m = 35 - 12$$
$$m = 23$$

EXPERIMENT

Der Satz des Pythagoras

Der Satz des Pythagoras ist ein berühmtes Beispiel für eine algebraische Formel. Er stellt eine Beziehung zwischen den Seitenlängen eines rechtwinkligen Dreiecks her und lautet $a^2 + b^2 = c^2$, wobei c die Länge der Hypotenuse ist, der längsten Seite des Dreiecks. Durch die Zerlegung von Quadraten mit den passenden Kantenlängen kann man den Satz des Pythagoras beweisen.

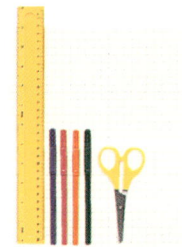

IHR BRAUCHT
- Lineal • Stifte • Schere
- kariertes Papier

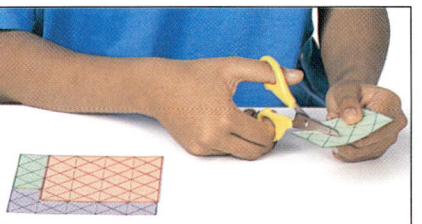

1 Zeichnet ein rechtwinkliges Dreieck auf einen Bogen kariertes Papier. Bezeichnet die Seitenlängen mit a, b und c (c sei die Hypotenuse). Messt die Länge a. Zeichnet ein Quadrat mit Seitenlänge a auf einem anderen Bogen Papier. Wiederholt dies für b und c. Färbt die Quadrate und schneidet sie aus. Legt sie neben die entsprechenden Seiten.

2 Legt die beiden kleineren Quadrate auf das große. Ihr werdet sie zurechtschneiden müssen, damit sie passen. Sie sollten es ganz genau bedecken – so wie es der Satz des Pythagoras verlangt.

VORFÜHRUNG
Eine Funktionsmaschine

Eine Gleichung der Form y = 3x − 7 kann auch als Funktion, in diesem Beispiel als f (x) = 3x − 7, geschrieben werden. Bei diesem Experiment soll euch eine einfache Funktionsmaschine das Verständnis für Funktionen vermitteln. Ihr schiebt eurem Freund eine Zahl zu, der verdeckt darauf eine Funktion anwendet, die er sich zuvor ausgedacht hat. Er gibt euch das Ergebnis zurück. Ihr sollt versuchen, die Funktion zu erraten.

1 Schreibt eine Zahl auf ein Stück Papier. Hier ist die erste Zahl 3. Zeichnet einen Pfeil von der Zahl hin zu dem Platz, wo die Antwort stehen wird. Steckt die Pappe oben in die Funktionsmaschine.

2 Euer Freund wendet die Funktion an, notiert das Ergebnis und gibt euch die Karte zurück. Auf der Karte stehen jetzt zwei Zahlen – eure Ausgangszahl und das Ergebnis, das sich durch Anwenden der Funktion ergibt. Bei unserer Vorführung sind es die Zahlen 3 → 7.

3 Nachdem ihr ein paar Ergebnisse bekommen habt, bei denen die Funktion angewendet wurde, könnt ihr vielleicht erkennen, um welche Funktion es sich handelt. Unsere Zahlen sind 3 → 7, 4 → 9, 5 → 11. Könnt ihr die Funktion bestimmen? (Lösung S. 186)

FORSCHUNGSAUFGABE
Den Wochentag der Geburt ausrechnen

Wir alle merken uns Geburtstage, aber nie den Wochentag der Geburt. Mit dieser algebraischen Methode könnt ihr ihn bestimmen, ohne einen Kalender zu benutzen oder eure Eltern zu fragen.

1 Zunächst sei y das Jahr eurer Geburt. Wir haben den 22. März 1984 als Beispiel gewählt.

$$y = 1984$$

2 Sei d der Tag des Jahres, an dem ihr geboren seid. Zählt die Tage von allen Monaten bis einschließlich eurem Geburtsmonat zusammen, um d zu finden. Der Februar hat in Schaltjahren (S. 45) 29 Tage.

1984 war ein Schaltjahr

$$d = 31 + 29 + 22$$
$$(Jan + Feb + März)$$
$$d = 82$$

3 Berechnet f mit der angegebenen Formel. Ignoriert die Reste und arbeitet nur mit ganzen Zahlen.

$$f = \frac{y - 1}{4}$$
$$f = \frac{1984 - 1}{4}$$
$$= \frac{1983}{4}$$
$$= 495 \text{ Rest } 3$$

4 Wendet die Formel für b an. Aus dem Rest der Lösung könnt ihr den Wochentag bestimmen.

$$b = \frac{y + d + f}{7}$$
$$\frac{1984 + 82 + 495}{7}$$
$$= \frac{2561}{7} = 365 \text{ Rest } 6$$

5 Verwendet den Rest und die Tabelle, um den Wochentag eurer Geburt zu bestimmen.

Fr	Sa	So	Mo	Di	Mi	Do
0	1	2	3	4	5	6

🧩 Puzzle
Wie alt ist ein Mensch, wenn sein Alter jetzt genau dreimal sein Alter in 3 Jahren minus dreimal sein Alter vor 3 Jahren ist? (Lösung S. 186)

Kartesische Koordinaten

Im antiken Griechenland wurden Problemstellungen, die wir heute der Algebra zuordnen, mit geometrischen Methoden gelöst. Heute ist umgekehrt die Verwendung von Variablen sowie die Darstellung von geometrischen Objekten in einem Koordinatensystem selbstverständlich. Die Grundlagen dazu wurden von Descartes und Fermat (S. 72) in der zweiten Hälfte des 17. Jahrhunderts gelegt. Das nach Descartes benannte kartesische Koordinatensystem besteht aus zwei zueinander rechtwinkligen Achsen, deren Schnittpunkt der Nullpunkt ist. Die Lage eines Punktes in diesem Koordinatensystem wird durch die Angabe eines Zahlenpaares, z. B. (2/3), festgelegt; dabei bezieht sich die erste Zahl auf die Rechtsachse (x-Achse), die zweite auf die Hochachse (y-Achse) und die jeweils verwendete Längeneinheit. Die Lösungen einer Gleichung mit zwei Variablen sind Zahlenpaare und werden im Koordinatensystem durch eine Kurve dargestellt. Aus dieser Darstellung können weitere Informationen entnommen werden. So zeigt die Fläche unter der Kurve in einem Geschwindigkeit-Zeit-Diagramm die innerhalb einer bestimmten Zeit zurückgelegte Entfernung, und die Steigung der Kurve ist die Beschleunigung. Auch beim Lösen von Gleichungssystemen (S. 72) ist die Darstellung im Koordinatensystem hilfreich.

GROSSE ENTDECKER
René Descartes

Obwohl er besonders als Philosoph berühmt ist, war der Franzose Descartes (1596–1650) auch Naturwissenschaftler und Mathematiker. In seinem 1637 erschienenen Werk *Discours de la méthode… (Abhandlung über die Methode…)* wandte er algebraische Methoden auf die Geometrie an und umgekehrt; die Bezeichnungsweise »kartesische Koordinaten« wurde aus seinem Namen abgeleitet.

EXPERIMENT
Kaffeetemperatur

Wenn ihr gerne Milch in eurem Kaffee oder Tee habt und das Getränk so heiß wie möglich trinken wollt, gebt ihr dann die Milch gleich nach dem kochenden Wasser dazu, oder wartet ihr ab, bis ihr es trinken wollt, und gebt dann erst die Milch hinein? Ein kartesisches Koordinatensystem kann euch die Frage beantworten, bei welchem der beiden Fälle der Kaffee oder Tee länger heiß bleibt. Zeichnet ein Diagramm. Schreibt »Vergangene Zeit nach Zugabe des Wassers« an die x-Achse, und markiert die Achse in 30 Sekunden-Intervallen bis zu einer Gesamtzeit von 10 Minuten. Schreibt »Temperatur der Flüssigkeit« neben die y-Achse und markiert die Achse in 10°-Schritten; achtet darauf, dass ihr dabei 100° C erreicht.

IHR BRAUCHT
● Lineal ● Stifte
● Küchenthermometer ● Stoppuhr
● kariertes Papier
● Tasse schwarzen Kaffee ● Milch

Haltet das Thermometer in die Mitte der Flüssigkeit, wenn ihr die Temperatur ablest

1 Bereitet das Diagramm vor. Stellt eure Uhr so ein, dass sie alle 30 Sekunden piepst. Gießt als Nächstes den heißen Kaffee in die Tasse. Messt die Temperatur des Kaffees sofort danach, und kennzeichnet sie im Diagramm durch einen Punkt. Zeichnet die Temperatur in den nächsten fünf Minuten alle 30 Sekunden auf.

FORSCHUNGSAUFGABE

Gleichungen veranschaulichen

Die Lösungspaare von Gleichungen mit zwei Variablen können in einem kartesischen Koordinatensystem veranschaulicht werden. Fermat (S. 72) war der Erste, der Gleichungen auf diese Weise darstellte. Er fand die Gleichungen für die rechts gezeigten Kurven und für die Hyperbel.

1 Um die Gleichung $x + y = 0$ zu veranschaulichen, setzt man für x eine Zahl ein, hier 2, und bestimmt die dazugehörende Zahl für y.

2 Markiert im Koordinatensystem den Punkt (2|−2). Negative x-Werte sind links des Ursprungs auf der x-Achse, negative y-Werte unterhalb des Ursprungs auf der y-Achse.

3 Wiederholt diesen Schritt mit einer anderen Zahl für x. Bestimmt y und zeichnet den Punkt ein.

4 Weil die Gleichung $x + y = 0$ linear ist (S. 72), ist der Graf eine gerade Linie. Zeichnet eine Linie, die alle Punkte verbindet, um die Gleichung $x + y = 0$ zu veranschaulichen. Die Gleichung ist für alle Punkte auf dieser Linie erfüllt.

$x + y = 0$
Für x = 2
$y = 0 - 2 = -2$

Zeichnet den Punkt
(2|−2) ein

Für x = −2
$y = 0 - (-2) = 2$
Zeichnet den Punkt
(−2|2) ein

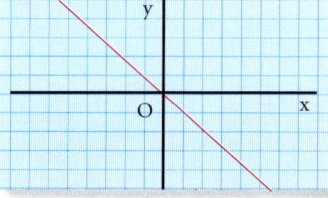

Kreis um O
Die Gleichung eines Kreises um den Ursprung ist $x^2 + y^2 = r^2$, wobei r der Radius ist. Bei dem Kreis in diesem Koordinatensystem ist r = 4; das Schaubild zeigt $x^2 + y^2 = 16$.

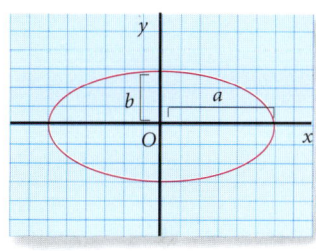

Ellipse um O
Die Gleichung lautet $x^2/a^2 + y^2/b^2 = 1$, wobei 2a und 2b die Längen der beiden Achsen sind. Im Beispiel ist a = 6 und b = 3.

Parabel mit Scheitel O
Dieser Graf zeigt die Parabel mit der Gleichung $x^2 = 4ay$. Die y-Achse ist die Symmetrieachse der Parabel, a ist der Abstand des Brennpunkts zur x-Achse, und 4a ist die Länge der Sehne durch den Brennpunkt rechtwinklig zur y-Achse.

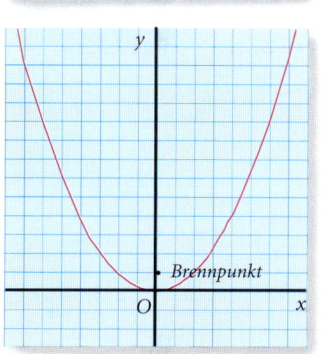

Brennpunkt

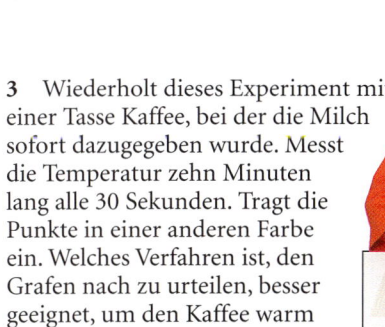

2 Gießt die Milch nach fünf Minuten hinzu. Messt die Temperatur in den nächsten fünf Minuten ebenfalls alle 30 Sekunden und tragt die Punkte in das Diagramm ein. Verbindet alle Punkte mit einer glatten Linie.

Notiert die Temperatur

3 Wiederholt dieses Experiment mit einer Tasse Kaffee, bei der die Milch sofort dazugegeben wurde. Messt die Temperatur zehn Minuten lang alle 30 Sekunden. Tragt die Punkte in einer anderen Farbe ein. Welches Verfahren ist, den Grafen nach zu urteilen, besser geeignet, um den Kaffee warm zu halten? (Lösung S. 186)

Puzzle

Zeichnet ein kartesisches Koordinatensystem mit jeweils 40 Kästchen in x- und in y-Richtung. Tragt die Punkte mit den angegebenen Koordinaten ein, um den Gegenstand der Zeichnung erkennen zu können. Die Zeichnung besteht aus einigen separaten Teilen; verbindet also zunächst die Punkte für jede Teilfigur extra, bevor ihr mit der nächsten weitermacht.

Teil 1: (0|0) (2|8) (4|16) (8|24) (12|32) (16|36) (20|38) (24|38) (28|36) (32|28) (37|16) (37|8) (40|0)
Teil 2: (12|12) (16|5) (20|3) (24|5) (29|12)
Teil 3: (16|12) (19|13) (20|12) (21|13) (25|12) (16|12) (20|10) (25|12) (20|8) (16|12)
Teil 4: (19|15) (20|14) (21|14) (22|15)
Teil 5: (13|22) (16|23) (19|22)
Teil 6: (24|22) (27|23) (30|22)
Teil 7: (14|20) (16|22) (19|20) (16|21) (14|20) (16|19) (15|20) (16|21) (17|20) (16|19) (19|20)
Teil 8: (24|20) (27|22) (29|20) (27|21) (24|20) (27|19) (26|20) (27|21) (28|20) (27|19) (29|20)

STATISTIK

Zufall und Wahrscheinlichkeit
Viele Ereignisse unseres Lebens unterliegen dem Zufall, der sich unserer Kontrolle entzieht. Mithilfe der Mathematik können aber auch Vorhersagen über zufällige Ereignisse gemacht werden. Meteorologen und Versicherungsgesellschaften sind an der Wahrscheinlichkeit eines Blitzschlags in einem bestimmten Gebiet (links) interessiert. Wirtschaftswissenschaftler verlassen sich auf die Statistik, um Änderungen an den Finanzmärkten vorauszusagen, was den Gewinn oder den Verlust riesiger Geldbeträge zur Folge haben kann.

Statistiken sind Daten, die zusammengefasst und analysiert wurden, um umfassendere Erkenntnisse zu gewinnen. Die Interpretation von Statistiken ist Kunst und Wissenschaft zugleich. Statistische Untersuchungen sind in vielen Bereichen des modernen Lebens wichtig. Sie ermöglichen den Wissenschaftlern einerseits, weitreichende Informationen über momentane Situationen zu erhalten, und andererseits, Vorhersagen über die Zukunft zu machen. Statistiken werden erst seit dem 15. Jahrhundert untersucht, ihre Verwendung hat die Entwicklung der modernen Gesellschaft maßgeblich beeinflusst. Die Ausbreitung von Krankheiten, wissenschaftliche Experimente, die Geld- und Versicherungswirtschaft und der Aktienmarkt werden alle mit ausgefeilten statistischen Methoden erfasst und ausgewertet.

BOTSCHAFTEN IN ZAHLEN

Wissenschaftler benutzen statistische Methoden, um das Verhalten einer Gruppe zu erfassen. Mithilfe der Wahrscheinlichkeitsrechnung schätzen sie die Chance ab, mit der ein bestimmtes Ereignis eintritt. Statistik und Wahrscheinlichkeitsrechnung werden eingesetzt, um die Entwicklung der Aktienkurse vorherzusagen und um Versicherungsprämien zu berechnen.

Wir begegnen in unserem täglichen Leben vielen Statistiken und Wahrscheinlichkeiten. Wir hören vor den Wahlen oft, wie die Menschen wohl abstimmen werden. Genauso können uns Statistiker sagen, wie viel ein Erwachsener durchschnittlich verdient und wie lange wir im Durchschnitt leben.

Unglück auf dem Meer
Sicherheitsexperten müssen den Zustand der Schiffe, das voraussichtliche Wetter und Gefahren an der Küste in ihre Überlegungen einbeziehen, wenn sie die Wahrscheinlichkeit von Unfällen wie dieser Ölpest abschätzen.

Stichproben

Wenn Statistiker Informationen über eine große Gruppe von Menschen oder von Dingen zusammenstellen, untersuchen sie gewöhnlich nicht jedes einzelne Mitglied der Gruppe. Sie verwenden eine Stichprobe, deren Eigenschaften die der ganzen Gruppe widerspiegeln. Im Allgemeinen stellt eine große Stichprobe die Eigenschaften einer Gruppe besser dar als eine kleine.

Auch wenn die Statistiker keine Menschen erforschen, nennen sie die untersuchte Gruppe eine »Population«. Die Informationen, die sie über die Population sammeln, können unterschiedliche Merkmale betreffen und werden zusammenfassend als »Daten« bezeichnet.

Mittelwerte

Der »mittlere« Wert ist einer der wichtigsten statistischen Werte, die wir verwenden. In der Statistik gibt es drei verschiedene Arten von Mittelwerten: der Durchschnitt, der Median und der Modalwert. Jeder hat eine andere, genau festgelegte Bedeutung. Nehmen wir an, die Schuhgrößen von neun Personen seien

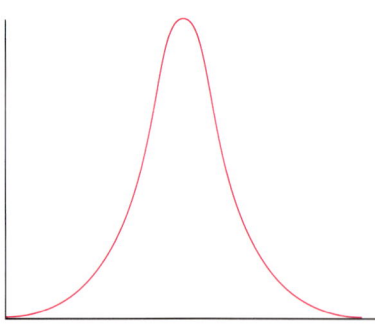

in aufsteigender Reihenfolge 32, 33, 36, 36, 38, 39, 39, 39 und 41. Der Durchschnitt der Schuhgrößen ist die Summe der neun Zahlen dividiert durch 9, also 37. Der Median ist die Schuhgröße, die in der Mitte der Liste der aufsteigend geordneten Schuhgrößen steht: 38. Der Modalwert ist diejenige Schuhgröße, die am häufigsten auftritt: 39.

Streuung der Werte

Der Durchschnitt, der Median und der Modalwert einer Datenmenge sind normalerweise verschieden. Statistiker betrachten oftmals diese Unterschiede, um festzustellen, wie bestimmte Eigenschaften über eine Population verteilt sind. Im obigen Beispiel ist der Modalwert größer als der Durchschnitt, da es bei den kleinen Schuhgrößen eine größere Streuung gibt als bei den großen. Viele Daten, die sich auf Naturphänomene beziehen, wie zum Beispiel die Größe der Menschen oder der Ertrag einer Pflanzenart, sind in vergleichbarer Weise um den Durchschnittswert gestreut. Statistiker nennen solche Daten »normalverteilt«. Die Schuhgrößen im obigen Beispiel sind nicht normalverteilt. Der deutsche Mathematiker Carl Gauß (S. 164) untersuchte die Streuung von verschiedenen Typen von Daten. Er prägte den Begriff »Standardabweichung«, um die Streuung zu beschreiben. Heute verwenden Wissenschaftler die Standardabweichung, um die Genauigkeit von Messungen festzustellen.

Darstellung von Daten

Statistiker präsentieren Daten in Grafen oder Tabellen, damit die wichtigen Eigenschaften sofort

erkennbar sind. Zwei gebräuchliche Darstellungen sind das Kuchen- und das Balkendiagramm. Das größte Stück bzw. der höchste Balken steht für die Eigenschaft, die am häufigsten vorkommt (Modalwert). Bei normal verteilten Daten bekommt man ein glockenförmiges Diagramm.

Lebensstatistik

Die ältesten Statistiken, die Volkszählungen der alten Babylonier, Ägypter und Chinesen, dienten dazu, die Bevölkerung zu Steuer-

Verteilungsmuster
Die Auswertung von Daten führt häufig auf dieses Muster. Einige wenige Objekte liegen an den beiden Rändern, zur Mitte hin wachsen die Anzahlen stark.

zwecken zu erfassen. Im 15. Jahrhundert wurde erkannt, dass die Statistik in vielen anderen Bereichen angewendet werden kann. Im 17. Jahrhundert untersuchte der englische Textilfabrikant John Graunt (1620–1674) die sozialen Probleme seiner Zeit mit statistischen Methoden. Er sammelte die Todesdaten in verschiedenen englischen Städten und analysierte sie. Graunt entdeckte, dass die auf den ersten Blick zufällig erscheinende Zahl der Selbstmorde, der Todesfälle infolge von Krankheiten und Unfällen jedes Jahr mit ungefähr den gleichen

Abzählen
Statistik beruht auf dem Sammeln von Daten. Auf diesem Relief wird die Fracht eines Schiffes gezählt.

Häufigkeiten auftraten. Er fand außerdem heraus, dass in einem Jahr alles in allem mehr weibliche als männliche Babys geboren wurden.

Graunts Werk war ein frühes Beispiel für Epidemologie, der statistischen Untersuchung von Gesundheit und Krankheiten innerhalb einer Population. Die Epidemologie wurde 1854 eingesetzt, um den Grund für den Ausbruch einer Choleraepidemie in London zu finden. Der Arzt John Snow (1813–1858) vermutete, dass die schlechte Wasserversorgung und das Abwassersystem schuld waren, und machte sich daran, dies statistisch zu beweisen. Er fand den Ausgangspunkt der Epidemie in einem öffentlichen Brunnen in Golden Square, im Herzen der Stadt. Die Statistik ermöglichte es ihm, bereits 30 Jahre bevor der Erreger gefunden war, Vorkehrungen gegen die weitere Ausbreitung der Cholera zu treffen.

Die Genetik, die Wissenschaft von der Vererbung, ist ein weiteres wichtiges Anwendungsgebiet der Statistik, das sich im 19. Jahrhundert entwickelt hat. Der österreichische Abt Gregor Mendel (1822–1884) setzte statistische Methoden ein, um die Vererbung der verschiedenen Eigenschaften von Erbsen von einer Pflanzengeneration zur nächsten zu untersuchen.

Man verwendet die Epidemologie heute, um die Verbindung zwischen Rauchen und Lungenkrebs zu bestätigen und die Ausbreitung von Aids zu analysieren. Auf ähnliche Art und Weise hilft uns die Genetik beim Verständnis, wie die Veranlagung für Herzkrankheiten, Asthma, Krebs und andere Krankheiten vererbt wird.

Wahrscheinlichkeit

Obwohl vieles in unserer Zukunft unsicher ist, können Statistiker die Wahrscheinlichkeit für ein bestimmtes Ereignis mithilfe der Wahrscheinlichkeitsrechnung abschätzen. Anlass für deren Entwicklung war der Wunsch, die Gewinnchancen bei Karten- und Würfelspielen zu bestimmen und eventuell sogar zu erhöhen. Einer dieser Spieler, Girolamo Cardano (S. 70), war auch Mathematikprofessor. Cardano untersuchte verschiedene Glücksspiele und veröffentlichte seine Ergebnisse in dem Buch *Liber de Ludo Aleae (Buch der Glücksspiele)*. In diesem Buch erklärte er nicht nur, wie die Gewinnwahrscheinlichkeit eines Glücksspiels berechnet werden kann, er schlug auch mehrere interessante Möglichkeiten für Manipulationen vor. So behauptete er beispielsweise, dass die Wahrscheinlichkeit, eine bestimmte Karte aus einem Paket zu ziehen, dadurch erhöht werden kann, dass man die Karte mit Seife einreibt.

Der französische Mathematiker Blaise Pascal (1623–1662) beschäftigte sich ebenfalls intensiv mit der Wahrscheinlichkeitsrechnung. Er arbeitete zusammen mit seinem französischen Kollegen Pierre de Fermat (S. 72) an der Entwicklung einer vollständigen Theorie der Wahrscheinlichkeit. Obwohl sich ihre Theorie mit häufig auftretenden Ereignissen befasste, war Pascal auch an der Wahrscheinlichkeit außergewöhnlicher Ereignisse interessiert. So arbeitete er an einer speziellen Theorie für das Eintreten von Wundern. Wir verwenden heute diesen Teil der Theorie, um seltene Ereignisse der verschiedensten Art, wie Unfälle, Materialfehler etc., zu untersuchen.

Blaise Pascal
Zusammen mit Pierre de Fermat und mit der Hilfe eines Schemas, das heute Pascalsches Dreieck (S. 48) genannt wird, entwickelte Pascal mathematische Theorien über die Wahrscheinlichkeit.

Neue Ideen

In den vergangenen 90 Jahren wurde ein neues Teilgebiet der Physik entwickelt, die Quantenmechanik. Ihr liegt die Vorstellung zugrunde, dass kein Ereignis, insbesondere nicht die Vorgänge in einem Atom, sicher vorausgesagt werden kann. Physiker können lediglich die Wahrscheinlichkeit für das Eintreten bestimmter Ereignisse berechnen. Die Quantenmechanik zeigt, dass Statistik und Wahrscheinlichkeitsrechnung zum Grundverständnis des Universums erforderlich sind.

Information in Bildern
Kuchendiagramme (links) und Balkendiagramme (rechts) werden zur Veranschaulichung von Daten verwendet. Mit ihnen lassen sich wichtige Informationen auf einen Blick erfassen. Mit solchen Diagrammen kann die Verteilung der Besucher eines Freizeitzentrums nach Frauen, Männern und Kindern ebenso gezeigt werden wie die Geschäftsentwicklung einer Firma.

Was ist Wahrscheinlichkeit?

Wahrscheinlichkeit ist der Grad der Sicherheit, mit dem ein Ereignis eintreten wird. Sie wird durch eine Zahl von 0 bis 1 dargestellt. Der Wert 0 bedeutet, dass ein Ereignis niemals eintritt; 1 steht für das absolut sichere Ereignis. Bei manchen zufälligen Erscheinungen, wie beim Werfen eines normalen Würfels, sind alle möglichen Ausgänge gleich wahrscheinlich. Dann lässt sich die Wahrscheinlichkeit für jede Augenzahl leicht angeben. In vielen Bereichen von Wissenschaft und Industrie gibt es die Möglichkeit der theoretischen Festlegung nicht. Dann sind statistische Untersuchungen zur Festlegung von Wahrscheinlichkeiten erforderlich. Der Hersteller von Tragetaschen beispielsweise muss einige von ihnen überprüfen, um den Anteil fehlerhafter Stücke in der Produktion zu schätzen. Je größer die Stichprobe ist, umso genauer kennt man dann auch die Wahrscheinlichkeit.

⊞ Puzzle

Ein Beutel enthält einen weißen oder einen schwarzen Ball. Ein schwarzer Ball wird hineingegeben. Der Beutel wird geschüttelt. Ein Ball wird entnommen; er ist schwarz. Wie groß ist die Wahrscheinlichkeit, dass der zweite Ball auch schwarz ist? Die Antwort $\frac{2}{3}$ wird durch die drei Bilder und den darunterstehenden Text erklärt. Wenn zuerst ein weißer Ball gezogen wird, wie groß ist die Wahrscheinlichkeit, dass der im Beutel gebliebene Ball schwarz ist?
(Lösung S. 186)

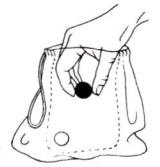

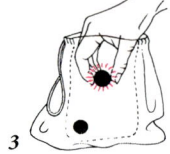

1 Der Originalball im Beutel ist weiß und bleibt darin. Der schwarze Ball wird herausgenommen.

2 Der Originalball im Beutel ist schwarz. Der hinzugefügte schwarze Ball wird herausgenommen.

3 Der Originalball im Beutel ist schwarz. Dieser Ball wird entnommen, der neue bleibt darin.

EXPERIMENT

Kartenraten

Ihr könnt euch mit Wahrscheinlichkeit beschäftigen, indem ihr Spielkarten mit verschiedenen Symbolen verwendet. Beim Auswählen aus fünf verschiedenen Karten ist die Wahrscheinlichkeit, das Symbol einer Karte zu erraten, nur $\frac{1}{5}$, bei vier Karten ist sie $\frac{1}{4}$ und so weiter. Überprüft mithilfe einer Tabelle, ob eure Erfolgsrate über oder unter der von der Wahrscheinlichkeitstheorie vorausgesagten liegt. Ihr müsst mindestens 25 Spielrunden durchführen, um ein realistisches Resultat zu bekommen. Was fällt euch bei der Genauigkeit der Schätzungen innerhalb einer Spielrunde auf?

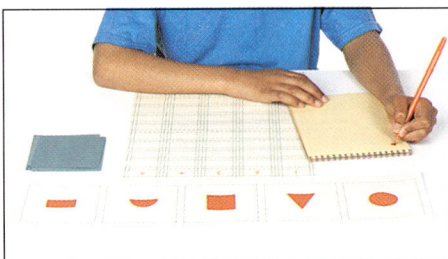

1 Bastelt fünf quadratische Karten und klebt auf jede ein anderes Symbol. Klebt jeweils eines der Symbole auf ein Blatt Papier. Macht eine Tabelle mit fünf Spalten.

IHR BRAUCHT
● Klebstoff ● Notizblock ● Lineal ● Stifte
● Schere ● farbigen Karton ● kariertes Papier

Die Einträge von fünf Spielrunden

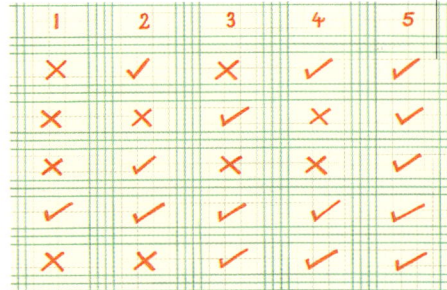

Theorie und Praxis
Addiert die Haken in jeder Spalte. Die Wahrscheinlichkeit, das erste Symbol richtig zu erraten, ist $\frac{1}{5}$, beim zweiten $\frac{1}{4}$, $\frac{1}{3}$ beim dritten, $\frac{1}{2}$ beim vierten und 1 beim letzten. Die zu erwartende Gesamtzahl der Haken bei 25 Durchgängen beträgt $25 \cdot (\frac{1}{5} + \frac{1}{4} + \frac{1}{3} + \frac{1}{2} + 1) \approx 57$. Wenn die Gesamtzahl der Haken auf eurer Tabelle größer als 57 ist, habt ihr gut geraten.

2 Ratet das erste Symbol. Dreht eine Karte um und macht einen Haken für einen richtigen Tipp bzw. ein Kreuz für einen falschen in die erste Spalte der ersten Zeile.

3 Legt die Karte auf das zugehörige Symbol und deckt nacheinander die anderen Karten auf. Mischt die Karten, macht insgesamt noch 24 Spiele.

FORSCHUNGSAUFGABE

Glück bringende Geburtstage

Manche Leute halten 7 und 12 für Glückszahlen. Mit welcher Wahrscheinlichkeit hat eine Person am 7. oder 12. eines Monats Geburtstag?

1 Berechnet die Wahrscheinlichkeit dafür, dass der Geburtstag am 7. oder 12. Januar ist. Schreibt diese Wahrscheinlichkeit auf.

$$\frac{1}{365} + \frac{1}{365}$$
$$= \frac{2}{365}$$

2 Berechnet die Wahrscheinlichkeit dafür, dass der Geburtstag am 7. oder 12. Februar ist. Schreibt sie auf und addiert sie zu der für den Januar.

$$\frac{1}{365} + \frac{1}{365}$$
$$+ \frac{2}{365}$$
$$= \frac{4}{365}$$

3 Berechnet die Wahrscheinlichkeit dafür, dass der Geburtstag am 7. oder 12. eines anderen Monats ist. Wenn ihr die Wahrscheinlichkeiten für alle Monate addiert, erhaltet ihr das Endergebnis. Die Wahrscheinlichkeit dafür, dass jemand am 7. oder 12. irgendeines Monats Geburtstag hat, ist $\frac{24}{365}$ oder ungefähr 6,6 %.

$$\frac{1}{365} + \frac{1}{365}$$
$$+ \frac{1}{365} + \cdots$$
$$+ \frac{1}{365}$$
$$= \frac{24}{365}$$

oder $6,575\,\%$

Die Titanic

Das 1912 gebaute britische Passagierschiff *Titanic* kollidierte auf ihrer Jungfernfahrt mit einem Eisberg und sank, dabei fanden 1513 Menschen den Tod. Die Wahrscheinlichkeit für dieses Unglück war aufgrund der Sicherheitsvorkehrungen und der Bauweise des Schiffes als äußerst gering eingeschätzt worden. Wenn Versicherungsgesellschaften das Risiko für einen Schaden ermitteln wollen, werten sie Statistiken aus.

VORFÜHRUNG

Wahrscheinlichkeit mit einem Baumdiagramm veranschaulichen

Das Baumdiagramm zeigt die verschiedenen Möglichkeiten eines Jungen, seine Kleidung aus zwei Jeans, drei T-Shirts und zwei Paar Schuhen auszuwählen. Wir gehen davon aus, dass er jedes Kleidungsstück rein zufällig auswählt, d. h. beispielsweise ohne Vorliebe für eine bestimmte Farbe. Die Auswahl der Jeans wird durch zwei Äste dargestellt. Für die T-Shirts werden dann jeweils drei Äste zu jeder Jeans hinzugefügt und so weiter. Aus den Wahrscheinlichkeiten für die einzelnen Jeans-T-Shirt-Schuhe-Kombinationen lassen sich dann auch andere Wahrscheinlichkeiten bestimmen. Die Wahrscheinlichkeit, dass er beispielsweise kein rotes T-Shirt anziehen wird, beträgt $\frac{1}{6} + \frac{1}{6} + \frac{1}{6} + \frac{1}{6} = \frac{2}{3}$.

Welche Jeans?
Es gibt zwei Jeans, also ist die Wahrscheinlichkeit für ein bestimmtes Paar bei rein zufälliger Entscheidung ½.

Welches T-Shirt?
Jede Jeans kann mit einem der drei T-Shirts kombiniert werden, also ist für jedes die Wahrscheinlichkeit ⅓. Die Gesamtwahrscheinlichkeit für jede Kombination aus einem T-Shirt und einer Jeans ist ½ · ⅓ = ⅙.

Welche Schuhe?
Es gibt zwei Paar Schuhe, also ist die Wahrscheinlichkeit ½, dass eine beliebige Kombination aus Jeans und T-Shirt mit einem der beiden Paare kombiniert wird. Die Gesamtwahrscheinlichkeit für eine spezielle Kombination von Jeans, T-Shirt und Schuhen ist ½ · ⅙ = ¹⁄₁₂.

Durchschnitte

Durchschnittswerte werden täglich im Geschäftsleben, in der Industrie und in der Verwaltung benutzt. Man spricht von der Durchschnittsfamilie und dem Durchschnittseinkommen. In der Statistik steht der Begriff »Durchschnitt« normalerweise für das arithmetische Mittel. Es ist die Summe aller Messwerte dividiert durch deren Anzahl. Das Durchschnittsgewicht von Orangen in einer Schüssel ist ihr Gesamtgewicht geteilt durch die Anzahl der Orangen. Manchmal ist es nicht sinnvoll, das arithmetische Mittel zu verwenden. So gibt es keinen Sinn, die durchschnittliche Anzahl von Beinen bei 4 Pferden und 5 Reitern zu bestimmen. Statistiker verwenden auch andere Arten von »Durchschnitt«, den Median und den Modalwert. Der Median ist das Objekt, das sich genau in der Mitte einer geordneten Gruppe befindet. Der Modalwert ist der Messwert, der am häufigsten auftritt.

Computerprogramme

Computer erlauben heute die Speicherungen und Verwaltung riesiger Datenmengen. Mithilfe spezieller Computerprogramme zur Tabellenkalkulation werden Daten in Zeilen und Spalten erfasst. Innerhalb von Sekunden oder Minuten werden durchschnittliche Veränderungen und Mittelwerte berechnet, für die früher eine einzelne Person mit Papier und Bleistift Hunderte von Stunden gebraucht hätte. Die Ergebnisse helfen Statistikern, Wirtschaftswissenschaftlern und Städteplanern bei der Analyse und dienen ihnen außerdem als Grundlage für Prognosen auf einer Vielzahl von Gebieten, wie beispielsweise der Entwicklung der Wechselkurse und Aktienpreise oder der Anzahl von Krankenhäusern und Schulen in einer Region.

Längenwachstum

Die Menschen werden immer größer. Dies ist auf eine bessere Ernährung und medizinische Versorgung sowie auf günstigere Lebensbedingungen zurückzuführen. Das obige Bild zeigt einen elfjährigen Jungen durchschnittlicher Größe von heute. Mit 1,63 m ist er fast genauso groß wie der deutsche Ritter, für den im 16. Jahrhundert diese Rüstung angefertigt wurde.

Verteilungskurve

Das Treppenhaus im Chapter-Haus der Kathedrale in Wells (England) stammt aus dem 13. Jahrhundert. Die Stufen sind in der Mitte am stärksten abgenutzt. Dies ist keine Überraschung, denn die Menschen sind dort am häufigsten gelaufen. Wir können die Stärke der Abnutzung als einen Maßstab dafür verwenden, wie oft eine bestimmte Stelle einer Stufe bisher betreten wurde. Bei vielen Verteilungen von Daten liegen die meisten Werte nahe der Mitte.

Durchschnitt, Median und Modalwert

Der Durchschnitt, der Median und der Modalwert sind verschiedene Arten von Durchschnittswerten. Die Bedeutung dieser drei Werte und ihre Bestimmung sind genau festgelegt. Die Kinder auf dem Bild unten sind zwischen 1,40 m und 1,63 m groß. Der Maßstab auf der linken Seite der Bilder gibt euch eine grobe Vorstellung von der Größe der einzelnen Personen. In jedem Bild sind eine oder zwei Personen herausgehoben, die dem Durchschnitt, dem Median oder dem Modalwert entsprechen. Betrachtet die Bilder sorgfältig und überlegt euch, warum diese Personen den speziellen Mittelwert in ihrer Gruppe bilden. Bestimmt in eurer Gruppe die Größe der einzelnen Personen und berechnet dann Durchschnitt, Median und Modalwert.

Diese Person hat die Durchschnittsgröße 1,53 m

Der Durchschnitt

Um den Durchschnitt zu berechnen, werden die Größen aller Kinder addiert und das Ergebnis durch die Gesamtzahl der Kinder dividiert. Hier ist die Summe (von links nach rechts) 1,63 m + 1,63 m + 1,52 m + 1,47 m + 1,40 m. Die Division von 7,65 m durch 5 ergibt 1,53 m. Der Durchschnitt wird durch die graue Figur dargestellt. Wenn ein Kind ganz besonders groß oder klein gewesen wäre, hätte dies den Durchschnitt stark beeinflusst. Der Durchschnitt hätte nicht die Größe der meisten Kinder widergespiegelt.

Dieser Junge ist der Median

Der Median

Der Median ist der mittlere Wert der Gruppe. Es gibt genauso viele Daten oberhalb wie unterhalb. Er kann einfach mit dem Auge festgestellt werden. Hier ist der Median 1,52 m, die Größe des Jungen mit dem blauen T-Shirt. Wenn Durchschnitt und Median bei einer Gruppe ähnlich sind, ist es im Allgemeinen besser, den Durchschnitt zu verwenden als den Median. Wenn sie jedoch stark voneinander abweichen, kann es ratsam sein, den Median zu verwenden.

Dieser Junge ist der Modalwert der Gruppe

Dieses Mädchen ist auch der Modalwert

Der Modalwert

Dieses Maß ist der Wert, der in einer Gruppe am häufigsten auftritt. Auf dem Bild links haben der Junge und das Mädchen die gleiche Größe. Alle anderen Größen kommen nur einmal vor. Weil 1,63 m zweimal auftritt, ist dies der Modalwert. In einer Gruppe, in der sich viele Messwerte gleichen oder stark ähneln, kann es vernünftig sein, den Modalwert als Mittelwert zu verwenden.

Darstellung von Daten

Durch Grafiken kann man Informationen leichter aufnehmen als durch Zahlen und Worte. Für die grafische Darstellung gibt es verschiedene Möglichkeiten. Eine Liniengrafik kann zum Beispiel die Veränderung der Häuserpreise über mehrere Jahre zeigen, ihr Steigen, Fallen oder Gleichbleiben. Ein Kuchendiagramm kann man verwenden, um die Anteile der verkauften Häuser in bestimmten Preisklassen zu veranschaulichen. Ein Balkendiagramm kann die Beziehung zwischen den Häuserpreisen in verschiedenen Gegenden zeigen. Grafiken werden oft verwendet, um eine Argumentation zu stützen; sie können aber auch verfälscht werden, um den Betrachter zu verwirren.

Profil des Meeresbodens

Das Profil des Bodens dieses »Meeres« wird auf kariertes Papier gezeichnet. Das Diagramm enthält dann Informationen über die Untiefen und Gräben. Ozeanografen zeichnen tiefe Unterwassergebirge auf diese Weise. Sie schicken Schallwellen von einem Schiff auf den Meeresgrund, die Wellen werden von dort zum Empfänger auf dem Schiff reflektiert und geben so die Tiefe an. Der Computer übersetzt die Messungen und erstellt eine Karte.

IHR BRAUCHT

- Stifte • Modelliermasse • Faden • Schere • Klebeband • Lineal
- kariertes Papier • mit Wasser gefülltes Aquarium, auf dessen Boden Steine und andere Hindernisse den Meeresboden nachbilden

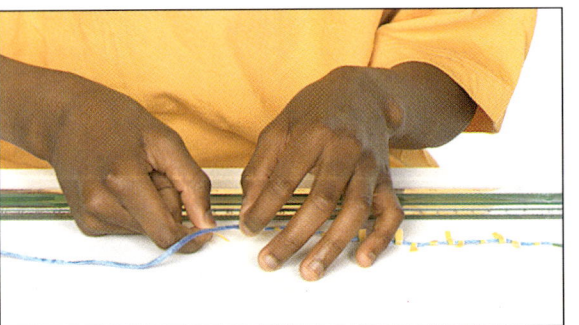

1 Schneidet ein 30 cm langes Stück Faden ab. Umwickelt beide Enden mit einem Stück Klebeband. Markiert den Faden in 1-cm-Abständen mit schmalen Klebebandstreifen.

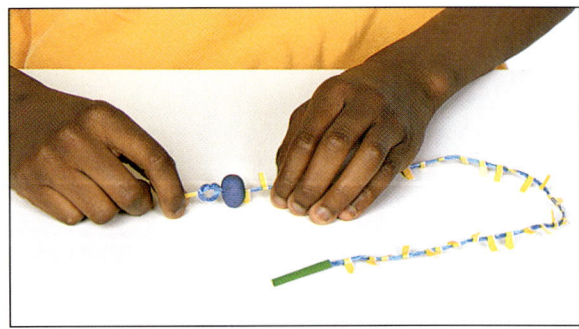

2 Befestigt ein Stück Modelliermasse als Gewicht an einem Ende des Fadens und sichert es durch einen Knoten. Zeichnet das Diagramm. Nehmt die Länge des Aquariums als x-Achse und die Tiefe als y-Achse. Auf beiden Achsen soll jeweils ein Kästchen einer Länge von 1 cm entsprechen. Messt die Tiefe, indem ihr das Lineal vertikal an das Aquarium haltet. Zeichnet eine horizontale Linie in das Diagramm, die den Wasserstand anzeigt, und schreibt 0 daneben. Markiert anschließend die y-Achse von 0 ausgehend nach unten mit negativen Zahlen.

Haltet den Faden auf Höhe des Wasserspiegels fest

3 Legt den markierten Faden so über die Kante des Aquariums, dass das Gewicht auf dem Boden aufliegt. Klebt ein Lineal parallel zur oberen Kante an das Aquarium; die Markierung für die Null soll an der linken Kante liegen.

4 Beginnt mit den Messungen bei der 1-cm-Markierung auf dem Lineal. Achtet darauf, dass der Faden gespannt ist und das Gewicht den Boden gerade berührt. Zählt die Anzahl der Markierungen, die ins Wasser getaucht sind, und markiert die gemessene Tiefe in eurem Diagramm durch ein Kreuz. Setzt die Messungen am Aquarium entlang in 1-cm-Abschnitten fort. Messt immer an der vorderen Glasscheibe.

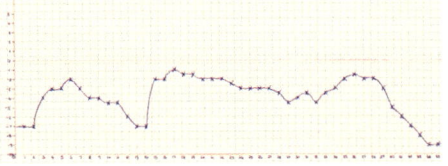

Das fertige Profil
Verbindet die Kreuze, um ein Profil der Vorderansicht des Aquariums zu bekommen. Dieses Bild zeigt das Profil aus der Sicht des Jungen.

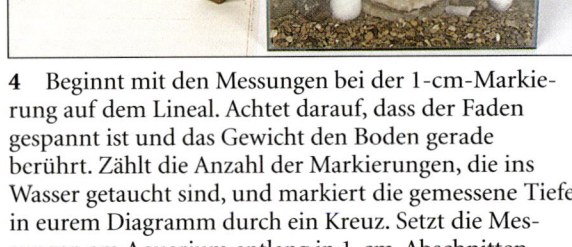

EXPERIMENT
Ein Balkendiagramm erstellen

Mit einem Balkendiagramm kann man Daten präsentieren. Die Häufigkeit von Merkmalen in einer Gruppe wird durch die Höhe der Balken angegeben und verglichen. Bei diesem Experiment stellen Holzklötze die Daten dar und erzeugen ein dreidimensionales Balkendiagramm. Zwei Zahlen werden mithilfe von Kreiseln zufällig ermittelt; diese Zahlen werden dann addiert, und ein Block wird auf die Summe gestellt. Ihr erkennt bald das Muster, das sich dabei ergibt.

IHR BRAUCHT
- 16 Bauklötzchen
- Lineal • Schere
- Karton • kariertes Papier • Farbstifte
- Klebstoff • Bleistifte

1 Bastelt zwei Kreisel nach dieser Vorlage. Malt die Dreiecke in verschiedenen Farben an und klebt jedes Quadrat auf einen Karton. Beschriftet die Dreiecke mit 1, 2, 3 und 4.

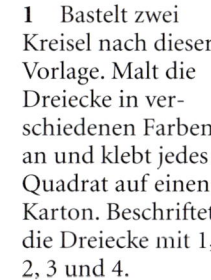

EXPERIMENT
Was ihr den Tag über macht

Ein Kuchendiagramm basiert auf einem Kreis, dessen Gesamtfläche für 100 % der Information steht. Jedes Segment gehört zu einem bestimmten Merkmal. Mit einem Kuchendiagramm kann man sehr gut das Verhältnis der Teile zum Ganzen veranschaulichen. Es ist eine wirkungsvolle optische Darstellung, die oft in Zeitungen verwendet wird. Ihr könnt ein Kuchendiagramm für euren Tagesablauf erstellen und es mit dem eines Freundes oder eines Familienmitgliedes vergleichen.

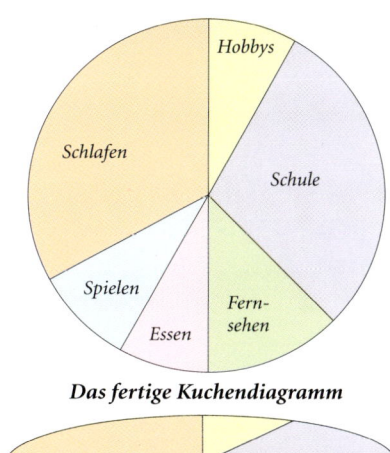

Das fertige Kuchendiagramm

Computererzeugtes Diagramm

Vorbereitung der Daten
Erstellt eine Liste mit euren täglichen Tätigkeiten, wie zum Beispiel Schlafen, Essen, In-die-Schule-Gehen und Fernsehen. Notiert die Anzahl der Stunden, die ihr durchschnittlich damit verbringt. Berechnet als Nächstes, welchem Bruchteil des Tages dies entspricht. Der ganze Kuchen (360°) stellt 24 Stunden dar. Wenn ihr also acht Stunden schlaft, ist das ein Drittel des Tages. Der Winkel des zugehörigen Abschnitts ist also $\frac{1}{3} \cdot 360°$. Achtet darauf, dass die Zahlen zusammen 360° ergeben.

Erstellen des Diagramms
Ihr könnt das Kuchendiagramm mit Zirkel und Winkelmesser von Hand zeichnen oder die Daten in ein Tabellenkalkulationsprogramm eingeben und das Diagramm dann vom Computer erstellen lassen.

2 Macht jeweils ein Loch in die Mitte der Quadrate. Schiebt einen kleinen Bleistift so durch das Loch, dass sich das Quadrat etwa bei der halben Länge des Bleistifts befindet. Die Spitze der Bleistiftmine ist der Kreiselpunkt.

3 Zeichnet auf dem karierten Papier sieben Quadrate nebeneinander, deren Seitenlängen der Kantenlänge eines Klötzchens entsprechen. Schreibt die Zahlen 2, 3, 4, 5, 6, 7 und 8 in diese Quadrate. Schneidet das nicht benötigte Papier ab.

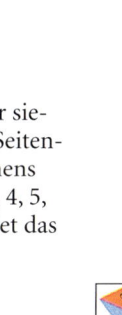
Stapelt die Klötzchen genau aufeinander

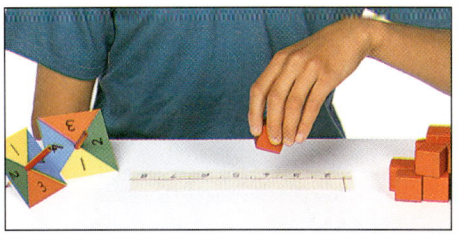

4 Dreht nun jeden Kreisel einmal. Haltet die Bleistifte dabei vertikal, und achtet darauf, dass sie sich mehrmals drehen. Addiert die Zahlen auf den Feldern, die die Tischplatte berühren. Legt bei dieser Summe ein Klötzchen auf das Diagramm.

5 Macht so weiter, bis alle 16 Klötzchen verwendet sind. Was fällt euch bei der Verteilung der Klötzchen auf? Wiederholt das Experiment noch einmal, und schaut, ob die Ergebnisse so ähnlich wie beim ersten Mal oder ganz anders ausfallen.

Information in Diagrammen

Bei Messdaten eines Experiments können Diagramme helfen, Beziehungen zwischen den Größen aufzuzeigen. Steigt beispielsweise das Gewicht einer Person, wenn ihre Größe zunimmt? Wie ändert sich die Stromstärke, wenn die Spannung steigt? Die Zusammenhänge kann man auf viele Arten darstellen. In manchen Diagrammen verbindet eine Linie oder eine Kurve alle Messwerte, um die Veränderung über einen gewissen Zeitraum zu zeigen. Wenn die Daten stark streuen, kann man auch eine Gerade so durch die Punktmenge legen, dass die Abweichung möglichst gering wird. Die Gerade zeigt dann die allgemeine Tendenz an. Diagramme werden zur Interpretation wissenschaftlicher Daten ebenso verwendet wie im Marketing. Aus den Verkaufsdaten während einer Werbeaktion kann man die Nachfrage für ein bestimmtes Produkt prognostizieren.

EXPERIMENT
Erholungszeit

Heute verwenden Sportler beim Training viele statistische Daten, um ihre Leistungsfähigkeit für den Zeitpunkt des Wettkampfs zu optimieren. Fitness ist für jedermann wichtig; ein Kennzeichen ist die Zeit, die euer Puls benötigt, um nach einer kräftigen Anstrengung wieder zum normalen Wert zurückzukehren. Je schneller es geht, umso fitter seid ihr. Diese Erholungszeit könnt ihr in ein Diagramm eintragen. Wenn ihr auch eure Eltern, Freunde und Geschwister testet, werdet ihr schnell feststellen, wer der Fitteste in eurer Stichprobe ist. Dieses Experiment testet eure Kondition und die Leistungsfähigkeit eures Herzens.

IHR BRAUCHT
● Springseil ● Stoppuhr ● Lineal ● Stifte
● Notizblock ● kariertes Papier

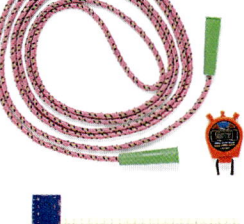

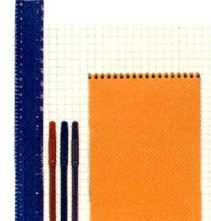

2 Springt nun mit dem Seil oder macht eine Minute lang eine andere anstrengende Übung. Messt dann euren Puls. Überprüft und notiert euren Puls im Abstand von einer Minute so lange, bis wieder der Ruhepuls erreicht ist. Zeichnet ein Diagramm, das die Zeit in Minuten auf der x-Achse und die Pulsschläge pro Minute auf der y-Achse zeigt.

1 Messt euren Puls an eurem Handgelenk. Nehmt den Zeige- oder Mittelfinger, um den Puls zu fühlen, nicht den Daumen. Zählt den Puls 15 Sekunden lang, und multipliziert mit 4, um die Pulsschläge pro Minute zu ermitteln. Schreibt euren Puls auf. Diese Zahl ist euer Ruhepuls.

Verwendet den Zeigefinger, um den Puls zu fühlen

Erholungsdauer
In dem Diagramm stehen vier Kästchen auf der x-Achse für eine Minute und fünf Kästchen auf der y-Achse für 10 Herzschläge. Beachtet aber, dass beim Diagramm rechts die y-Achse bei 50 statt bei 0 beginnt.

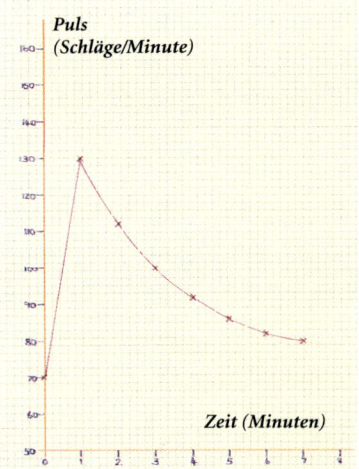

Puls (Schläge/Minute)

Zeit (Minuten)

EXPERIMENT
Die optimale Kurve

Bei vielen wissenschaftlichen Experimenten werden Messergebnisse in ein Diagramm eingetragen, um die Beziehung zwischen zwei Eigenschaften herauszuarbeiten. Oftmals streuen die Messwerte, auch weil die Messergebnisse mit einer gewissen Fehlerquote behaftet sind. Die »Punktwolke« zeigt aber einen allgemeinen Trend. Die »optimale Kurve« durch die Punktwolke zeigt den theoretischen Zusammenhang. Mit diesem Experiment soll die Beziehung zwischen Körpergröße und Schuhgröße einer Gruppe von Kindern hergestellt werden. Aus der optimalen Kurve kann die wahrscheinliche Schuhgröße einer Person von bestimmter Größe vorausgesagt werden.

IHR BRAUCHT
- Lineal • Notizblock • Stifte
- Maßband
- kariertes Papier

Das Ende des Maßbandes sollte auf der Höhe des Kopfes eures Freundes sein

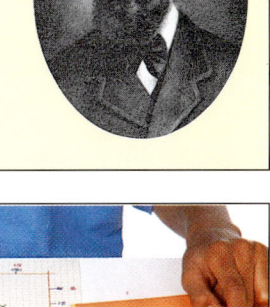

1 Sammelt zuerst die Daten von euren Freunden. Versucht von möglichst vielen Leuten Auskunft zu bekommen, von großen Leuten und von kleinen, von Leuten mit großen Füßen, von Männern und Frauen, Erwachsenen und Kindern, um eine große statistische Datenbasis zu haben. Messt die Größe von allen Freunden und dann die Länge ihrer Schuhe. Schreibt alle Maße auf.

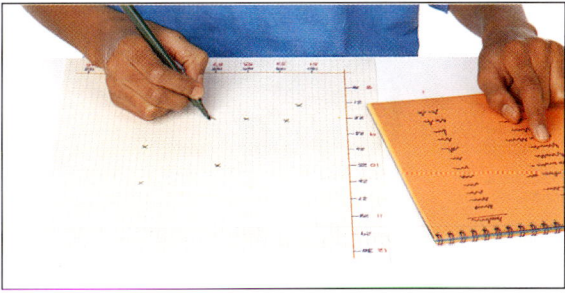

2 Zeichnet ein Diagramm mit der Schuhlänge auf einer Achse und der Körpergröße auf der anderen. Ihr könnt bei der Schuhlänge mit 20 cm und bei der Größe mit 130 cm beginnen. Stellt für jede Person die beiden Messwerte durch ein Kreuz im Diagramm dar.

3 Legt das Lineal so auf das Diagramm, dass auf jeder Seite der Zeichenkante ungefähr gleich viele Kreuze liegen und die Richtung dem erkennbaren Trend folgt. Diese Linie stellt die bestmögliche Gerade für eure Messwerte dar.

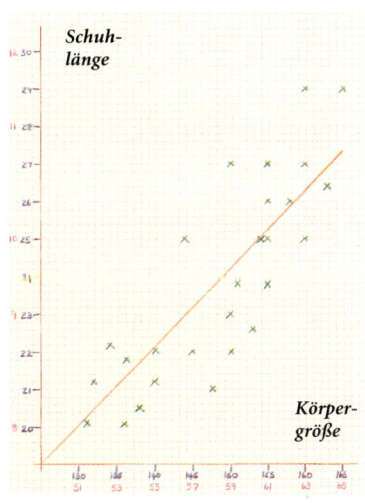

Schuhlänge

Körpergröße

Diagramm mit der optimalen Kurve
Die Kreuze in diesem Diagramm stehen für die Größe und Schuhlänge eurer Freunde. Die Kreuze liegen, wie ihr seht, nicht genau auf einer Linie; ihr müsst also versuchen, eine möglichst gut passende Linie, die optimale Kurve, in diese »Punktwolke« einzuzeichnen. Bei manchen Diagrammen scheint die Linie die Richtung oder die Neigung zu ändern. Dies ist von großer Bedeutung für die Wissenschaftler, da dadurch die Änderung eines Zusammenhangs angezeigt wird. Zum Beispiel wird beim Biegen von Metall eine Stärke der Verformung erreicht, ab der es nicht mehr weiter gebogen werden kann und zerbricht.

MESSEN

Genaues Messen
*Im Sport werden Zeiten auf Hundertstelsekunden genau
gemessen. Der Unterschied zwischen der Gold- und der
Bronzemedaille in einem Schwimmwettkampf (links) beträgt
manchmal nur 0,02 Sekunden – kürzer als ein Wimpernschlag.
Mit Schieblehren kann man Längen an unregelmäßig
geformten Objekten wie Steinen und Schrauben messen. Diese
Nachbildung einer chinesischen Schieblehre (oben) hat eine
Skala auf dem festen Arm, die die Abmessung anzeigt.*

Ohne Maßsysteme und
Messmethoden wären Wissenschaft
und Ingenieurwesen nicht so weit
entwickelt, wie sie es heute sind. Die
Fähigkeit zu messen ermöglichte
bereits vor Jahrtausenden die
Errichtung von so gewaltigen Bau-
werken wie den großen Pyramiden,
die mit Ellen genau vermessen
wurden. Atomuhren sind heute auf
eine Billionstel Sekunde genau.
Die Menschen verwenden Maße
täglich, bei einfachen Berechnungen
von Größe und Gewicht ebenso
wie bei ökonomischen Transaktionen
mit sehr großen Werten.

MASSSYSTEME

Wir alle messen täglich physikalische Größen wie Länge und Gewicht und erfassen den Ablauf der Zeit. Wissenschaftler bestimmen auch kompliziertere Größen wie die Geschwindigkeit von Objekten, die auf sie wirkenden Kräfte oder die elektrische Spannung zwischen ihnen. Die Messergebnisse bilden die Grundlage für die Analyse mit mathematischen Methoden.

Fast jede physikalische Größe, wie Gewicht, Höhe und elektrische Ladung, kann man messen. Wenn wir etwas messen, vergleichen wir bestimmte Eigenschaften mit festgelegten Maßeinheiten. Die Höhe eines Baumes kann zum Beispiel in Meter, in Yard oder in Fuß gemessen werden. Im Verlauf der Jahrhunderte haben die Menschen Maßsysteme entwickelt, die nun in den meisten Teilen der Welt angewendet werden.

Frühe Einheiten

Die ersten Längeneinheiten bezogen sich auf Körperteile (S. 92). Gewichts- und Volumeneinheiten entwickelten sich aus häufig verwendeten Behältern. Die Leistung eines Motors wurde in Pferdestärken (PS) angegeben; diese Einheit geht auf die Leistungsfähigkeit eines Pferdes beim Ziehen einer Last zurück. Im Jahre 221 v. Chr. führte der chinesische Kaiser Shih Huang Ti ein einheitliches System für Gewichte ein. Das Einheitsgefäß zum Abmessen von Wein und Getreide wurde nicht nur durch sein Gewicht definiert, sondern auch durch den Ton, der beim Anstoßen erklang. Bei einer Einheitsform und einem festen Gewicht konnte nur ein Gefäß mit einem bestimmten Volumen diesen speziellen Ton erzeugen. Deshalb sind die altchinesischen Wörter für »Weinschale«, »Getreidemaß« und »Glocke« gleich. Gewichtseinheiten waren für den Handel zwischen verschiedenen Völkern hilfreich. Standardgewichte aus

Antike Aufzeichnungen
Diese ägyptischen Wandmalereien aus der 18. Dynastie (1576–1320 v. Chr.) wurden im Grab von Menna in Theben gefunden. Sie zeigen Arbeiter, die ein Getreidefeld vermessen, und die Aufzeichnung des Ernteertrags.

Metall oder Stein wurden zuerst von den Babyloniern und Sumerern hergestellt, verbreiteten sich aber schnell im Nahen Osten. *Mina* war das Standardgewicht dieser Region. Nach einigen Quellen wiegt es ungefähr 640 Gramm, nach anderen 978 Gramm. Es war in 60 kleinere Einheiten, *siqlu*, geteilt. Eine Gruppe von 60 minae ergab eine größere Einheit namens biltu.

Münzen für den Handel entwickelten sich aus festgesetzten Metallgewichten und wurden oft nach den Gewichten benannt, aus denen sie hervorgegangen waren. In der Bibel wird *siqlu* zum Beispiel mit *Shekel* bezeichnet, und aus *biltu* wurde das griechische *Talent.*

Das imperiale Maßsystem

Über die Jahrhunderte wurden viele Maßsysteme entwickelt und verfeinert. Die Menschen versuchten, in sich stimmige Maße für den Handel zu finden. Europäische Händler erdachten zum Beispiel im Mittelalter ein System

Standardgewichte
Der Metallzylinder auf der linken Seite ist ein Standard-Kilogramm, eine der modernen SI-Maßeinheiten. In den verschiedenen Kulturkreisen wurden spezielle Gegenstände angefertigt, um beispielsweise das Gewicht zu bestimmen. Der Elefant aus Burma und der Ashanti-Krieger sind Beispiele für solche traditionellen Standardgewichte.

Position der Sterne
Ein Oktant misst die Höhe der Sterne über dem Horizont. Mit ihm kann man die Position eines Schiffs oder die Uhrzeit in der Nacht bestimmen.

mit Namen »avoirdupois«. Dieser Name geht auf die altfranzösischen Wörter *aveir de peis* zurück, was die »Gewichte der Güter« bedeutete. Dieses Maßsystem war eines von vielen, welches das imperiale (oder britische) System beeinflusste. Das imperiale System ist seit mehr als 750 Jahren weitverbreitet. Es baut auf Einheiten wie *inch*, *pound* und *pint* auf. Das System wurde offiziell in der Magna Charta 1215 eingeführt und das letzte Mal 1968 verbessert. Große und kleine Einheiten des imperialen Systems stehen in ungewöhnlichen Beziehungen zueinander, die keinen Zusammenhang erkennen lassen. Ein Fuß zum Beispiel ist 12 Inches, aber ein Yard besteht aus 3 Fuß und eine Meile aus 1760 Yards. Außerdem unterscheiden sich die Festlegungen der imperialen Maße von Land zu Land etwas. Diese Probleme veranlassten Wissenschaftler, Ingenieure und Fabrikanten dazu, zum metrischen System überzugehen.

Ein System für alle

Das metrische System ist heute das gebräuchlichste Standard-Maßsystem und gewinnt weiter an Bedeutung. Beim metrischen System wird die Länge in Meter, die Masse in Kilogramm, die Zeit in Sekunden und die Stromstärke in Ampere gemessen. Das System ist in sich stimmig, da es sich auf Größen stützt, die sich niemals verändern, wie die Eigenschaften von gewissen Atomen (S. 108) und von Laserlicht. Das metrische System wurde erstmals 1670 in Frankreich vorgeschlagen. Es

Hubraum und Leistung von Fahrzeugen
Die Leistung von Motorfahrzeugen wurde früher in Pferdestärken gemessen. Bei modernen Fahrzeugen wird der Hubraum in Liter angegeben. Dieser Jaguar E ist mit über 4 Liter sehr leistungsstark.

wurde so entworfen, dass es zwei wichtige Forderungen erfüllte: Jede Einheit sollte aus einer geringen Anzahl von Standardeinheiten ableitbar sein, und die großen Einheiten sollten aus den kleinen durch Multiplikation mit 10, 100 oder 1000 hervorgehen.

Dieses System wurde in Frankreich aber erst ab 1799 eingesetzt. Im Jahr 1875 übernahmen es viele andere Länder offiziell. Das System wurde 1960 weiter verfeinert, als das *Système International d'Unités* (Internationales Einheitensystem) eingeführt wurde. Die Einheiten des *Système International* (SI) sind nun mithilfe von äußerst genauen naturwissenschaftlichen Methoden definiert. Das Herz des metrischen Systems ist der Meter. Diese Einheit war ursprünglich festgelegt als der zehnmillionste Teil des Längenkreises, der den Nordpol mit dem Äquator verbindet und durch Paris geht. Im 20. Jahrhundert wurde der Meter zusammen mit anderen Maßeinheiten neu definiert, um die erforderliche Genauigkeit für hochpräzise, wissenschaftliche Messungen zu erreichen. Heute ist der Meter durch die Wellenlänge eines bestimmten Typs von Laserlicht bestimmt.

Kerzenuhr
Dies ist eine Variante eines alten Uhrentyps. Es dauert 10 Minuten, bis das Wachs der Kerze von einem Stift zum nächsten verbraucht ist.

Wissenschaftler arbeiten heute oft mit einer erstaunlichen Präzision und verwenden Einheiten wie Nanometer (ein Milliardstel Meter). Wenn sie besonders große oder kleine Größen angeben müssen, verwenden sie Begriffe wie »mega« oder »mikro«. »Mega« ist zum Beispiel ein Multiplikator von einer Million und »mikro« ist ein Millionstel. 3 Megajoule sind also 3 Millionen Joule, und 7 Mikrosekunden sind 7 Millionstel Sekunden. Flächen werden im metrischen System in Quadratmetern (m^2), Volumen in Kubikmetern (m^3) angegeben.

Obwohl die meisten Leute »Masse« und »Gewicht« für ein und dasselbe halten, haben diese Begriffe in der Wissenschaft verschiedene Bedeutungen (S. 106). Aus diesem Grund gibt es im metrischen System für Masse und Gewicht zwei verschiedene Einheiten. Die Masse wird in der SI-Einheit Kilogramm gemessen, das Gewicht wird in Newton angegeben. Die Masse eines bestimmten Gegenstandes ist überall im Universum gleich, doch sein Gewicht ändert sich mit der lokalen Gravitation. Eine Tafel Schokolade hat auf der Erde und auf dem Mond die gleiche Masse, beispielsweise 100 g. Ihr Gewicht ist auf dem Mond aber nur ein Sechstel des Gewichts auf der Erde; auf dem Jupiter wäre es etwa 2,4-mal so groß.

Messen mit Schall
Ein Sonarmessgerät sendet einen Piepston mit Schallgeschwindigkeit auf ein Objekt und berechnet die Entfernung des Objekts aus der Zeit, die der Schall bis zur Rückkehr braucht.

Zeit

Die einfachste Zeiteinteilung erfolgte nach Tag und Nacht sowie nach den Jahreszeiten. Später entwickelten die Menschen Kalender mit einer Einteilung in Jahre, die sie nach den Mondphasen in Monate unterteilten. Der westliche, der islamische und der jüdische Kalender basieren noch heute auf den Bewegungen von Sonne und Mond. Der westliche Kalender wurde seit der Römerzeit verbessert und ergibt in 3200 Jahren nur eine Abweichung von einem Tag. Das metrische System benutzt die Sekunde als grundlegende Zeiteinheit. Moderne Uhren enthalten einen Quarzkristall (S. 108) als Taktgeber. Noch präziser sind Atomuhren, die in 1,7 Millionen Jahren nur um eine Sekunde abweichen.

Andere Einheiten

Im metrischen System gibt es noch viele andere Maßeinheiten. Zu ihnen gehören Joule für die Energie, die Kelvin- und die Celsiusskala für Temperaturen, und die Candela, um die Lichtstärke zu messen. Viele Einheiten im metrischen System leiten sich von anderen, einfacheren Einheiten ab. Die Geschwindigkeit wird zum Beispiel in Meter pro Sekunde ausgedrückt. Die Energieeinheit Joule wird auf die Grundeinheiten Kilogramm, Meter und Sekunde zurückgeführt. Das metrische System wurde so konzipiert, dass sich diese Verbindungen sofort ergeben. Trotzdem sträuben sich viele Menschen in Ländern, in denen das imperiale System jahrhundertelang verwendet wurde, das metrische System in ihrem Alltag zu gebrauchen.

Schwingendes Pendel
Jahrhundertelang wurde die Bewegung in mechanischen Uhren durch das Schwingen eines Pendels reguliert. Die Zeit für eine Schwingung hängt von der Länge des Pendels ab.

Persönliche Maßeinheiten

Die älteste standardisierte Maßeinheit ist die Elle. Sie wurde vor 5000 Jahren in Ägypten eingeführt und war die durchschnittliche Länge von Hand und Unterarm eines erwachsenen Mannes. Auch Systeme in anderen Kulturkreisen verwendeten die Länge von Körperteilen: Die Griechen gingen von der Länge eines Fingers aus, die Römer teilten den Fuß in 12 Inches. Fuß und Inch waren auch Maßeinheiten im imperialen System, das 1215 in England eingeführt wurde. Dieses System war bis vor Kurzem in vielen Ländern noch das offizielle Maßsystem. Heute ist es jedoch weitgehend durch das metrische System und durch die Einheiten des wissenschaftlich definierten *Système International* (SI) (S. 91) ersetzt worden.

Wie groß ist ein Pferd?

Dieser Vollblüter ist 16 Hand (163 cm) groß

Pferde werden traditionell in Hand (Handbreiten) gemessen, und zwar vom Boden bis zum Widerrist (den Schulterblättern). Eine Hand entspricht 4 Inches (etwa 10 cm). Die Bruchteile einer Hand werden in Inches angegeben. Ponys sind kleiner als 14,2 Hand, d.h. 14 Hand und 2 Inches (58 Inches/147 cm). Schwere Zugpferde können größer als 18 Hand sein.

Klafter
Der Klafter ist der Abstand der Spitzen der beiden Mittelfinger, wenn die Arme ausgestreckt sind. Bei einem Erwachsenen sind das etwa 180 cm.

Finger
Im alten Ägypten war die Breite eines Fingers eine Maßeinheit. Vier Finger ergaben einen Handrücken und 24 eine Elle.

Kopf
Mit diesem Maß wird der Größenunterschied zwischen Menschen beschrieben. Es wird beim Bau von Theatern berücksichtigt, damit die Besucher in jeder Reihe zur Bühne sehen können.

Handspanne
Die Handspanne ist die Länge zwischen Daumenspitze und der Spitze des kleinen Fingers einer gespreizten Hand. Sie beträgt ungefähr 20 cm. Die Handspanne wurde in Ägypten und in Israel ungefähr zur gleichen Zeit wie die Elle verwendet und entsprach einer halben Elle.

Elle
Die Elle ist die Länge des Unterarms und der Hand vom Ellenbogen bis zur Spitze des Mittelfingers. Sie ist normalerweise zwischen 40 und 50 cm lang.

Hand
Die Breite einer geschlossenen Hand, von der Daumenkante bis zur Kante des Handrückens, wurde jahrhundertelang als Standardmaßeinheit für Pferde (siehe oben) verwendet.

Schritt
Schritte werden oft von Bauern und Landvermessern eingesetzt, um Entfernungen zu messen. Ein Schritt hat ungefähr 90 cm. Mit etwas Übung kann man die Schätzung durch Anpassen der Schrittweite ziemlich genau machen.

Der Körper

Körperteile waren früher eine einfache Möglichkeit für Längenmessungen. Dieses Bild zeigt die Körperteile, die als Maßeinheiten verwendet wurden. Die angegebenen Längen gelten für einen ausgewachsenen Mann und variieren von Person zu Person stark. Diese ungenauen Maße wurden durch Systeme mit international einheitlich festgelegten Maßeinheiten ersetzt; Körperteile sind aber immer noch praktisch, um Längen abzuschätzen.

Fuß
Dieses Maß geht eigentlich auf die Länge eines Fußes zurück. Als vereinheitlichtes Maß wird es im imperialen System immer noch verwendet.

Puzzle

Wie oft könnt ihr einen Faden, der genauso lang ist, wie ihr groß seid, um euren Kopf wickeln?
(Lösung S. 187)

Die Größe von Goliath

Die Bibel (*I Samuel 17*) gibt uns die genaue Größe des Riesen Goliath an: »Da trat aus dem Lager der Philister ein Vorkämpfer namens Goliath aus Geth hervor. Er war sechs Ellen und eine Spanne groß.« Die Länge einer Elle war nicht eindeutig festgelegt; sie richtete sich häufig nach den Körpermaßen des Königs oder Herrschers der jeweiligen Zeit. Wir können deshalb nur schätzen. Den Maßangaben nach zu urteilen (links) war Goliath ungefähr 2,70 m groß.

EXPERIMENT

Abmessungen eines Zimmers

Mit euren Körpermaßen könnt ihr verschiedene Längen in eurem Zimmer ausmessen. Wenn ihr immer das gleiche Maß verwendet, könnt ihr mit den Meßergebnissen dann die Fläche berechnen (S. 98–99). Ihr könnt einen Plan eures Zimmers zeichnen, zum Beispiel um die Möbel umzustellen oder um ein Möbelstück hinzuzufügen.

IHR BRAUCHT
● Lineal ● Maß-band ● Stift
● Notizblock

Messt die Länge eures Schuhs von der hinteren Mitte der Ferse bis zur Spitze des großen Zehs

Euer eigener »Fuß«
Nehmt das Maßband, um die Länge eures Fußes in Zentimeter zu messen. Ihr könnt dann die Maße eures Zimmers ermitteln, indem ihr immer die Ferse an die Zehen setzt und euch die Anzahl der »Fuß« merkt. Zeichnet eine Skizze auf den Notizblock, die ihr dann als Zimmerplan verwendet. Berechnet die wahren Längen in den Standardeinheiten, indem ihr die Angaben in Fuß in Zentimeter umrechnet.

EXPERIMENT

Messen vom Finger bis zur Nase

Wenn Tuchhändler die Länge von Stoff bestimmten, hielten sie den Stoff zwischen den Fingern und spannten ihn eine Armlänge bis zur Nase. Dies ergab ungefähr ein Yard (etwa 90 cm) bei einem Erwachsenen. Diese Methode ist beim Abschätzen der Länge eines Fadens oder Stoffes nützlich.

IHR BRAUCHT
● Maßband

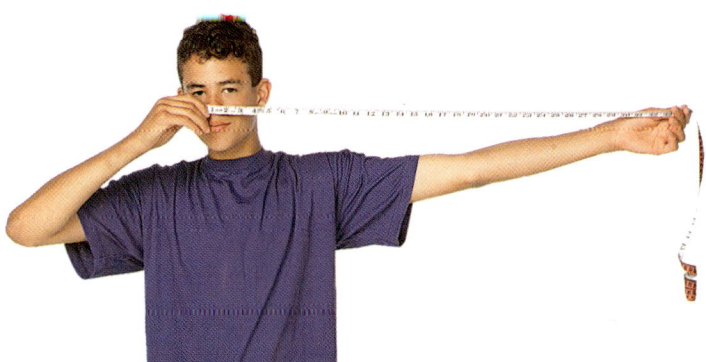

1 Haltet ein Ende des Maßbandes an eure Nasenspitze und streckt einen Arm und die Hand so weit wie möglich aus; haltet dabei den Arm etwas über Schulterhöhe. Zieht das Band fest. Schaut auf den Punkt, den eure Finger auf dem Maßband erreicht haben. Es sollten etwa 90 cm sein.

2 Haltet ein Ende des Maßbandes wieder an eure Nase und streckt den Arm wie vorher aus, wenn ihr einen Meter messen wollt. Dreht euren Kopf dieses Mal weg, und lasst dabei zusätzlich etwas von dem Band durch eure ausgestreckte Hand laufen. Schaut nach, wie weit eure Finger jetzt reichen.

Messgeräte

Genaue Messgeräte sind unverzichtbar, um physikalische Größen wie Volumen, Fläche, Länge, Zeit, Lichtintensität und viele andere zu bestimmen. Heute wird noch immer ein Referenzmaß für das Kilogramm aufbewahrt, mit dem andere Messgeräte für die Masse verglichen werden. Andere Einheiten des SI (S. 91) werden aus genauen Beobachtungen von physikalischen Eigenschaften wie der Wellenlänge des Lichts oder den Schwingungen in Kristallen gewonnen. Moderne Messgeräte beginnen beim Lineal und reichen bis zur computergestützten Ausrüstung, die die Größe eines Atoms anzeigen kann. Ständig werden neue Geräte entwickelt, um die Messgenauigkeit zu erhöhen. Mit ihrer Hilfe können Menschen Raumschiffe auf dem Mond landen lassen, automatische Steuerungen in Flugzeugen einsetzen und Tunnel bauen, die sich unter dem Meer genau treffen.

Antik und modern

Messgeräte wurden in den vergangenen Jahrhunderten aus verschiedenen Materialien hergestellt, von Stein über Messing bis hin zu Plastik. Man fertigte sie nach Einheitslängen, die von Regierungsstellen aufbewahrt wurden.

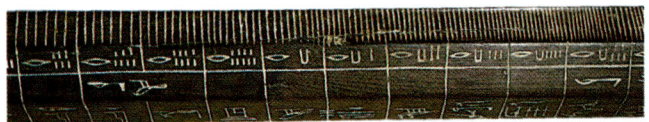

Maßstab aus der Regierungszeit des Tutanchamun
Die Ägypter hatten eine Standard-Elle, mit der alle Maßstäbe im Land regelmäßig verglichen werden mussten. Wie effizient diese Vorgehensweise war, sieht man an der Genauigkeit der Maße bei der Planung und beim Bau der Pyramiden (S. 154). Der abgebildete Maßstab wurde aus einem Granitblock gefertigt, in den Hieroglyphen und Zahlen eingeritzt wurden.

Entfernungsmessung mit Ultraschall
Heute kann man Längen messen, ohne Maßbänder oder Lineale zu verwenden. Dieses Messgerät sendet Ultraschall aus, der sich mit Schallgeschwindigkeit ausbreitet, von einem Objekt reflektiert und wieder vom Messgerät empfangen wird. Das Gerät misst die Laufzeit der Schallwellen und berechnet aus diesem Messergebnis die Entfernung des Objektes.

Ein einfaches Lineal

In einigen Ländern wird heute sowohl das metrische als auch das imperiale Maßsystem im täglichen Leben verwendet. Ein biegsames Lineal mit beiden Maßsystemen darauf ist ein einfaches Messinstrument, das sofort Umrechnungen von einem System ins andere liefert und mit dem man Gegenstände mit runden Formen wie einen Teller, einen Ball oder ein Ei abmessen kann. Dieses Experiment zeigt euch, wie ihr auch ein biegsames Lineal basteln und damit Körperteile wie das Handgelenk abmessen könnt.

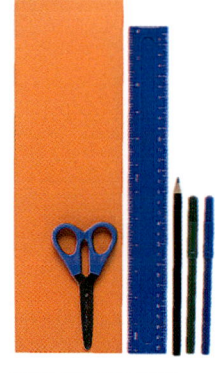

IHR BRAUCHT
- Papier ● Schere
- Lineal ● Bleistift
- Farbstifte

1 Schneidet einen rechteckigen Papierstreifen von etwa 30 cm Länge und 4 cm Breite. Achtet darauf, dass die langen Seiten des Streifens auch parallel sind.

2 Markiert mit dem Lineal Inches an der einen und Zentimeter an der anderen Kante der gleichen Streifenseite. Achtet darauf, dass die Nullmarken der Skalen am gleichen Ende sind.

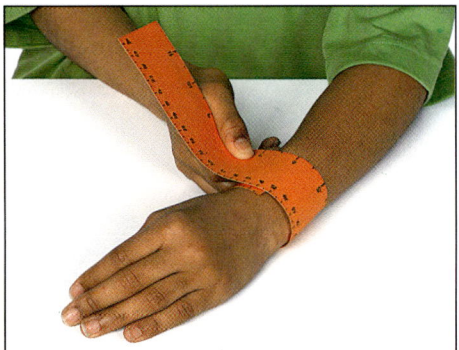

Verwenden des Lineals
Das Lineal ist nun einsatzbereit. Weil es biegsam ist, könnt ihr damit sowohl gerade als auch gebogene Gegenstände abmessen, wie den Umfang eures Handgelenks (links). Es lässt sich auch leicht zusammenrollen und mitnehmen.

EXPERIMENT
Eure eigene Schieblehre

Mit Schieblehren kann man unhandliche Formen mit gekrümmten Flächen vermessen. Ein Lineal oder ein Maßband eignet sich nicht gut, um den Durchmesser einer Kugel oder die Dicke eines Steins zu bestimmen. Ihr könnt eure eigene Schieblehre aus Karton basteln und sie für den späteren Gebrauch aufbewahren. (S. 96, 104, 155)

IHR BRAUCHT
- Lineal ● Bleistift
- Farbstifte
- Schere ● Klebeband ● Karton

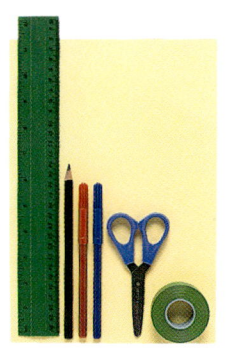
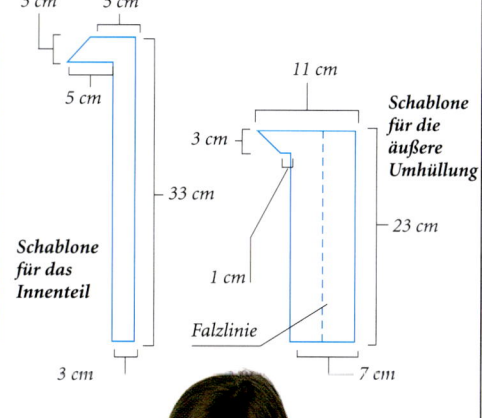

3 cm   5 cm

5 cm

11 cm

Schablone für die äußere Umhüllung

3 cm

33 cm

Schablone für das Innenteil

23 cm

1 cm

3 cm

Falzlinie

7 cm

1 Nehmt die Schablonen (oben rechts) als Muster für die Schieblehre. Übertragt die Maße sorgfältig mit dem Lineal in wahrer Größe auf den Karton. Schneidet die Formen aus.

Übertragt die Falzlinie für den äußeren Teil auf den Karton

Beginnt hier mit 0

2 Faltet den Außenteil am Falz entlang und fixiert ihn mit einem Stück Klebeband. Diese Verkleidung hält den inneren Teil der Schieblehre und erlaubt es, ihn nach oben und unten zu bewegen.

3 Übertragt die Längenskala von einem Lineal auf den inneren Teil. Setzt dazu die Nullmarke an die Innenecke und markiert die Längen im Abstand von 5 mm (oder genauer).

4 Steckt das Innenteil mit der Nullmarke nach oben in die Verkleidung. Wenn ihr die Lehre benutzen wollt, zieht ihr das Innenteil aus der Verkleidung. Schiebt es dann wieder so weit zurück, dass die beiden Messkanten den Gegenstand berühren, und lest das Maß an der Kante ab.

EXPERIMENT
Ohne Lineal

Einheiten sind die Grundlage dafür, physikalische Größen wie Länge, Masse, Volumen oder Zeit zu messen. Manchmal ist es aber nicht erforderlich, die Länge in den Standardeinheiten zu kennen. Wenn ihr zum Beispiel wissen wollt, ob ein Möbelstück durch eine Türöffnung passt, so könnt ihr die Türbreite schnell mithilfe von zwei sich überlappenden Stücken Karton feststellen. Ihr haltet diese zuerst in die Türöffnung und dann gegen das Möbelstück. Dadurch könnt ihr feststellen, ob die Breite der Türöffnung ausreicht. Ihr könnt auch in ein Stück Schnur an der passenden Stelle einen Knoten machen und damit die Längen vergleichen.

IHR BRAUCHT
- Schere ● Stift ● Karton

Messen und Vergleichen
Schneidet zwei Stücke Karton aus, jedes etwas länger als die halbe Türöffnung. Legt sie ein Stück übereinander, und haltet sie dann so in den Türrahmen, dass sie die Lücke ausfüllen. Macht im Überlappungsgebiet eine gerade Linie auf die beiden Stücke. Wenn ihr dann die beiden Kartonstücke gegen das Möbelstück haltet und die beiden Linienstücke wieder eine gerade Linie ergeben, könnt ihr die Breite der Türöffnung mit der Möbelbreite vergleichen.

Entfernungen

Vor der Festlegung des Meters verwendete man die Länge eines Schrittes oder eines Fußes zur Angabe von Entfernungen. So ergaben zum Beispiel fünf römische Fuß einen Marschierschritt und 1000 Schritt eine Meile. Die Wikinger maßen die Meerestiefe in Faden (von *fathmr*, »eine Umarmung«). Ein Gewicht wurde an einer Schnur auf den Meeresgrund hinabgelassen und deren Länge dann mit dem Faden verglichen. Manche modernen Apparate messen die Laufzeit, die Schallwellen oder Infrarotlicht vom Sender zum Gegenstand und zurück benötigen, und wandeln diese Zeit dann in eine Entfernungsangabe um (S. 92). Beim Höhenmesser wird die Differenz des atmosphärischen Drucks zur Bestimmung des Höhenunterschieds verwendet.

EXPERIMENT

Eine Schieblehre verwenden

Schieblehren (S. 95) messen Länge und Dicke von Gegenständen, bei denen es schwierig wäre, mit einem Lineal ein genaues Maß zu erhalten. Sie wurden ursprünglich entwickelt, um das Kaliber von Pistolenkugeln zu messen. Man legt den Gegenstand genau zwischen die beiden Messkanten. Deren Abstand ist dann die Dicke oder Länge des Gegenstandes.

IHR BRAUCHT
● Schieblehre (S. 95)

Die Länge eures Fingers wird zwischen den Messkanten angezeigt

Die Länge eines Fingers messen
Streckt euren Finger aus. Richtet das obere Ende der Lehre am Fingerknöchel aus. Öffnet die Lehre und schiebt sie bis zur Spitze eures Fingers. Lest die Länge ab.

EXPERIMENT

Wie weit ist der Mond entfernt?

Ihr könnt die Entfernung zwischen Erde und Mond mithilfe der Verhältnisrechnung (S. 54–55) ermitteln. Wenn ein Spielstein so groß wie der Mond erscheint, dann ist das Verhältnis der Größe des Spielsteins zu seiner Entfernung von eurem Auge das gleiche wie das Verhältnis von der echten Größe des Mondes zu seiner Entfernung von euch. Aus dem Durchmesser des Mondes (3475 km), der Größe und dem Abstand des Spielsteines könnt ihr die Entfernung des Mondes berechnen.

IHR BRAUCHT
● Spielstein ● Maßband ● Taschenrechner ● Stift ● Notizblock

1 Stellt euch im Freien auf eine gut beleuchtete Fläche oder an ein Fenster, von dem aus ihr den Mond sehen könnt. Haltet einen Spielstein so, dass er genau die Mondscheibe zu bedecken scheint. Bittet einen Freund, die Entfernung des Spielsteins von eurem Auge zu messen.

2 Messt den Durchmesser des Spielsteins. Schreibt die Entfernung und den Durchmesser als Verhältnis auf. Passt auf, dass ihr die gleichen Maßeinheiten verwendet. Der Quotient dieser beiden Werte ist der gleiche wie das Verhältnis der Entfernung von der Erde zum Mond zum Durchmesser des Mondes. (Lösung S. 187)

EXPERIMENT

Höhenbestimmung mit einem Astrolabium

Das Astrolabium ist ein Gerät aus dem 6. Jahrhundert n. Chr. und wurde zur Positionsbestimmung von Sternen und Planeten verwendet. Man kann es auch einsetzen, um die Höhe von Bergen, Gebäuden oder Bäumen zu ermitteln, die Uhrzeit festzustellen oder zu navigieren. Es besteht aus einem Halbkreis mit Winkeleinteilung und einem Peilrohr. Ihr könnt ein einfaches Astrolabium basteln und damit die Höhe eines Baumes ohne den Einsatz von Trigonometrie (S. 127) ermitteln. Der Höhenwinkel wird mit dem Astrolabium festgestellt. Aus diesem Winkel und eurem Abstand vom Baum könnt ihr ein maß-

stabsgetreues rechtwinkliges Dreieck zeichnen und dann mithilfe von Längenverhältnissen die Höhe bestimmen.

IHR BRAUCHT
• Lineal • Stifte • Zahnstocher • Büroklammern • Schere • Modelliermasse
• Klebeband • Zirkel • Faden • Winkelmesser • Notizblock • 2 Bogen farbigen Karton • kariertes Papier

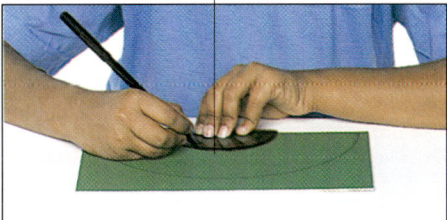

0° Linie in der Mitte des Halbkreises

1   Zeichnet einen Halbkreis mit Radius 12 cm auf ein Stück Karton. Markiert mit einem Winkelmesser die Winkel in 10°-Abständen, die 0°-Markierung in der Mitte.

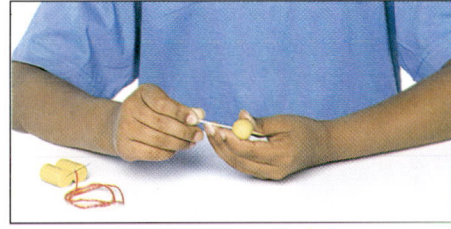

4   Nehmt als Senkblei ein Stück Modelliermasse, durchstecht es mit einem Zahnstocher. Schneidet 20 cm Faden ab und fädelt ihn durch. Verknotet das Ende.

2   Zeichnet die Linien für die Winkel ein und schneidet den Halbkreis aus. Schneidet ein Rechteck von 24 cm Länge und etwa 6 cm Breite und rollt es zu einer Röhre.

3   Klebt die Röhre mit Klebeband zusammen. Befestigt sie mit den Büroklammern am geraden Rand des Halbkreises – das ist das Peilrohr des Astrolabiums.

Maßstäbliches Zeichnen

Wählt euch für die Zeichnung einen günstigen Maßstab, z. B. ein Kästchen für 50 cm. Zeichnet eure Entfernung vom Baum in diesem Maßstab als Grundlinie. Tragt am linken Endpunkt eine Gerade unter dem am Astrolabium abgelesenen Winkel ab. Zeichnet am rechten Endpunkt eine senkrechte Linie und verlängert sie bis zum Schnittpunkt mit der Geraden. Messt die Länge dieser Strecke und berechnet ihre wirkliche Länge. Addiert eure eigene Größe und ihr erhaltet die Baumhöhe.

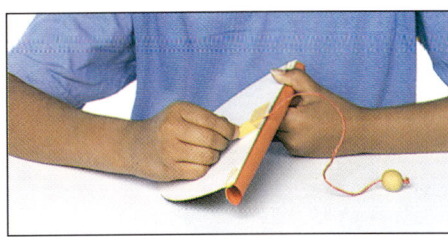

5   Befestigt das Senkblei mit Klebeband am Mittelpunkt auf der Rückseite des Astrolabiums. Der Faden soll über das Peilrohr hängen und über die Winkelskala fallen.

Schaut durch das Peilrohr auf die Baumspitze. Fixiert die herabhängende Schnur mit dem Finger und lest den Winkel ab.

Schreibt eure Entfernung vom Baum auf

Der Baum ist bei diesem rechtwinkligen Dreieck die vertikale Linie

Der Baumstamm bildet mit dem Boden einen rechten Winkel

Flächeninhalt bestimmen

Flächeninhalte werden im metrischen System in Einheiten wie Quadratmeter (m²) oder Quadratzentimeter (cm²) gemessen. In der Landwirtschaft werden auch die Einheiten Hektar (1 ha = 10 000 m²) und Ar (1 a = 100 m²) verwendet. Die Flächen von geometrischen Grundformen wie Rechtecken, Dreiecken und Kreisen können mithilfe von Formeln berechnet werden. Bei einem Rechteck beispielsweise erhält man die Fläche, indem man die Länge mit der Breite multipliziert. Bei einem Rechteck mit Seitenlängen von 20 cm und 30 cm beträgt die Fläche 20 · 30 cm², also 600 cm². Den Inhalt von unregelmäßig geformten Flächen kann man häufig dadurch berechnen, dass man sie in mehrere bekannte Grundformen aufteilt und deren Inhalte berechnet. Der Rand eines Gebietes wird als Umfang bezeichnet. Flächen mit sehr unterschiedlichem Umfang können trotzdem den gleichen Flächeninhalt besitzen. Andererseits können aber auch Gebiete mit dem gleichen Umfang verschieden große Flächeninhalte haben.

Frühe italienische Karte

Die Römer waren hervorragende Baumeister. Ihre prachtvollen Tempel, Arenen und Paläste beeindrucken die Besucher Roms noch heute. Diese Karte von Rom stammt aus dem 8. Jahrhundert n. Chr. Das Gebiet zwischen der Stadtmauer und dem Fluss ist durch ein Raster in Quadrate, sogenannte *centuriae*, eingeteilt. Das Raster wurde von einem Landvermesser erstellt, der für seine Arbeit spezielle Apparate benutzte, um exakte Quadrate zu erhalten.

EXPERIMENT

Gleicher Umfang, unterschiedlicher Flächeninhalt

Nehmt ein Raster und zählt die Kästchen, um den Flächeninhalt ohne Berechnungen zu ermitteln. Das Raster kann ein Stück kariertes Papier mit kleinen Kästchen sein (das ist genauer), oder ihr zeichnet euer eigenes Raster mit größeren Kästchen in roter Tinte wie hier. Der gleiche Umfang kann Flächen unterschiedlicher Größe umschließen. Nehmt einen Faden mit fester Länge und untersucht, welche Figur den größten Flächeninhalt besitzt. (Lösung S. 187)

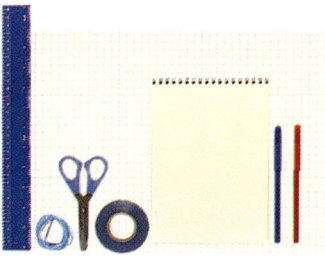

IHR BRAUCHT
- Lineal
- Faden
- Schere
- Klebeband
- Notizblock
- Stifte
- kariertes Papier

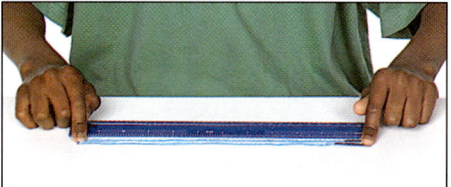

1 Nehmt ein Stück Faden und verknotet die Enden zu einer Schlinge. Die Länge des Fadens ist der Umfang von allen mit dieser Schlinge erzeugten Formen.

2 Legt verschiedene Formen mit der Schlinge auf das Raster. Zählt die Anzahl der eingeschlossenen Kästchen und schreibt sie euch auf. (Wenn die Form Teile von Kästchen bedeckt, dann schätzt die Anteile und addiert die Bruchteile am Schluss.) Der Umfang ist konstant, doch wie ändert sich die Fläche?

Ihr könnt Dreiecke, Rechtecke, Kreise oder unregelmäßige Formen wie diese hier legen

🧩 Puzzle

Übertragt die Figur auf kariertes Papier. Schneidet sie aus. Könnt ihr sie mit zwei geraden Schnitten so in vier Teile zerlegen, dass ihr daraus zwei gleich große Quadrate bilden könnt? Schneidet die Figur noch zweimal aus; zerteilt jede einmal so, dass ihr ein größeres Quadrat bekommt. (Lösung S. 187)

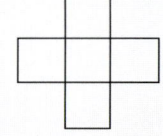

EXPERIMENT

Gleicher Inhalt, unterschiedlicher Umfang

Bei diesem Experiment könnt ihr durch Umlegen von Keksen entdecken, dass der Umfang von Figuren mit gleichem Flächeninhalt verschieden sein kann. Durch das Umlegen ändert sich zwar die Form, aber nicht der Flächeninhalt.

IHR BRAUCHT
- Stift • Notizblock
- quadratische Kekse

Verschiedene Formen legen
Legt die Kekse Seite an Seite zu einer Figur eurer Wahl. Messt den Umfang; ihr könnt das auch ohne Lineal machen, indem ihr die Keksseiten am Rand zählt. Zeichnet die Form auf und notiert ihren Umfang. Legt nun mit den Keksen eine andere Figur und messt wieder ihren Umfang. Wie unterscheidet sich die Länge des Umfangs der neuen Figur von der alten?

EXPERIMENT

Durch Papier gehen

Könnt ihr in ein normales Blatt Papier ein Loch schneiden, durch das ihr hindurchsteigen könnt? Auf den ersten Blick erscheint es unmöglich. Bei diesem Experiment erfahrt ihr, wie es gemacht wird. Zeigt das Ergebnis eurer Arbeit euren Freunden. Vielleicht können sie erraten, wie das Loch hergestellt wurde.

IHR BRAUCHT
- Schere
- Papier

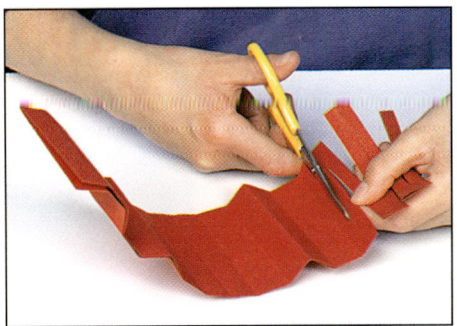

1 Faltet das Papier der Länge nach (Längsfalz) und dann der Breite (Querfalz) nach. Faltet es so oft der Breite nach, dass es in 16 Abschnitte unterteilt ist. Drückt die Falze flach, damit ihr sie deutlich sehen könnt.

2 Faltet das Papier so weit auf, dass nur noch die beiden langen Teile aufeinanderliegen. Schneidet nun von einem Ende her die Querfalze abwechselnd von der Mitte und von außen ein. Schneidet aber das Blatt nicht durch, sondern hört jeweils 1 cm vor der Kante auf. Lasst die beiden Randstreifen ganz und schneidet bei den restlichen den Längsfalz durch.

Seide spinnen

Dieses chinesische Bild aus dem 17. Jahrhundert zeigt die Seidenherstellung aus den Kokons der Seidenraupen. Der Vorgang ist langwierig und mühsam. Der Kokon wird eingeweicht, abgewickelt und dann zu einem Faden versponnen. Dieser wird verdrillt und schließlich zu Stoff gewebt. Die Kokons sind nur winzig, doch jeder ergibt einen Faden von bis zu 900 m Länge. Für einen Quadratmeter Seide werden je nach Webdichte etwa 16 km Faden benötigt.

Die kleinen Papierabschnitte sollten alle verbunden sein

Durch Papier gehen
Öffnet nun das Papierband. Ihr werdet feststellen dass die Öffnung so groß ist, dass ihr hindurchsteigen könnt. Mit etwas Vorsicht ist dieses Kunststück auch mit kleineren Rechtecken, z. B. einer Postkarte, möglich.

Wirkung von Fläche

Auf vielen Gebieten ist die Flächengröße von Bedeutung. Geografen müssen die Fläche von Ländern und Landmassen bestimmen, um die Bevölkerungsdichte (S. 55) und die Ausdehnung von Bodenschätzen berechnen zu können. Bauunternehmer und Immobilienmakler verwenden die Wohnflächen in Gebäuden, um die Baukosten und die Mieten zu berechnen. Fabrikanten bestimmen mithilfe von Flächenberechnungen die Menge der erforderlichen Rohstoffe oder die Verpackungskosten für ihre Produkte. Flächenmessungen werden auch indirekt benötigt, beispielsweise zur Berechnung des Drucks, bei der die wirkende Kraft durch die Größe der wirkenden Fläche dividiert wird. Deshalb ist der Flächeninhalt auch für die Entwicklung von Autoreifen bedeutsam.

EXPERIMENT
Fallschirme basteln

Dieses Experiment mit zwei verschiedenen Fallschirmen zeigt euch, welchen Einfluss die Größe eines Fallschirms auf seinen Luftwiderstand und seine Sinkgeschwindigkeit hat. Die Erdanziehung zieht den Fallschirm nach unten, doch während des Falls drückt komprimierte Luft von unten gegen den Fallschirm und verlangsamt das Absinken.

IHR BRAUCHT
- 2 Plastiktüten • Lineal
- Stift • 2 gleiche Gewichte • Schere
- Faden • Klebeband

Einfluss auf die Sinkgeschwindigkeit
Stellt euch an ein Fenster oder oben in ein Treppenhaus. Haltet beide Fallschirme in der Mitte der Plastikfläche fest und lasst die beiden zur gleichen Zeit los. Beobachtet, welcher zuerst unten ankommt. Weil die Gewichte und der Aufbau gleich sind, ist der Unterschied der Sinkgeschwindigkeit auf die Größe der Oberfläche der beiden Fallschirme zurückzuführen. Alle modernen Fallschirme haben ein Loch in der Mitte, um sie zu stabilisieren. Schneidet kleine Löcher in eure, und achtet auf die Auswirkungen.

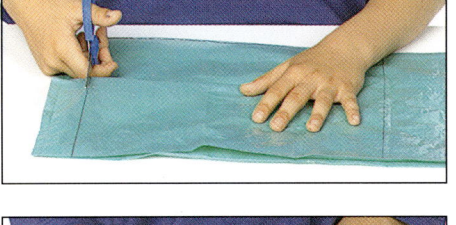

1 Zeichnet auf eine Plastiktüte ein 30 cm x 30 cm großes Quadrat und auf die andere eines mit 15 cm Seitenlänge. Schneidet beide aus.

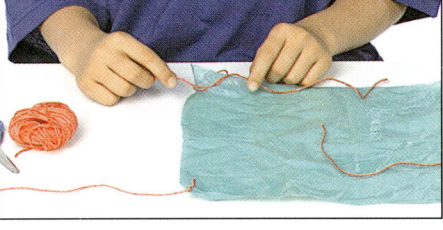

2 Schneidet vier 36 cm lange Fäden für das größere und vier 20 cm lange für das kleinere Quadrat. Macht Löcher in die Ecken der Quadrate und knotet in jede Ecke einen Faden.

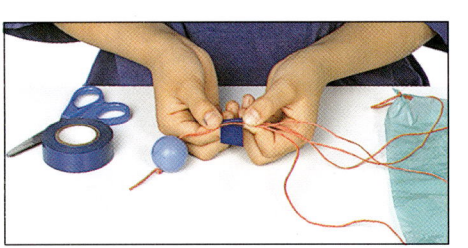

3 Schneidet zwei 10 cm lange Fäden ab und knotet an jeden Faden ein Gewicht. Das andere Ende befestigt ihr mit Klebeband an den vier Fadenenden jedes Fallschirms.

EXPERIMENT

Verpackung sparen

Die Verpackung der Produkte verhindert Transportbeschädigungen, dient der Dekoration und schützt verderbliche Waren. Wenn man die Waren mit möglichst wenig Material verpackt, können sowohl die Abfallmenge als auch die Verpackungskosten auf ein Minimum gesenkt werden. Dieses Experiment zeigt, wie man Schokolade materialsparend verpackt.

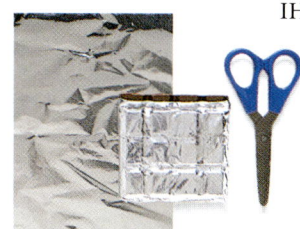

IHR BRAUCHT
- Aluminiumfolie
- quadratische Tafel Schokolade
- Schere

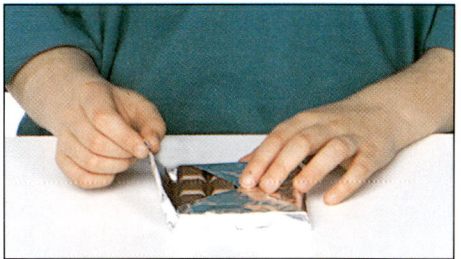

1 Legt die Schokolade so auf die Aluminiumfolie, dass eine Ecke beim Einwärtsfalten auf dem Mittelpunkt der Tafel liegt. Schneidet dann aus der Folie ein Quadrat so, dass auch die übrigen drei Ecken beim Falten genau auf diesen Punkt kommen.

2 Wickelt die Schokolade wieder aus und legt sie so auf die Folie, dass ihre Seiten parallel zu den Folienseiten sind. Faltet alle vier Kanten nun nach innen. Ihr werdet leicht feststellen, welche der beiden Methoden die sparsamere ist.

Computer-aided Design

In der Textilindustrie verwendet man Laserstrahlen, um Stoffstücke für die Kleidung auszuschneiden. Ein Computer ordnet zunächst die verschiedenen für ein Kleidungsstück benötigten Teile so an, dass der Stoffverbrauch möglichst gering ist. Eine Maschine steuert den Laser dann nach dieser Anordnung über das Material. Computer-aided Design (CAD) hilft so, den Materialverbrauch und damit die Kosten zu verringern.

EXPERIMENT

Luftdruck

Die Erdatmosphäre ist eine dünne Schicht von Gasen, die die Erde umhüllt wie die Schale einen Apfel. Doch der Druck, den diese Luftschicht ausübt, ist enorm. Er wird mit der Formel Druck = Kraft/Fläche berechnet. Bei diesem Experiment wird eine gefaltete Zeitung auf eine Holzleiste gelegt. Wenn man auf deren Ende schlägt, wird das Papier angehoben. Faltet man die Zeitung auf und legt sie wieder auf die Leiste, so vergrößert sich die Fläche und dadurch die vom Luftdruck ausgeübte Kraft. Wenn diese Kraft groß genug ist, wird die Holzleiste zerbrechen, wenn ihr auf das Ende schlagt.

IHR BRAUCHT
- Papprolle • dünne Holzleiste
- großformatige Zeitung
- Schutzbrille

1 Setzt die Schutzbrille auf. Legt die Leiste so auf den Tisch, dass die halbe Länge über die Tischkante ragt. Legt die gefaltete Zeitung über das andere Ende der Leiste.

2 Stellt euch neben das Holz und schlagt mit der Rolle kräftig auf das freie Ende. Leiste und Zeitung fliegen in die Luft. Wiederholt das Experiment noch einmal. Faltet aber zunächst die Zeitung auseinander.

Rauminhalt

Der Rauminhalt eines Gegenstandes wird auch als Volumen bezeichnet. Es wird in metrischen Einheiten wie Kubikzentimeter (cm³), aber auch in Liter (1 Liter = 1000 cm³) gemessen. Flüssigkeiten werden stets nach Volumen verkauft, ebenso aber auch manche feste Stoffe wie beispielsweise Speiseeis. Manche Industriezweige verwenden besondere Hohlmaße als Grundeinheit ihrer Messungen. Winzer messen zum Beispiel in Standardflaschen (750 Milliliter). In der Wissenschaft und im Ingenieurwesen ist es sehr wichtig, bei den Experimenten die Volumina exakt zu bestimmen. Das Volumen braucht man auch zur Berechnung der Dichte eines Stoffes. Die (durchschnittliche) Dichte eines Gegenstandes ist seine Masse geteilt durch sein Volumen. Die feste Substanz mit der geringsten Dichte ist Seegel, das aus Seetang hergestellt wird. Seegel ist sogar leichter als Luft.

GROSSE ENTDECKER

Umgang mit Gasen

Joseph Priestley (1733–1804) ist hauptsächlich wegen der Entdeckung des Sauerstoffs bekannt. Bei seiner Arbeit in Leeds (England) experimentierte er auch mit Gasen, die den Fermentierbottichen der benachbarten Brauerei entströmten. Sein Erfolg beruhte auf seinem Geschick bei der Entwicklung neuer Experimentiergeräte.

Blase eines Schweins
Priestley benutzte Schweinsblasen als Behälter für Gase wie Kohlendioxid, das er zur Herstellung von künstlichem Mineralwasser benötigte. Sie wurden auch beim Wiegen von Gasen verwendet.

EXPERIMENT

Das Volumen deiner Hand

Nach dem archimedischen Prinzip erfährt ein ganz oder teilweise in eine Flüssigkeit getauchter Gegenstand eine Auftriebskraft, die gleich dem Gewicht der verdrängten Flüssigkeit ist. Nach einer Anekdote kam Archimedes (S. 18) beim Baden auf diese Idee. Bei einem unregelmäßig geformten Gegenstand ist die Berechnung des Volumens schwierig oder sogar unmöglich. Bei diesem Experiment könnt ihr das Volumen eurer Hand bestimmen, indem ihr sie in einen Behälter mit Wasser eintaucht und messt, wie viel Wasser über den Rand des Behälters in die Schüssel fließt.

IHR BRAUCHT
• flache Schüssel • Messbecher • Glas • gefärbtes Wasser

1 Stellt das Glas in die flache Schüssel und füllt es bis ganz oben mit Wasser. Taucht eure Hand vorsichtig bis zum Handgelenk ein. Wasser wird verdrängt und läuft in die Schüssel.

Nehmt die Hand erst dann aus dem Glas, wenn kein Wasser mehr herausläuft

2 Gießt das Wasser vorsichtig aus der Schüssel in den Messbecher und schaut, wie viele Milliliter Wasser von eurer Hand verdrängt wurden. Beachtet, dass ein Milliliter gleich einem Kubikzentimeter ist, wenn ihr das Volumen eurer Hand in Kubikzentimetern angeben wollt.

Gießt das Wasser vorsichtig aus, damit ihr ein genaues Ergebnis bekommt

EXPERIMENT
Die Dichte bestimmen

Die Dichte eines Stoffes wird beispielsweise in g/cm³ oder in kg/m³ angegeben. Dieses Experiment zeigt euch, wie man durch Division der Masse eines Stoffs durch sein Volumen seine Dichte berechnet. Es ist nicht immer einfach, Dichten abzuschätzen. Uran ist äußerst dicht (19 000 kg/m³); Balsaholz hat eine sehr niedrige Dichte (200 kg/m³). In den SI-Einheiten (S. 91) wird die Masse in Kilogramm und das Volumen in Kubikmetern gemessen. Ist die (durchschnittliche) Dichte eines Gegenstandes kleiner als die des Wassers, so schwimmt er; ist sie sogar kleiner als die der Luft, so steigt er nach oben. Süßwasser hat eine Dichte von ungefähr 1000 kg/m³, Salzwasser von etwa 1030 kg/m³. Die Dichte von Luft bei 20° C und Normaldruck beträgt dagegen nur 1,3 kg/m³.

IHR BRAUCHT
- flache Schüssel ● Messbecher
- Modelliermasse ● Stift
- Notizblock
- Waage ● Glas (groß genug für die Modelliermasse)
- Wasser

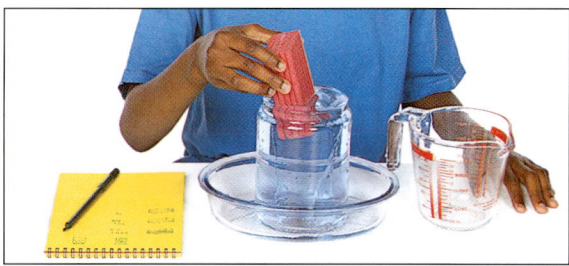

1 Legt die Modelliermasse auf die Waage. Bestimmt ihre Masse und notiert sie in Gramm.

2 Füllt das Glas bis oben mit Wasser, gebt die Modelliermasse hinein und messt die verdrängte Wassermenge in Milliliter oder cm³. Wenn ihr die Masse in Gramm durch das Volumen dividiert, erhaltet ihr die Dichte.

Bleibt die Dichte gleich?
Das Bild links zeigt die Modelliermasse und das von ihr verdrängte Wasser. Wiederholt das Experiment von oben, verwendet jetzt aber nur einen Teil der Modelliermasse. Ist die Dichte die gleiche wie beim größeren Stück? (Lösung S. 187) Was lernt ihr daraus über die Dichte von Stoffen? Führt den Versuch auch mit anderen Materialien wie zum Beispiel Styropor oder Holz durch.

Der schwimmende Planet

Der für seine wunderschönen, aus Millionen von Eisbrocken bestehenden Ringe berühmte Saturn ist der zweitgrößte Planet des Sonnensystems. Obwohl seine Masse 100-mal größer ist als die der Erde, ist seine Dichte nur etwa 700 kg/m³ und damit nur $\frac{1}{8}$ der Erddichte. Mit anderen Worten: Wenn es möglich wäre, die beiden Planeten in eine universumsgroße Wasserschüssel zu legen, so würde der Saturn schwimmen und die Erde sinken. Der Grund für die niedrige Dichte des Saturns liegt darin, dass der Planet nur einen kleinen festen Kern hat, der Rest des Volumens besteht aus Gasen. Deshalb ist seine durchschnittliche Dichte gering.

Hubraum von Motoren

Autos, Motorräder und andere Fahrzeuge werden durch eingebaute Verbrennungsmotoren angetrieben. Die Motoren bestehen aus mehreren Zylindern, von denen jeder einen Kolben enthält. Der Kraftstoff wird in die Zylinder gespritzt, komprimiert und dann gezündet. Dadurch werden die Kolben bewegt und mechanische Energie erzeugt. Diese Energie wird an die Räder übertragen. So wird das Auto bewegt. Das Gesamtvolumen der Verdrängung, der Hubraum, beeinflusst die Leistung des Motors. Ein 4-Liter-Auto hat einen Hubraum von etwa 4000 cm³.

Dieser leistungsstarke Jaguar E hat einen Hubraum von 4235 cm³

Das Volumen bestimmen

Das Volumen von regelmäßig geformten Körpern wie Würfel, Quader, Kegel, Kugel, Zylinder und daraus zusammengesetzten Gegenständen kann man mithilfe mathematischer Formeln bestimmen. Für diese Formeln müsst ihr verschiedene Abmessungen wie Länge, Breite und Höhe kennen. Schon vor Jahrhunderten bemühten sich die Mathematiker, Formeln für die Volumenberechnung aufzustellen. Einer der ersten war Archimedes (S. 18). Er fand heraus, dass eine Kugel mit dem Radius r das Volumen $\frac{4}{3} \cdot r^3 \pi$ besitzt. Diese Formel wurde in seinen Grabstein eingraviert. Das Volumen von unregelmäßigen Körpern kann man nicht so einfach berechnen. Bei kleinen Körpern, denen Wasser nicht schadet, hilft ein Trick. Man taucht den Körper vollständig in ein bis oben mit Wasser gefülltes Gefäß und misst das Volumen des übergelaufenen Wassers.

GROSSE ENTDECKER
Samuel Plimsoll

Plimsoll (1824–1898) war ein britischer Händler, der 1875 eine Schifffahrtsreform anregte, um Standards zu schaffen. Wenn ein Schiff beladen wird, wird es schwerer, sinkt tiefer ins Wasser ein und verdrängt dadurch eine größere Wassermenge. Wenn ein Frachtschiff zu schwer beladen wird, wird es instabil. Plimsoll führte Ladelinien ein, die auf der Außenwand eines Frachtschiffes anzeigen, wie tief das Schiff durch die Last eintauchen darf. Eine internationale Ladelinie wurde 1930 vereinbart.

EXPERIMENT
Formeln für das Volumen

Das Volumen verschiedener Körper kann mithilfe mathematischer Formeln berechnet werden. Bei diesem Experiment stellt ihr aus der gleichen Menge Modelliermasse nacheinander drei verschiedene Formen her. Eure Berechnungen mit den Formeln sollten also bis auf kleine Abweichungen immer das gleiche Ergebnis liefern. Vermesst die Körper und führt die erforderlichen Rechnungen durch. Ihr werdet dabei Kenntnisse über π benötigen (S. 134).

IHR BRAUCHT
- Schieblehre (S. 95)
- 2 Lineale • Modelliermasse
- Stift • Notizblock

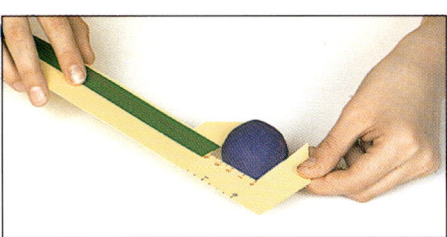

1 Formt aus der Modelliermasse eine Kugel. Messt den Durchmesser mit der Schieblehre und dividiert durch 2, um den Radius zu ermitteln. Schreibt diese Zahl auf.

2 Formt die Kugel in einen Würfel um. Verwendet zwei Lineale, damit die gegenüberliegenden Flächen parallel werden. Begradigt alle Seitenflächen.

3 Messt die Länge, Breite und Höhe des Körpers mit der Schieblehre. Sie müssen alle gleich groß sein. Schreibt die Kantenlänge auf.

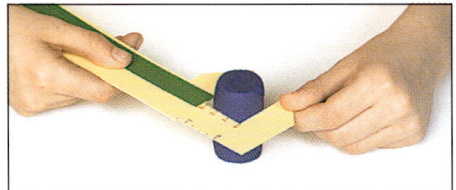

4 Rollt den Würfel zu einem Zylinder aus. Begradigt mit einem Lineal die runden Enden. Messt den Durchmesser des Zylinders und dividiert durch 2, um den Radius zu erhalten. Messt auch die Höhe.

Die Kugel
Die Formel für das Volumen einer Kugel ist $\frac{4}{3} r^3 \pi$.

Der Würfel
Die Formel für das Volumen eines Würfels mit der Kantenlänge a ist a^3.

Der Zylinder
Die Formel für das Volumen eines Zylinders ist $\pi r^2 h$, wobei h die Höhe ist.

1 + 1 = 2?

Für Mathematiker ist selbstverständlich 1 + 1 = 2. In der Chemie ist dies nicht immer der Fall. Dieser Versuch zeigt den Grund. Füllt ein Glas zweimal mit Wasser und gießt den Inhalt in einen größeren Behälter. Markiert den Wasserstand mit einem Klebestreifen und leert den Behälter aus. Füllt ihn nun mit einem Glas Wasser und einem Glas medizinischem Alkohol. Die Flüssigkeit erreicht die Markierung nicht ganz, da die Moleküle des Alkohols klein genug sind, um zwischen die Wassermoleküle zu schlüpfen, was ein etwas geringeres Mischvolumen zur Folge hat.

Das Kreuz bedeutet, dass man den medizinischen Alkohol nicht trinken darf

Gleiche Höhe?
Wenn ihr genau gearbeitet habt, ist das Volumen der vermischten Flüssigkeit ein wenig geringer als das von zwei Gläsern Wasser.

Kegel und Zylinder

Bei diesem Experiment könnt ihr mithilfe von Sand direkt feststellen, wie sich das Volumen eines Zylinders zu dem eines Kegels mit gleichem Radius und gleicher Höhe verhält. Ein Zylinder mit der Höhe h und dem Radius r hat das Volumen $\pi r^2 h$; das Volumen eines Kegels wird mit der Formel $\frac{1}{3}\pi r^2 h$ berechnet. Aus den Formeln könnt ihr erkennen, dass in den Zylinder im Vergleich zum Kegel die dreifache Sandmenge passen sollte.

IHR BRAUCHT
- Lineal ● Untertasse ● trockenen Sand ● Bleistift ● Löffel
- Zirkel ● Klebeband ● Schere ● dünnen Karton

1 Zeichnet mit dem Zirkel einen Kreis mit Radius 10 cm. Zieht eine gerade Linie durch seinen Mittelpunkt. Schneidet den Kreis aus und an der geraden Linie durch.

2 Biegt den Halbkreis am Mittelpunkt der geraden Kante. Legt die beiden geraden Teilstrecken aneinander und klebt sie mit einem Stück Klebeband zusammen. Formt vorsichtig einen Kegel.

Messt die Höhe des fertigen Kegels

3 Messt mit einem Lineal die Höhe des Kegels. Stellt dazu die kurze Seite des Lineals so auf den Tisch, dass seine Kante den Boden des Kegels berührt. Achtet auf den Nullpunkt der Skala.

Markiert mit dem Bleistift die Stelle, an der sich der Streifen überlappt

4 Schneidet aus dem Karton einen rechteckigen Streifen, der so breit ist wie der Kegel hoch. Legt den Streifen um den Kegel herum, um einen Zylinder zu erhalten, dessen Umfang mit dem Umfang der Kegelgrundfläche übereinstimmt. Fixiert den Kartonstreifen in dieser Position mit Klebeband.

Bestimmt, wie oft der Inhalt des Kegels in den Zylinder passt

5 Stellt den Zylinder auf die Untertasse. Füllt den Kegel mit Sand und schüttet dann den Sand in den Zylinder. Macht weiter, bis der Zylinder mit Sand gefüllt ist. Habt ihr drei Kegelfüllungen Sand gebraucht?

Masse und Gewicht

In der Alltagssprache wird das Gewicht eines Gegenstandes oft in »Kilogramm« angegeben. Die Einheit »kg« ist aber wissenschaftlich gesehen die Einheit für die Masse. Die Masse eines Gegenstandes ist die Materialmenge, aus der er besteht. Gewicht ist die Schwerkraft eines Gegenstandes und durch die Formel Gewicht = Masse · Gravitationskonstante definiert. Das Gewicht wird in der Einheit Newton gemessen. Ein Objekt mit fester Masse erfährt auf dem Mond oder auf den verschiedenen Planeten eine andere Anziehungskraft. Die Astronauten haben auf dem Mond immer noch die gleiche Masse, wiegen aber nur noch ein Sechstel von dem, was sie auf der Erde wiegen. Aus der Gesamtmasse von gleichen Gegenständen kann man ihre Anzahl bestimmen. Wenn ihr zum Beispiel viele gleichartige Münzen auf die Bank bringt, dann werden sie dort eher gewogen als einzeln gezählt. Da die Masse einer Münze bekannt ist, kann man die Anzahl der Münzen mithilfe einer speziellen Waage genau feststellen.

GROSSE ENTDECKER
Albert Einstein

Albert Einstein (1879–1955) wurde in Deutschland geboren und emigrierte 1933 nach Amerika. Er entwickelte die Relativitätstheorie und mit ihr die Idee der Äquivalenz von Masse und Energie, ausgedrückt in seiner berühmten Formel $E = mc^2$. Dabei bedeutet c die Lichtgeschwindigkeit. Er zeigte auch, dass die Masse eines Gegenstandes wächst, wenn seine Geschwindigkeit zunimmt, dass sich jedoch kein Gegenstand schneller als das Licht bewegen kann. Einstein war kein herausragender Schüler, gilt aber als einer der kreativsten Wissenschaftler in der Menschheitsgeschichte.

♦ Puzzle

Stellt einen großen Krug auf eine Waage. Dreht die Skala der Waage zurück, bis sie »0« zeigt. Dann gießt so viel Wasser in den Krug, bis die Waage genau 1 kg zeigt. Messt jetzt das Volumen des Wassers mit einem Messbecher. Welchen Zusammenhang zwischen Masse und Volumen stellt ihr fest? (Lösung S. 187)

Papiergeld

Papiergeld wurde erstmals in China verwendet. Ab dem 10. Jahrhundert wurden chinesische Münzen aus Eisen hergestellt. Tausend Münzen hätten eine Masse von 3,5 kg gehabt, viel zu viel, um sie mit sich herumzutragen. Die Leute ließen deshalb ihre Münzen bei den Händlern und verwendeten die Quittungen als Zahlungsmittel. Die Quittungen wurden schließlich dadurch zur offiziellen Währung, dass die Behörden den Tauschwert des an sich wertlosen Papiers anerkannten.

♦ Puzzle

Wisst ihr, ob Milch oder Sahne die größere Dichte (S. 103) hat? Untersucht es selbst. Wiegt zunächst einen kleinen, leeren Behälter. Notiert euch das Ergebnis. Füllt den Behälter mit Milch und schreibt die Masse auf. Wiegt jetzt das gleiche Volumen Sahne. Überrascht euch das Ergebnis? (Lösung S. 187)

EXPERIMENT

Warum Flugzeuge fliegen

Wenn ein Flugzeug in der Luft ist, übt das Gesamtgewicht von Flugzeugrumpf, Tragflächen, Treibstoff, Passagieren, Sitzen und Fracht eine nach unten gerichtete Kraft aus. Diese Wirkung wird ausgeglichen von einer Auftrieb genannten, nach oben gerichteten Kraft. Der Auftrieb wird vom Druckunterschied auf der Ober- und Unterseite der Tragflächen erzeugt. Der erzeugte Gesamtauftrieb hängt von der Geschwindigkeit des Flugzeugs und der Form und der Größe der Tragflächen ab. Große Flugzeuge, wie Jumbojets, und sehr langsame, wie Gleiter, brauchen große Spannweiten. Dieses Experiment zeigt euch, wie der Auftrieb einer Tragfläche dem Gewicht entgegenwirkt und dem Flugzeug so das Fliegen ermöglicht.

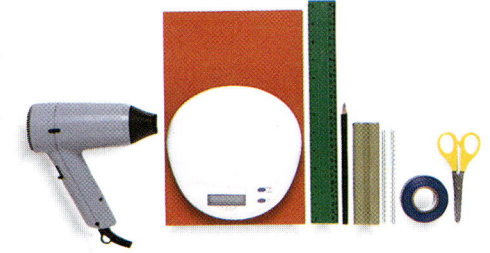

IHR BRAUCHT
- Föhn • Waage • Karton • Lineal • Bleistift
- Modelliermasse • 2 Strohhalme
- Klebeband • Schere

1 Zeichnet ein 20 cm x 30 cm großes Rechteck auf den Karton. Zeichnet eine Parallele zu der kurzen Seite, die 13 cm von einer Seitenkante entfernt ist. Fahrt mehrmals an dieser Linie mit einem scharfen Gegenstand entlang, z. B. mit der Spitze einer Schere.

2 Markiert auf jeder Seite der gezogenen Linie mit Bleistift zwei Punkte, jeder 5 cm von der Linie und 5 cm von den langen Kanten des Rechtecks entfernt. Stecht mit einem scharfen Gegenstand, z. B. einer Zirkelspitze, an diesen vier Punkten kleine Löcher in den Karton.

3 Weitet die Löcher mit einem gespitzten Bleistift, sodass ein Strohhalm hindurchpasst. Legt etwas Modelliermasse hinter das Loch, damit ihr euch mit der Bleistiftspitze nicht in den Finger stecht. Macht die Löcher gerade so groß, dass der Strohhalm leicht hindurchpasst.

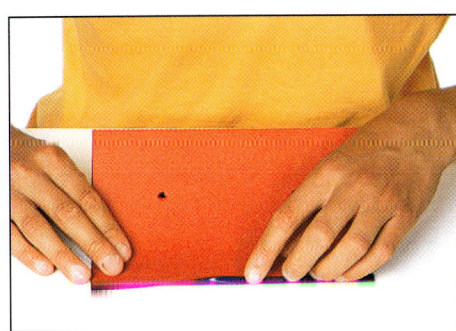

4 Faltet den Karton an der Linie entlang, legt die beiden kurzen Kanten aufeinander und sichert sie mit Klebeband. Der Karton hat jetzt eine gewölbte Form wie ein Flugzeugflügel. Steckt die Strohhalme durch die Löcher und umwickelt sie ober- und unterhalb des Flügels mit Klebeband.

Richtet den Föhn mit der Öffnung über, unter und auf die Kante des Flügels, und beobachtet die Waage

5 Montiert den Flügel, wie im Bild gezeigt, mit Modelliermasse und Klebeband auf die Waage. Richtet den Föhn auf die Vorderseite des Flügels. Beobachtet die Waage, damit ihr seht, wann euer Flügel »abhebt«. Experimentiert mit verschieden geformten Flügeln.

Die Strohhalme sind in der Modelliermasse befestigt

Die Modelliermasse rutscht auf Plastik, das Klebeband hält sie fest

Die Luft ist an der Oberseite schneller

Die Luft unter dem Flügel hat einen höheren Druck als die darüber

Die Form eines Flügels

Die Form der Tragfläche ermöglicht es einem Flugzeug, sich leicht durch die Luft zu bewegen. Die gewölbte Form zwingt die Luft, sich über dem Flügel weiter und schneller zu bewegen als die Luft, die darunter vorbeigeht. Dies hat ein Absinken des Luftdrucks über dem Flügel und einen höheren Druck unter dem Flügel zur Folge. Beide Veränderungen bewirken den Auftrieb des Flugzeugs.

Zeit

Die Zeit wird in Stunden, Minuten und Sekunden gemessen. Der erste Zeitmesser, der bereits vor Tausenden von Jahren verwendet wurde, war die Sonnenuhr. Der Schatten eines Stabes zeigte die Zeit an. Die Zeitmessung entwickelte sich über Wasser- und Sanduhren, Pendel und Kristalle immer weiter. Quarzkristalle, die in Stand- und Armbanduhren verwendet werden, schwingen etwa 100 000-mal in der Sekunde. Diese Schwingungen sind so gleichmäßig, dass Quarzuhren in einem Monat weniger als eine Sekunde vor- oder nachgehen. Solche genauen Zeitmessungen werden in so verschiedenen Gebieten wie Physik und Sport benötigt. Eine Sekunde ist heute definiert als »Die Zeitdauer von 9 192 631 770 Perioden einer bestimmten Strahlung im Atom Caesium 133«.

Greenwich-Zeit

Diese beleuchtete Linie ist der Meridian von Greenwich. Er ist eine gedachte Linie vom Nordpol zum Südpol durch die Mitte der früheren königlichen Sternwarte in Greenwich (England). Die Zeit an diesem Ort wurde 1844 auf einer internationalen Konferenz als Standard festgelegt, mit der alle anderen Zeiten verglichen werden. Theoretisch ändern sich die Zeitzonen um eine Stunde pro 15° geografischer Länge; die Länder entscheiden jedoch selbst, zu welcher Zeitzone sie gehören wollen.

EXPERIMENT

Kerzenuhr

Um die Zeit zu messen, wurden früher verschiedene Naturkräfte verwendet: Wasser, die Bewegung der Erde und Feuer. Die Mönche benutzten Kerzen; deren Wachs verbrannte gleichmäßig und half ihnen, ihren Tagesrhythmus mit Gebet und Meditation einzuhalten. Bei diesem Experiment werdet ihr eure eigene Kerzenuhr basteln.

Bei diesem Experiment sollte ein Erwachsener mithelfen

IHR BRAUCHT
- Lineal
- Untertasse
- 2 gleiche Kerzen
- Cocktailstäbchen
- Stoppuhr
- Streichhölzer

1 Stellt eine Kerze in die Untertasse, und zündet sie an. Nehmt die Stoppuhr und lasst die Kerze 10 Minuten brennen, um festzustellen, wie schnell das Wachs verbrennt. Blast die Kerze dann aus. Achtet darauf, dass sie nicht weiterglimmt.

2 Markiert die Länge der restlichen Kerze an der neuen Kerze mit dem gleichen Durchmesser. Messt den Längenunterschied der beiden Kerzen (ohne Docht) mit einem Lineal und notiert ihn.

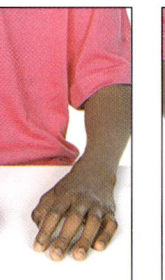

3 Tragt an der neuen Kerze von der Markierung an mehrmals den Längenunterschied ab. Steckt die Cocktailstäbchen für die 10-Minuten-Abschnitte in diese Markierungen.

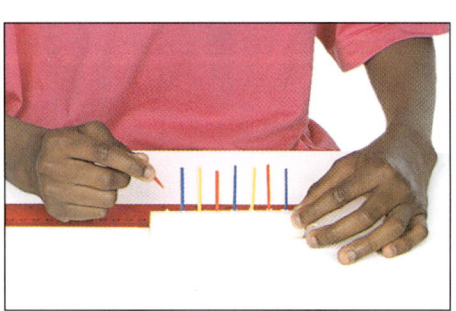

Kerzenuhr
Stellt die fertige Kerzenuhr in die Untertasse. Sie kann nun angezündet werden. Da jedes Cocktailstäbchen in die Untertasse fällt, wisst ihr, wie viel Zeit vergangen ist. Nehmt eure Armbanduhr und überprüft die Genauigkeit der Kerzenuhr. Lasst die Kerze während dieses Experiments nicht unbeaufsichtigt.

Wenn ein Cocktailstäbchen hinunterfällt, sind 10 Minuten vergangen

Reaktionszeit

Rennfahrer und Flugzeugpiloten müssen notfalls in Sekundenbruchteilen reagieren können. Ihr könnt Reaktionszeiten zwischen 0,02 und 0,21 Sekunden mit einem einfachen Versuch messen. Beim Markieren des Lineals wurde die Eigenschaft ausgenutzt, dass seine Fallstrecke proportional zum Quadrat der Zeit ist, die seit dem Loslassen vergangen ist.

0.21
0.20
0.19
0.18
0.17
0.16
0.15
0.14
0.13
0.12
0.11
0.10
0.09
0.08
0.06
0.04
0.02

IHR BRAUCHT
- Lineal (30 cm)
- Stift
- Schere
- Klebeband
- Papier

Basteln des Lineals
Es gibt zwei Möglichkeiten, das Lineal zu basteln. Ihr könnt die Vorlage fotokopieren, dabei um 100 % vergrößern und auf das Lineal kleben. Ihr könnt auch einen 30 cm x 2 cm großen Papierstreifen ausschneiden, die Sekundenmarkierungen von der Vorlage übertragen und dabei jeweils die Abstände zwischen den Linien verdoppeln. Klebt den Streifen dann auf das Lineal und richtet die Basislinie an der Null aus.

Vorlage für das Lineal

Die Lage des Daumens zeigt die Reaktionszeit an

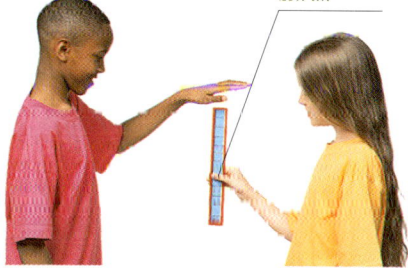

Reaktionszeiten prüfen
Haltet das Lineal direkt über Daumen und Zeigefinger eines Freundes. Lasst das Lineal plötzlich fallen; der Freund soll es zwischen Daumen und Zeigefinger auffangen.

Schwingende Pendel

Pendel wurden bei vielen Uhren eingesetzt. Dieses Experiment erinnert an Galileis Beobachtungen (ca. 1582) einer schwingenden Laterne und zeigt, wie genau ein Pendel sein kann. Ein Pendel mit einer Periode (Schwingungsdauer) von 1 Sekunde ist 90 cm lang. Die Länge eines Pendels wird vom Aufhängepunkt bis zum Schwerpunkt des angehängten Gewichts gemessen.

IHR BRAUCHT
- Strohhalm • Lineal • Stifte • Faden • farbiges Klebeband • Stoppuhr
- 2 Garnrollen • Modelliermasse • Schere • Karton, etwa 100 cm x 80 cm

1 Markiert die Mitten der beiden längeren Seiten und verbindet sie. Macht auf der Verbindungslinie mit dem Bleistift 2,5 cm von der oberen Kartonkante entfernt ein Loch für den Strohhalm. Markiert vom Loch aus 25-cm-Abstände auf der Linie.

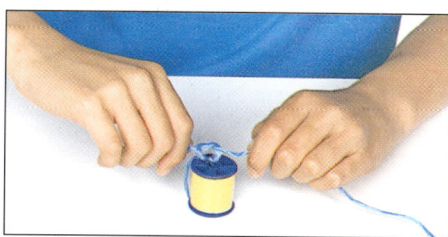

2 Umwickelt eine der beiden Garnrollen mit dem farbigen Klebeband, damit sie besser sichtbar ist und auch etwas schwerer wird. Fädelt einen mindestens 1 m langen Faden durch das Loch in der Rolle und verknotet ihn.

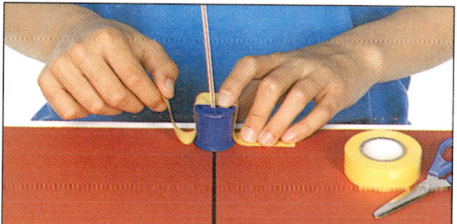

3 Klebt die zweite Rolle so auf den Karton, dass die beiden Löcher aufeinanderkommen. Zur Orientierung könnt ihr einen Strohhalm verwenden.

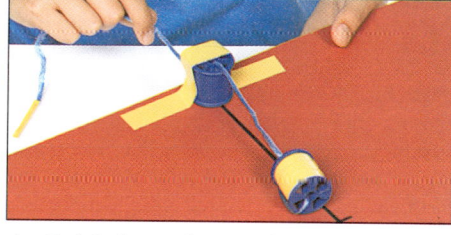

4 Fädelt den Faden, an dem die erste Garnrolle hängt, durch die zweite Rolle auf die Rückseite des Kartons. Macht den Faden so lang, dass die Mitte der Garnrolle die 75-cm-Marke erreicht, und klebt ihn dann auf der Rückseite des Kartons fest.

5 Stellt den Karton auf. Lasst das Pendel mit einem Ausschlag von etwa 15° schwingen. Bei größeren Winkeln ist das Pendel nicht mehr so genau. Stoppt die Zeit für 20 Schwingungen. (Bei jeder Schwingung überquert das Pendel die Mittellinie zweimal.) Teilt die gemessene Zeit durch 20, um die Zeit für eine Schwingung zu erhalten. Stoppt die Zeit auch bei anderen Pendellängen. Ergeben sich Unterschiede? (Lösung auf S. 187)

Das Pendel überquert die Mitte bei jeder vollständigen Schwingung zweimal

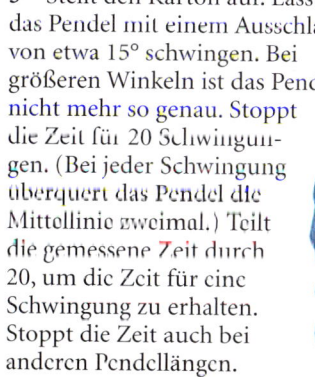

Geschwindigkeit

Geschwindigkeit spielt in der heutigen Zeit eine wichtige Rolle. Flugzeuge und Züge werden für möglichst hohe Geschwindigkeiten entwickelt. Doch auf normalen Autostraßen gibt es Geschwindigkeitsbeschränkungen, und Radarmessungen entlarven zu schnelle Autofahrer. Sportler stoppen ihre Zeiten, um ihre Laufgeschwindigkeit zu bestimmen. In allen Fällen wird die Geschwindigkeit dadurch bestimmt, dass der zurückgelegte Weg durch die benötigte Zeit geteilt wird. Die Angabe der Geschwindigkeit ist immer relativ; die Geschwindigkeit eines Flugzeugs kann zum Beispiel als »Geschwindigkeit über Boden« angegeben werden, d. h. relativ zum Boden und nicht zur Geschwindigkeit der umgebenden Luft. Wenn wir still stehen, sagen wir, dass wir uns nicht bewegen. Dies ist auf die Erdoberfläche bezogen wahr; da sich die Erde jedoch um sich selbst und um die Sonne dreht, bewegen wir uns mit großer Geschwindigkeit relativ zum Erdmittelpunkt und zu anderen Planeten.

Die Schallgeschwindigkeit

Die Schallgeschwindigkeit beträgt in Luft auf Höhe des Meeresspiegels etwa 1220 km/h. Der erste Mensch, der diese Grenze durchbrochen hat, war 1947 der Testpilot der US-Luftwaffe, Chuck Yeager. Die *Concorde* war das erste Passagierflugzeug, das mit Überschallgeschwindigkeit fliegen konnte. Sie wurde für Flüge zwischen Europa und Amerika eingesetzt. Die Geschwindigkeit eines Flugzeugs relativ zur Schallgeschwindigkeit wird auch Mach-Zahl genannt. Kampfflugzeuge sind in der Lage, mit doppelter Schallgeschwindigkeit, also 2 Mach, und schneller zu fliegen.

EXPERIMENT

Rotationsgeschwindigkeit

Auch für Drehbewegungen kann man eine »Geschwindigkeit« definieren. Die Rotationsgeschwindigkeit wird in Umdrehungen pro Minute (upm) gemessen. Bei Motoren hilft sie, die Drehzahl einzuhalten, bei der der Motor optimal arbeitet. Dieses Experiment zeigt euch die Wirkung von verschiedenen Geschwindigkeiten.

IHR BRAUCHT
● Faden ● Garnrolle
● Klebeband

1 Fädelt ein Ende des Fadens durch die Garnrolle und knotet ihn fest. Haltet das andere Ende ungefähr auf Taillenhöhe von euch weg. Schwingt die Rolle vorsichtig im Kreis; versucht, euren Arm möglichst ruhig zu halten.

2 Lasst die Rolle immer schneller kreisen, und beobachtet, wie sie bei steigender Geschwindigkeit nach oben kommt. Dieser Effekt wird bei manchen Autos zur Regulierung der Benzinmenge verwendet, die in den Motor eingespritzt wird. Bei dieser Benzinmenge bleibt die Drehzahl des Motors konstant.

EXPERIMENT

Laufgeschwindigkeit

Bittet einen Freund, die Laufzeit für eine abgesteckte Entfernung zu stoppen. Menschen sind über lange Strecken nicht besonders schnell. Das schnellste Landtier ist der Gepard, der auf einer kurzen Strecke eine Geschwindigkeit von 95 km/h erreichen kann.

Messen der Laufgeschwindigkeit
Markiert beispielsweise eine Entfernung von 50 m und bittet einen Freund, eure Laufzeit zu stoppen. Teilt die Entfernung durch die gemessene Zeit. Das Ergebnis gibt eure Geschwindigkeit in Meter pro Sekunde an. Multipliziert diese Zahl mit 3600, der Anzahl der Sekunden in einer Stunde, um eure Geschwindigkeit in Meter pro Stunde zu berechnen. Wenn ihr eure Geschwindigkeit in Kilometer pro Stunde wissen wollt, müsst ihr noch durch 1000 teilen.

EXPERIMENT

Der Wagenrad-Effekt

Bei Filmen und im Fernsehen werden viele Einzelbilder pro Sekunde übertragen. Unser Gehirn fügt sie zu einem bewegten Bild zusammen. Wenn sich ein Rad zwischen zwei Bildern nicht ganz so weit dreht wie der Winkel zwischen zwei benachbarten Speichen, so entsteht der Eindruck, dass das Rad rückwärtsläuft.

IHR BRAUCHT
- Lineal ● 1 dicken und 1 dünnen Strohhalm ● Bleistift
- Zirkel ● Winkelmesser
- Schere ● Karton ● Klebeband

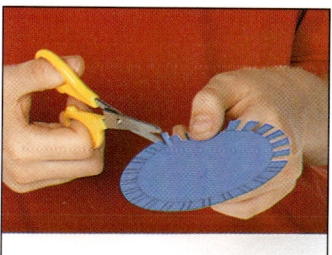
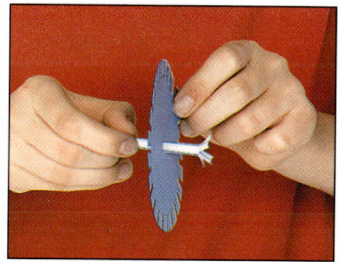

1 Zeichnet einen Kreis mit Radius 5 cm. Markiert auf dem Umfang mit einem Winkelmesser abwechselnd 10°- und 5°-Winkel. Zeichnet einen zweiten Kreis mit gleichem Mittelpunkt und einem Radius von 4 cm.

2 Zeichnet von allen 48 Markierungen auf dem äußeren Kreis zum Mittelpunkt hin mit dem Lineal eine Linie bis zum inneren Kreis. Es entstehen 24 breite und 24 schmale Flächen in abwechselnder Anordnung.

3 Schneidet mit einer Schere entlang dieser Linien bis zum inneren Kreis. Schneidet an den schmalen Stücken auch am inneren Kreis entlang. Dadurch werden die schmalen Teile entfernt. Es entsteht ein Zahnrad.

4 Kürzt den dicken Strohhalm auf etwa 5 cm; schneidet ihn an einem Ende mehrmals ein und biegt die Teile auf. Macht ein Loch in die Mitte der Kreisscheibe und steckt den Strohhalm hinein.

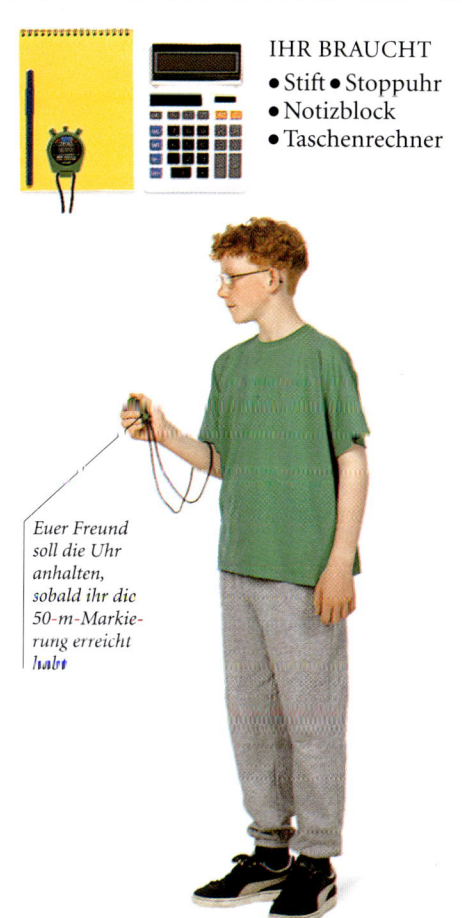

IHR BRAUCHT
- Stift ● Stoppuhr
- Notizblock
- Taschenrechner

Euer Freund soll die Uhr anhalten, sobald ihr die 50-m-Markierung erreicht habt

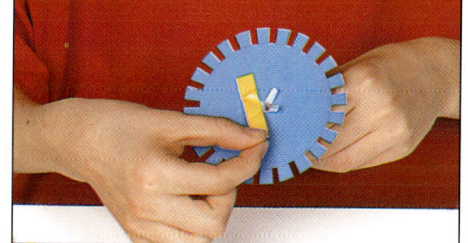
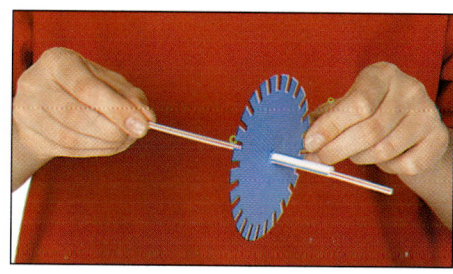

5 Klebt das ausgefranste Ende des Strohhalms so auf den Kreis, dass das Loch in der Mitte frei bleibt.

6 Schiebt den dünnen Strohhalm durch das Loch des dickeren. Das Rad sollte sich nun frei drehen können.

7 Setzt euch vor ein Fernsehgerät oder einen Computermonitor und schaltet das Gerät ein. Haltet das Rad auf Augenhöhe vor den Schirm. Versetzt das Rad in schnelle Drehungen und beobachtet den Effekt.

Dreht das Rad kräftig, damit es sich schnell dreht

GEOMETRIE

Formen überall

*Das Teilgebiet der Mathematik, das sich mit
Formen und Figuren beschäftigt, heißt Geometrie.
Die Luftaufnahme eines modernen Wohngebiets (links)
zeigt runde Flächen, gerade Linien, dreieckige
Dachkonstruktionen, quadratische und rechteckige
Rasenflächen. Es gibt Symmetrien in vielfältiger Form.
Einige der Häuser und manche Straßenzüge sind symmetrisch.
Ebenso erfinderisch in ihren Symmetrien
und ihrer Schönheit ist die Natur, beispielsweise bei
den Flügeln eines Schmetterlings (oben).*

Kreise, Rechtecke, Spiralen und
Dreiecke findet man im Kunst-
handwerk der prähistorischen Völker.
Diese Muster existierten aber
in der Natur schon Millionen von
Jahren vor dem ersten Auftreten
des Menschen. Geometrische
Kenntnisse und das Verständnis für
ihre Zusammenhänge waren
außerordentlich wichtig für die
Entwicklung der Mathematik
und bereiteten den Boden für
aufsehenerregende Theorien über die
Bewegung der Planeten, die
Perspektive und die Doppelhelix-
struktur der Schlüsselsubstanz
des Lebens, der DNS.

WINKEL UND EINFACHE FORMEN

Punkte, Linien, Winkel und Flächen bilden die Grundlage der Geometrie. Regelmäßige Muster gibt es überall in der Natur, zum Beispiel in Bienenwaben, Kristallen und Atomen. Durch die Beobachtung und Untersuchung von Konstruktionsprinzipien in der Natur können die Menschen lernen, beispielsweise riesige Brücken und hohe Türme stabil und materialsparend zu bauen.

Geometrische Muster
Zu allen Zeiten bewunderten die Menschen die ästhetische Ordnung in geometrischen Mustern. Viele antike Kunstwerke, wie diese Vase aus dem Jahr 720 v. Chr., sind mit geometrischen Mustern verziert.

Mathematiker nennen geradlinig begrenzte Formen in der Ebene »Polygone«. Sie beschreiben ein Polygon durch die Angabe der Seitenlängen und der Winkel (S. 116). Das einfachste Polygon ist das Dreieck. Wenn zwei Seiten die gleiche Länge haben, so heißt es »gleichschenklig«. Wenn alle Seiten die gleiche Länge haben, so ist es »gleichseitig«.

Der Winkel zwischen zwei Seiten eines Polygons wird in Grad (°) angegeben. Eine volle Umdrehung entspricht beispielsweise einem Winkel von 360°, eine Vierteldrehung einem von 90°. Der Winkel zwischen zwei benachbarten Seiten eines Rechtecks, auch »rechter Winkel« (S. 124) genannt, ist ebenfalls ein 90°-Winkel. Der Kreis wird aus historischen Gründen in 360° aufgeteilt; es war die Anzahl der Tage im antiken babylonischen Jahr.

Pyramiden

Die Pyramiden in Ägypten wurden vor über 4000 Jahren erbaut. Die Seitenflächen dieser riesigen Steinbauwerke sind Dreiecke. Die höchste Pyramide, die große Cheopspyramide, war ursprünglich 147 m hoch.

Die Ägypter fanden heraus, dass vier kleinere, identische Körper entstehen, wenn man

eine Pyramide entlang der gegenüberliegenden Seitenkanten aufschneidet. Jeder Teilkörper hat zwei identische Schnittflächen in Form eines rechtwinkligen Dreiecks, also eines Dreiecks mit einem 90°-Winkel. Auf dem Papyrus Rhind (S. 14) verwendete Ahmes diese Beobachtung, um das Verhältnis der Pyramidenhöhe zu den Längen der Seitenflächen für besondere Steigungswinkel zu bestimmen. Er erstellte eine Tabelle, mit deren Hilfe die Pyramidenbauer sicherstellen konnten, dass alle vier Seiten der Pyramide um den vorgesehenen Winkel ansteigen. Die Tabelle des Ahmes war ein früher Vorläufer von Tabellen mit »trigonometrischen« Verhältnissen, die von Mathematikern noch heute verwendet werden.

Theorie der Griechen

Die Ägypter entwickelten ihre Vorstellungen von Formen und Winkeln vorwiegend aus praktischen Experimenten. Im Gegensatz dazu legten die Griechen ihre geometrischen Kenntnisse in sorgfältig ausgearbeiteten Theorien und mathematischen Beweisen dar. Der griechische Philosoph Pythagoras (S. 124) kannte viele wichtige Eigenschaften von Dreiecken. Eine davon war, dass die Summe der drei Innenwinkel eines Dreiecks stets 180° beträgt, die Hälfte eines Vollkreises. Zusätzlich zur Beschäftigung mit einzelnen Figuren interessierte sich Pythagoras auch dafür, welche Eigen-

Bleistiftdose
Diese Bleistiftdose wurde aus einem Parallelogramm hergestellt, das zu einem Zylinder gebogen wurde. Die Länge der kurzen Seiten des Parallelogramms ist der Umfang des Zylinders.

schaften Figuren haben müssen, damit mehrere von ihnen genau zusammenpassen. Er fand heraus, dass man gleichseitige Dreiecke, Quadrate und regelmäßige Sechs-

Camera obscura
Wenn Licht durch eine Linse oder eine schmale Öffnung, wie in dieser Camera obscura, auf einen lichtempfindlichen Film oder eine durchscheinende Glasplatte fällt, entsteht dort ein Bild der Umgebung. In modernen Kameras und in den Augen von Menschen und Tieren entstehen die Bilder in ähnlicher Weise.

ecke wie Kacheln auf einem Boden lückenlos anordnen kann. Wir sagen heute, dass wir die Ebene mit solchen Formen parkettieren können.

Die euklidische Geometrie

Der griechische Mathematiker Euklid (ca. 330–275 v. Chr.) fasste die geometrischen Kenntnisse seiner Zeit in seinen Büchern, den *Elementen*, zusammen. Sie sind aber keine Ansammlung einzelner Fakten, sondern stellen eine in sich geschlossene Theorie mit vielen eleganten Beweisen dar. Die Arbeit Euklids war so grundlegend, dass wir heute die Geometrie der Linien, Punkte, Flächen und Körper als »euklidische Geometrie« bezeichnen. Euklid beschäftigte sich aber auch mit praktischen Anwendungen der Geometrie. Er erklärte zum Beispiel, warum Dreiecke starr sind (S. 123), Polygone mit größerer Eckenzahl dagegen nicht. Wenn von einem Dreieck die drei Seitenlängen bekannt sind, dann sind dadurch auch die drei Innenwinkel festgelegt. Ein rechteckiger Holzrahmen aber lässt sich zum Beispiel in ein Parallelogramm mit den gleichen Seitenlängen verformen. Erst durch eine weitere Leiste, z. B. als Diagonale, wird der Rahmen starr. Heute wird dieses Prinzip der stabilisierenden Dreiecke beim Bau von Wolkenkratzern und Brücken berücksichtigt.

Die euklidische Geometrie stützt sich auf fünf Grundlagen, »Postulate« genannt, die aufgrund der täglichen Erfahrung als selbstverständlich angesehen werden. Das wohl bekannteste Postulat befasst sich mit Parallelen, d. h. mit Geraden, die sich auch in ihrer Verlängerung niemals schneiden. Das Postulat besagt, dass es zu einer Geraden und einem außerhalb liegenden Punkt genau eine Parallele gibt.

Die Geometrie, zu der Pythagoras, Euklid und ihre griechischen Nachfolger die Grundlagen schufen, wird bis heute in der Mathematik und in der Naturwissenschaft verwendet. Erst in den letzten 150 Jahren wurden weitere, völlig neue Ideen entwickelt, die entscheidend über das geometrische Wissen dieser griechischen Gelehrten hinausgehen.

Längenverhältnisse in Dreiecken

Eines der wichtigsten Teilgebiete der klassischen Geometrie ist die Trigonometrie. Dieses Fachgebiet beruht auf der Beobachtung, dass alle Winkel bei der Streckung eines Dreiecks unverändert bleiben. Bei einer Streckung werden die drei Seitenlängen mit der gleichen Zahl multipliziert.

Der griechische Astronom Hipparch (S. 126) entwickelte die trigonometrischen Kenntnisse der Ägypter weiter. Er machte Aufzeichnungen über die Positionen von nicht weniger als 1080 Fixsternen und bestimmte die Bewegung des Mondes relativ zur Erde. Er erfand eine frühe Form der Trigonometrie, mit der er die Bahnen der Himmelskörper beschreiben konnte. Hipparch verwendete diese Idee, um aus den Längenverhältnissen in Dreiecken deren Winkel abschätzen zu können. Solche Verhältnisse bezeichnen wir heute als »trigonometrische Verhältnisse«.

Das Werk Hipparchs wurde von Ptolemäus vollkommen überarbeitet und später von arabischen Gelehrten wie Albuzjani (940–998 n. Chr.) benutzt. Auch die Araber verwendeten die Trigonometrie, um die Bahnen des Mondes, der Planeten und der Sterne zu bestimmen. Albuzjani benutzte noch ein weiteres Verhältnis von Streckenlängen, das dem heute als Tangens bezeichneten sehr ähnlich ist. Die Trigonometrie wird heute eingesetzt, um die Entfernungen und die Höhen von Bergen oder Gebäuden indirekt zu bestimmen. Sie wird auch zur Untersuchung mikroskopischer Strukturen verwendet.

Parkettierungen
Manche ebene Formen passen genau aneinander. Mit ihnen kann man Muster erzeugen, zum Beispiel mit Rauten und Dreiecken (links) oder mit regelmäßigen Achtecken und Quadraten (rechts)

Eine moderne Anwendung der Geometrie ist die Kristallografie. Substanzen wie Zucker und Salz bestehen aus Atomen, die in einer regelmäßigen Struktur, dem so genannten »Gitter«, angeordnet sind. Diese Gitter geben den Kristallen ihre gleichmäßige Form.

Im Jahr 1913 entdeckte der deutsche Physiker Max von Laue (1879–1960), dass Röntgenstrahlen beim Durchgang durch Kristalle gebrochen werden. Kurz darauf zeigten der britische Physiker Lawrence Bragg (1890–1971) und sein Vater mithilfe der Trigonometrie, wie man die Struktur der Kristalle durch Auswerten der Ablenkungswinkel der Röntgenstrahlen enträtseln kann.

Mit Methoden der Kristallografie können auch Nichtkristalle untersucht werden. Die Medizinerin Rosalind Franklin (S. 149) verwendete 1938 Braggs Idee der Ablenkung der Röntgenstrahlen, um die Struktur der DNS (Desoxyribonuklcinsäurc) zu erforschen. Ihre Arbeit zeigte, dass die DNS die Form einer Helix haben muss. Diese Arbeit führte zum Modell von Circk und Watson, das die DNS als Doppelhelix darstellt.

Die Louvre-Pyramide
Wenn sich gerade, nach oben gerichtete Linien, die von den Ecken eines Quadrates ausgehen, in einem Punkt treffen, dann bilden sie eine Pyramide. Dieses Gebilde aus Glas und Stahl steht vor dem Louvre in Paris.

Parallele Spiegel
Licht kann durch wiederholte Reflexion große Entfernungen zurücklegen. Damit das Licht auf alle vier parallelen Spiegel trifft, muss die Taschenlampe im richtigen Winkel gehalten werden.

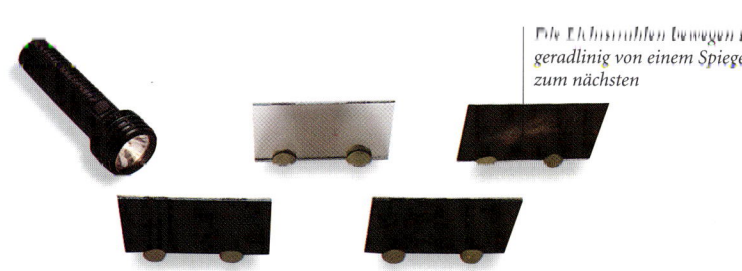

Die Lichtstrahlen bewegen sich geradlinig von einem Spiegel zum nächsten

Was ist ein Winkel?

Winkel können beispielsweise verwendet werden, um auszudrücken, wie weit eine Linie oder ein anderes Objekt gedreht wurde. Sie lassen sich durch zwei gerade Linien mit gemeinsamem Anfangspunkt darstellen. Winkelmaße werden normalerweise mit dem Symbol ° in Grad angegeben. Einer vollen Drehung, d.h. wenn sich ein Objekt um einen Punkt dreht und wieder in seine Ausgangslage zurückkehrt, entspricht ein Winkel von 360°. Ein rechter Winkel hat 90°; ein kleinerer Winkel heißt spitzer Winkel. Winkel zwischen 90° und 180° werden als stumpfe Winkel bezeichnet, größere als überstumpf. In der höheren Mathematik werden Winkel im Bogenmaß gemessen, abgekürzt »rad« (Radiant). Dem Winkel von 360° entspricht das Bogenmaß 2π, also der Umfang eines Kreises mit dem Radius 1 (S. 134 ff.). Dem griechischen Astronomen Hipparch (S. 126) wird die Einteilung des Winkels in 360° zugeschrieben. Er übernahm diese Idee von frühen Astronomen, die glaubten, dass die Erde ruht und die Sterne sich um sie auf einer Kreisbahn bewegen, die aus 12 Teilen von 30 Tagen Länge, etwa einem Mondzyklus, besteht.

Navigation im Eis

Beim Navigieren wird die Abweichung vom magnetischen Nordpol in Grad gemessen. Dieses Bild zeigt eine Arktisexpedition im 19. Jahrhundert, die für ihre Schiffe einen Weg durch das Eis bahnt. Kompassdaten sind für die Planung und Durchführung der Reise lebenswichtig gewesen.

EXPERIMENT

Bestimmen des wahren Nordpols

Um den wahren Nordpol zu finden, müsst ihr früh an einem sonnigen Tag beginnen und Messungen zwischen 9 und 17 Uhr vornehmen. Die Schatten sind am Mittag am kürzesten, wenn die Sonne im Zenit (ihrem höchsten Punkt am Himmel) steht. Auf der Nordhalbkugel zeigen die Schatten zur Mittagszeit direkt nach Norden. Die Erde besitzt ein Magnetfeld. Die Richtung, die »magnetischer Norden« genannt und vom Kompass angezeigt wird, unterscheidet sich aber vom geografischen Norden. Der Unterschied heißt Deklination. Der magnetische Nordpol liegt in Nordkanada, ungefähr 1600 km vom Nordpol entfernt.

IHR BRAUCHT
- Lineal • Röhrchen oder Rundholz, etwa 20 cm lang
- Stift • Bleistift
- Schere • Reißnagel
- Kompass • Faden
- großes Stück Karton

Der Pfeil zeigt in Richtung des geografischen Nordpols

Zeichnet die Schattenlinie ein

1 Steckt den Reißnagel in die Mitte des Kartons und bindet den Faden daran. Macht 25 cm vom Reißnagel entfernt eine Schlinge für den Bleistift, zeichnet einen Kreis und schneidet ihn aus. Steckt das Röhrchen durch ein Loch in der Mitte des Kreises und legt den Karton auf den Rasen. Markiert jede Stunde die Länge des Schattens, den das Röhrchen wirft.

2 Legt den Kompass in die Mitte des Kreises und richtet das N an der kürzesten Schattenlinie aus. Markiert die Richtung, in die die Nadel zeigt. Der Winkel zwischen dieser Richtung und der kürzesten Schattenlinie gibt die Abweichung zwischen dem geografischen und dem magnetischen Nordpol an.

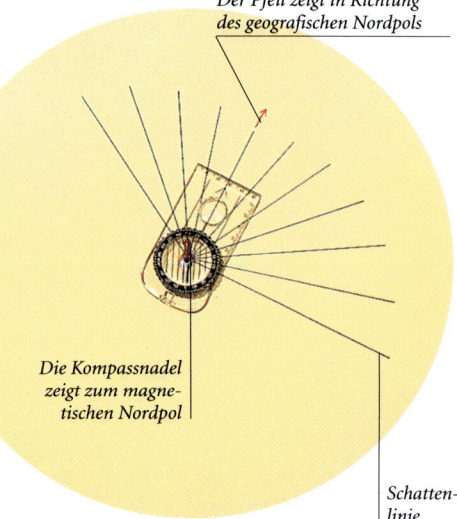

Die Kompassnadel zeigt zum magnetischen Nordpol

Schattenlinie

Eine Wasserwaage basteln

Die Wasserwaage ist ein unverzichtbares Werkzeug für Bauarbeiter und Tischler. Wenn man sie auf eine Fläche legt, zeigt die Luftblase im Inneren an, ob die Fläche waagerecht ist oder nicht. Ist die Fläche waagerecht, dann befindet sich die Luftblase genau in der Mitte. Diese einfache Wasserwaage misst die Abweichungen von der Horizontalen.

IHR BRAUCHT
- Holzbrettchen ● Schere ● Stift
- Modelliermasse ● Klebeband
- Lebensmittelfarbe ● Packband
- durchsichtigen Plastikschlauch
  ● Trichter
  ● Krug mit Wasser

1 Schneidet ein 30 cm langes Stück vom Schlauch ab. Achtet darauf, dass es außen und innen sauber ist, und verschließt ein Ende mit Modelliermasse.

2 Füllt gefärbtes Wasser in den Schlauch, bis er fast voll ist. Lasst am Ende noch etwas Platz für eine kleine Luftblase frei.

Klassische Mathematik

Euklid hat im ersten Buch seiner *Elemente* die folgenden fünf Postulate aufgeführt, auf denen dann die Geometrie durch logisches Schließen aufgebaut wurde.

Regel 1
Ein Kreis wird von seinem Durchmesser halbiert.

Regel 2
In einem gleichschenkligen Dreieck sind die Winkel gleich groß, die den gleich langen Seiten gegenüberliegen.

Regel 3
Wenn sich zwei Geraden schneiden, sind die gegenüberliegenden Winkel am Schnittpunkt gleich groß.

Regel 4
Jeder Winkel, der in einen Halbkreis so einbeschrieben wird, dass seine Schenkel mit dem Durchmesser ein Dreieck bilden, ist ein rechter Winkel.

Regel 5
Zwei Dreiecke, bei denen die drei Seiten paarweise die gleiche Länge haben, sind deckungsgleich.

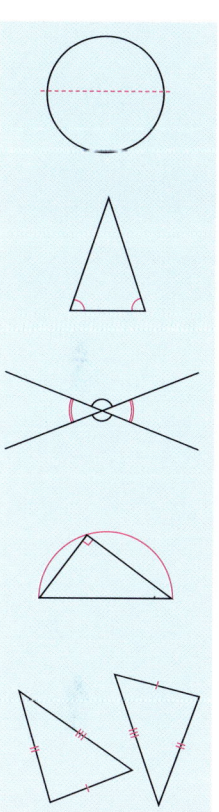

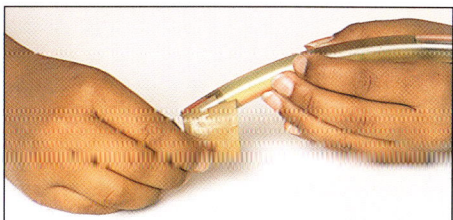

3 Verschließt das andere Ende ebenfalls mit Modelliermasse. Achtet darauf, dass der Schlauch nicht vollständig mit Wasser gefüllt ist, sondern noch eine kleine Luftblase enthält. Wickelt reichlich Packband um beide Enden des Röhrchens. Dies soll verhindern, dass das Wasser herausläuft.

4 Klebt den Schlauch auf das Holzbrettchen. Legt aber zunächst ein Stück Modelliermasse unter die Mitte. Formt die Masse so, dass sie gleichmäßig nach beiden Seiten flacher wird. Dadurch wölbt sich der Schlauch leicht nach oben und ihr könnt die Luftblase besser erkennen.

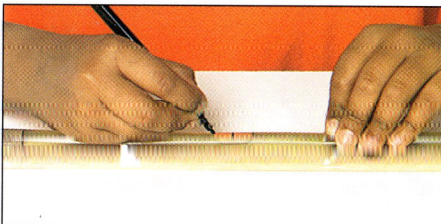

5 Legt die Wasserwaage auf eine waagerechte Fläche, beispielsweise einen Tisch. Wartet, bis die Luftblase ungefähr in der Mitte des Schlauchs zur Ruhe gekommen ist, und markiert die Enden der Blase mit einem Faserstift. Diese sind eure Bezugslinien für eine waagerechte Oberfläche.

Verwenden der Wasserwaage
Mit dieser einfachen Wasserwaage könnt ihr überprüfen, ob eine Fläche ungefähr waagerecht ist. Wenn die Wasserwaage auf eine Fläche gelegt wird und sich die Luftblase genau zwischen den beiden Markierungen befindet, ist die Fläche waagerecht.

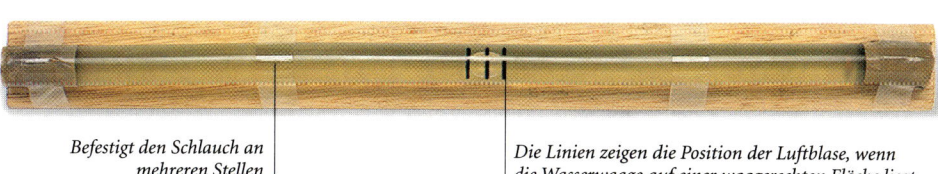

Befestigt den Schlauch an mehreren Stellen

Die Linien zeigen die Position der Luftblase, wenn die Wasserwaage auf einer waagerechten Fläche liegt

Winkel verwenden

Die griechischen Mathematiker untersuchten Zusammenhänge zwischen den Winkeln in Dreiecken und den Winkeln in Kreisen. Sie leiteten Regeln her, die heute noch von Ingenieuren, Vermessungstechnikern und Designern verwendet werden. Die Astronomen benutzten früher Astrolabien (S. 97), um die Höhenwinkel der Sterne zu messen, und berechneten aus den Messergebnissen die Entfernungen zu Sternen und Planeten sowie den Umfang der Erde (S. 135). Die Trigonometrie (S. 126–127) beruht ganz auf Winkelmessung und den Beziehungen zwischen den Winkeln und den Seiten eines Dreiecks.

Winkel in der Architektur

Winkel sind wichtig in der Architektur (S. 126). Der französische Architekt Le Corbusier (1887–1969) vollendete 1955 den Bau der Chapelle de Notre-Dame du Haut in Ronchamp (Frankreich).

EXPERIMENT

Die Schwerkraft überwinden

Wir alle wissen, dass ein Gegenstand nur dann bergauf rollen kann, wenn er gezogen oder geschoben wird. In diesem Experiment wird eine Rolle aus zwei Plastikflaschen hergestellt. Sie scheint das Gesetz der Schwerkraft zu überwinden und von allein bergauf zu rollen. Das Geheimnis liegt im Steigungswinkel und der Form der Rolle. Wenn ihr den Boden der Rolle genau beobachtet, werdet ihr sehen, dass er in Wirklichkeit beim Rollen nach unten geht. Ihr müsst aber genau beobachten, damit ihr nicht getäuscht werdet.

IHR BRAUCHT
- 2 gleich lange Rundhölzer
- 2 gleiche Plastikflaschen • Modelliermasse • Klebeband • Schere
- Bücher

1   Schneidet mit der Schere die Oberteile der Flaschen dort ab, wo der gerade Teil der Flaschen anfängt. Schneidet vorsichtig, damit keine spitzen Ecken bleiben. Achtet darauf, dass die beiden Oberteile gleich hoch sind. Sie bilden die beiden Teile der Flaschenrolle.

2   Haltet die Oberteile an den Schnittkanten aneinander. Klebt sie fest zusammen, indem ihr Klebeband erst quer über die Fuge und dann entlang der Fuge klebt.

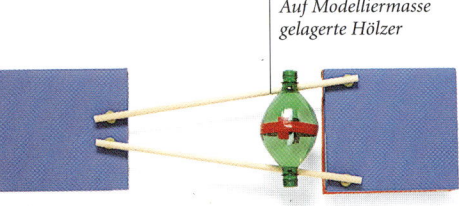

Auf Modelliermasse gelagerte Hölzer

Den richtigen Winkel finden
Die Enden der Rundhölzer sollen am niedrigeren Stapel näher aneinanderliegen. Experimentiert, bis ihr den richtigen Winkel gefunden habt.

3   Schichtet die Bücher, wie abgebildet, in zwei Stößen auf – den einen Stoß etwas höher als den anderen. Lagert die beiden Rundhölzer auf Modelliermasse, damit sie nicht seitlich wegrollen.

4   Legt die Flaschenrolle auf das niedrigere Ende der Rampe, und beobachtet, was passiert.

Legt die Rolle auf die beiden Rundhölzer

EXPERIMENT
Schiefer Turm

Die meisten Leute haben schon Bilder vom Schiefen Turm von Pisa gesehen und sich vielleicht gefragt, warum er nicht umfällt. Der Bau des Turms begann 1174, aber durch ungleichmäßiges Nachgeben des Untergrundes geriet er in eine deutliche Schieflage. Der Winkel, um den ein Gegenstand aus der Vertikalen geneigt sein kann, ohne umzufallen, wird vom Abstand des Schwerpunktes von der Standfläche und deren Ausdehnung bestimmt. Wenn der Neigungswinkel größer wird, liegt der Schwerpunkt nicht mehr über der Standfläche; der Gegenstand fällt um.

IHR BRAUCHT
- Plastikflasche mit Verschluss ● Bleistift ● Stift ● Locher ● Zirkel
- Karton ● Crea-Fix-Platte ● Lebensmittelfarbe ● Stecknadel
- Modelliermasse ● Schere ● Klebeband
- Winkelmesser ● Lineal ● Holzbrett
- Krug mit Wasser ● Bücher

1   Zeichnet einen Halbkreis auf die Crea-Fix-Platte. Übertragt von einem normalen Winkelmesser die Winkel in 10°-Abständen. Zeichnet durchgehende Markierungslinien für die Winkel.

2   Schneidet euren Winkelmesser auf der Crea-Fix-Platte aus. Schneidet einen dünnen Kartonstreifen aus, der etwa 15 mm breit ist und dessen Länge einem Viertel der Flaschenhöhe entspricht.

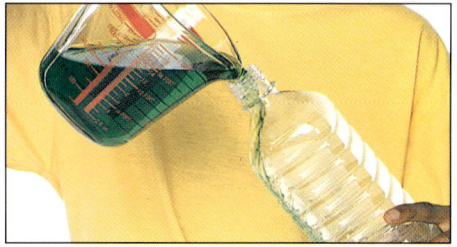

3   Mischt Lebensmittelfarbe in das Wasser. Nehmt eine großzügig bemessene Menge, um eine kräftige Färbung zu erzielen. Gießt dann das Wasser vorsichtig in die Flasche, bis sie zu $\frac{2}{3}$ voll ist.

5   Stanzt mit dem Locher ein Loch in den Kartonstreifen, etwa 1 cm vom Ende entfernt. Steckt die Stecknadel hindurch und stecht sie in die Modelliermasse. Drückt nicht zu fest, sonst durchlöchert ihr die Flasche.

Der Streifen kann nicht hinunterfallen, aber um die Stecknadel pendeln

4   Befestigt Modelliermasse mit Klebeband in halber Höhe des Wasserspiegels. Das ist ungefähr die Position des Schwerpunkts der Flasche.

Der Streifen bleibt immer vertikal, unabhängig vom Neigungswinkel der Flasche

6   Legt das eine Ende des Brettes auf Bücher, um eine Rampe zu bilden. Befestigt den Winkelmesser mit Modelliermasse so am unteren Ende der Rampe auf dem Tisch, dass ihr den Neigungswinkel ablesen könnt. Stellt die Flasche auf die Rampe. Der Kartonstreifen wird vertikal hängen und so die Richtung der Schwerkraft anzeigen. Erhöht den Neigungswinkel und beobachtet, bei welchem Winkel die Flasche umfällt.

Am selbst gemachten Winkelmesser liest man den Neigungswinkel ab

Gerade Linien

Die einfachste Figur in der Geometrie ist die gerade Linie. Eine zwischen zwei Punkten gezogene gerade Linie ist der kürzeste Weg, um von einem Punkt zum anderen zu gelangen. Gerade Linien findet man überall. Das Licht bewegt sich in der Natur geradlinig, und ein in Bewegung gesetzter Gegenstand bewegt sich so lange geradlinig, wie keine andere Kraft auf ihn wirkt. Parallele Linien haben immer den gleichen Abstand voneinander und schneiden sich nie, egal wie weit man sie verlängert.

Bewegliche Stromabnehmer

Die Stromabnehmer stellen den Kontakt der Straßenbahn zur Oberleitung her. Sie müssen so gebaut sein, dass sie unterschiedliche Abstände zwischen der Straße und der Oberleitung ausgleichen. Dazu dienen geradlinige Grundformen, die durch Gelenke beweglich miteinander verbunden sind.

EXPERIMENT
Bleistiftdose aus einem Parallelogramm

Ein Parallelogramm hat vier gerade Seiten, von denen jeweils zwei parallel sind. Die gegenüberliegenden Winkel sind gleich groß. Dieses Experiment zeigt, wie aus einem Parallelogramm ein stabiler Zylinder entsteht. Ein Rohr aus einem Rechteck ist nicht so stabil; die Verbindungslinie würde in eine Richtung gehen und sich nicht gleichmäßig um das Rohr herumwinden, sodass der Zylinder leichter kaputtgeht.

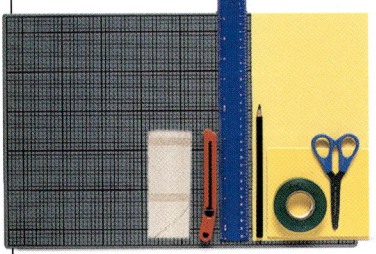

IHR BRAUCHT
- Kern einer Toilettenpapierrolle • Papiermesser • Lineal
- Bleistift • Klebeband
- Schere • Crea-fix-Platte
- Karton • Schneidematte

Bei diesem Experiment sollte ein Erwachsener mithelfen

1 Übertragt den Umriss der geöffneten Toilettenpapierrolle auf den Karton und schneidet das Parallelogramm aus.

2 Befestigt das Klebeband auf einer langen Seite des Parallelogramms, lasst die Hälfte an der Seite überstehen.

3 Biegt die Form so, dass sich die Enden einer kurzen Seite berühren, und klebt die beiden langen Seiten zusammen.

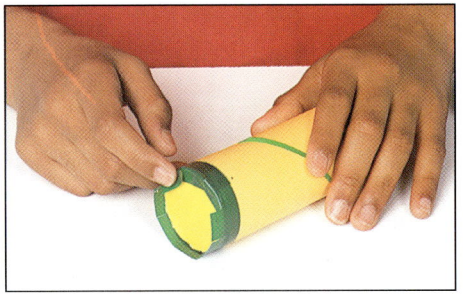

4 Stellt den Zylinder auf die Crea-Fix-Platte und zeichnet die Standfläche nach. Bittet einen Erwachsenen, die Form mit einem Papiermesser auszuschneiden.

5 Klebt das Klebeband mit der halben Breite einmal um den Zylinder. Macht vertikale Einschnitte in die freie Hälfte des Bandes und faltet sie nach innen auf die Standfläche.

Verstärkt die obere Kante mit Klebeband. Klebt noch einen schmalen Streifen von außen auf die Nahtstelle der Zylinderfläche.

Verschiedene Hebelarten

Eine der einfachsten Maschinen ist der Hebel. Mit ihm kann eine Last um einen Dreh- oder Angelpunkt bewegt werden. Mit manchen Hebeln ist es möglich, durch einen kleinen Kraftaufwand eine schwere Last zu bewegen. Dabei wird bei einem langen Kraftweg die Last nur wenig angehoben. Andere Hebelarten verwandeln eine kleine Bewegung in eine größere. Auch Essstäbchen wirken wie Hebel. Das untere Stäbchen wird stillgehalten und das obere wird bewegt. Die Essstäbchen ermöglichen es dem Benutzer, die vorderen Stabenden mit kleinen, ganz genauen Bewegungen exakt zu steuern und die Speisen festzuhalten.

Der Punkt, um den sich die Hebel bewegen

Puzzle

Bei einem Parallelogramm fällt es schwer, die Abstände der Seiten genau zu schätzen. Legt euch einige Münzen unterschiedlicher Größe zurecht. Schätzt, welche Münzen möglichst genau in die beiden Parallelogramme passen. Überprüft dann eure Schätzung. Was fällt euch bei diesen Münzen auf?
(Antwort S. 187)

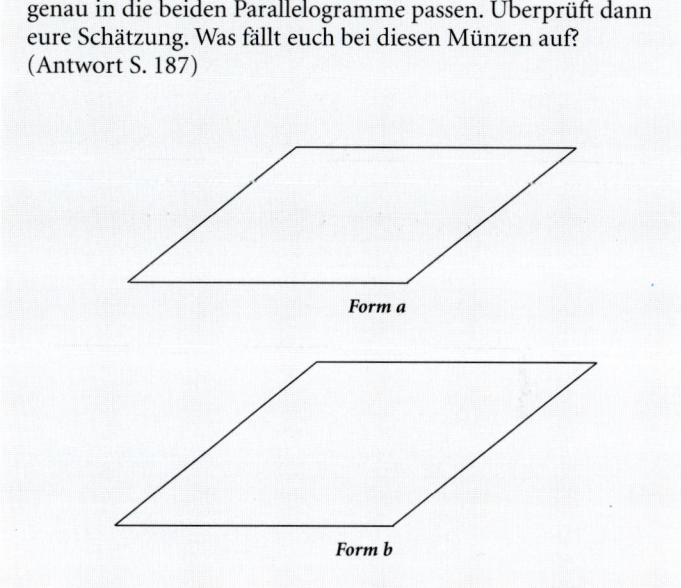

Form a

Form b

EXPERIMENT

Lichtreflexion

Licht breitet sich geradlinig aus. Wenn das Licht beispielsweise an einem Spiegel reflektiert wird, so ist der Einfallswinkel (der Winkel, unter dem das Licht auf den Spiegel trifft) gleich dem Ausfallswinkel. Bei diesem Experiment werden die Spiegel so aufgestellt, dass das Licht von einem Spiegel zum nächsten und so weiter reflektiert wird. In den Periskopen von U-Booten sind Spiegel so angeordnet, dass die Bilder rechtwinklig zur ursprünglichen Richtung reflektiert werden. Ein Beobachter kann also »um die Ecke« sehen.

IHR BRAUCHT
- Taschenlampe
- 3 kleine Spiegel
- Stück schwarzen Karton, genauso groß wie die Spiegel
- Modelliermasse

1 Stellt die Spiegel in zwei parallelen Reihen auf, wie es im Bild zu sehen ist. Richtet die Spiegel mit Modelliermasse vertikal aus. Stellt den schwarzen Karton links in die vordere Reihe.

2 Dunkelt das Zimmer ab. Legt die Taschenlampe so auf den Tisch, dass sie auf den rechten Spiegel in der hinteren Reihe zeigt. Richtet sie dann so aus, dass das Licht nach der Reflexion am ersten Spiegel auf den zweiten trifft. Schaltet die Taschenlampe ein, um zu sehen, wie sich die Lichtstrahlen verhalten.

Schaut, ob das Licht der Taschenlampe von allen Spiegeln reflektiert wird

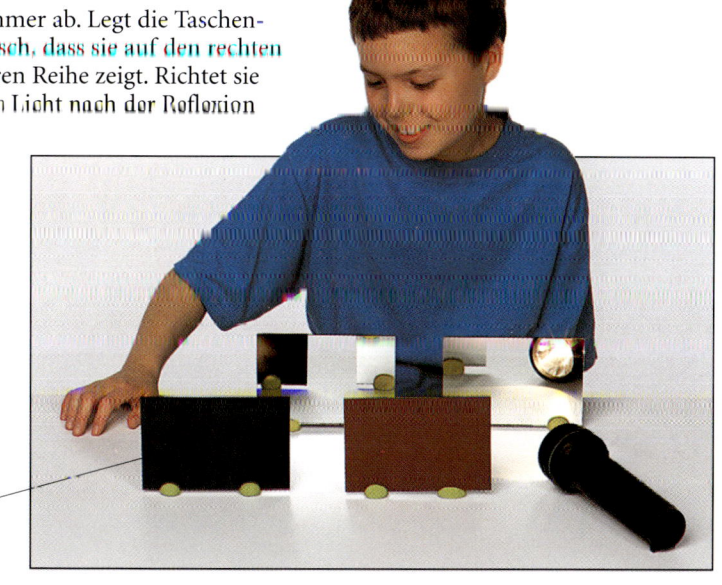

Dreiecke

Das Dreieck ist das Polygon mit der kleinsten Anzahl von geraden Seiten. Es besitzt drei Seiten und drei Winkel. Beim gleichseitigen Dreieck haben alle Seiten die gleiche Länge und jeder Winkel eine Größe von 60°. Andere besondere Dreiecke sind das gleichschenklige Dreieck mit zwei gleich langen Seiten und zwei Winkeln gleicher Größe sowie das rechtwinklige Dreieck mit einem 90°-Winkel. Dreiecke werden im Ingenieurwesen und in der Architektur oft verwendet. Sie geben Dachstühlen und Brückenkonstruktionen eine starre, feste Struktur. Bei der Vermessung und der Navigation wird oft ein Verfahren eingesetzt, das als Triangulation bezeichnet wird. Um die Entfernung eines Punktes von zwei anderen mit bekanntem Abstand zu finden, betrachtet man die drei Punkte als Eckpunkte eines Dreiecks und misst zusätzlich zwei seiner Winkel. Dies ist immer dann nötig, wenn die Entfernung nicht direkt bestimmt werden kann. Das Verfahren wird zum Beispiel verwendet, um die Höhe eines Berges oder die Entfernung zu einem Turm auf der anderen Seite eines Flusses zu bestimmen.

Dreiecke in Konstruktionen

Wenn ihr von Menschen entworfene Konstruktionen betrachtet, dann werdet ihr fast immer Dreiecke finden. Steildächer werden auf der ganzen Welt verwendet, besonders in Gebieten mit heftigem Regen und Schneefall. Die Dreiecke des Gebälks geben dem Dach die stabile Form. Außerdem zerlegen sie die großen Kräfte auf die Dachflächen in geringere Kräfte, die über die einzelnen Holzbalken gleichmäßig auf die tragenden Wände verteilt werden.

 **Puzzle**

Der Graben um eine viereckige Burg ist 10 m breit und an den Ecken viertelkreisförmig abgerundet. Kann man mit zwei 9 m langen Planken den Graben überwinden? (Lösung S. 187)

EXPERIMENT

Die Winkelsumme in einem Dreieck

Dreiecke haben trotz unterschiedlicher Abmessungen manche gemeinsamen Eigenschaften. Führt das unten beschriebene Experiment mit verschiedenen Dreiecken durch. Schneidet euch mehrere gleichschenklige Dreiecke und Dreiecke mit sehr unterschiedlichen Seitenlängen aus. Bestimmt für jedes Dreieck die Größe der einzelnen Winkel und versucht, etwas über die Winkelsumme in den Dreiecken herauszufinden.

IHR BRAUCHT
- Lineal
- Stift
- Schere
- Winkelmesser
- Papier

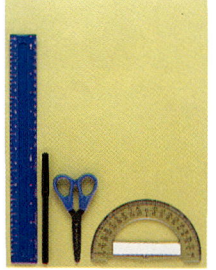

1 Zeichnet ein ziemlich großes Dreieck. Hier ist ein ungleichschenkliges Dreieck abgebildet. Zeichnet später dann auch andere Dreiecksformen. Markiert alle Innenwinkel.

2 Bestimmt mit dem Winkelmesser alle drei Winkelmaße und schreibt sie auf. Schneidet zunächst das Papierdreieck aus und anschließend dann alle Ecken ab.

3 Legt die ausgeschnittenen Teile des Dreiecks so auf den Winkelmesser, dass sich die Kanten der benachbarten Teile berühren und die Spitzen der markierten Winkel am Mittelpunkt des Winkelmessers liegen. Was fällt euch auf? (Lösung S. 187)

Puzzle

Seht euch das Bild genau an. Wie viele Dreiecke seht ihr in dem großen Quadrat? Zählt die Dreiecke Abschnitt für Abschnitt und notiert euch die Anzahlen. Beachtet, dass einige Dreiecke aus Teilen in verschiedenen Abschnitten zusammengesetzt sind. Es gibt auch Teile, die zu mehreren Dreiecken gehören. (Lösung S. 187)

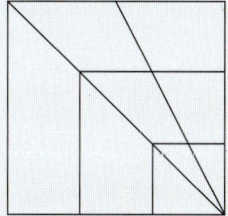

EXPERIMENT

Eine Lochkamera basteln

Mit dieser einfachen Kamera bekommt ihr eine Vorstellung davon, wie auf der Netzhaut eurer Augen ein Bild entsteht. Legt eine Decke über euren Kopf und die Kamera, damit euch das Umgebungslicht nicht stört.

IHR BRAUCHT

- Lineal • Aluminiumfolie • Transparentpapier • farbiges und mattschwarzes Papier • Klebstoff • Bleistift • Nadel • Zirkel • Schere • doppelseitiges Klebeband • Schuhkarton

EXPERIMENT

Stabilität von Dreiecken

Konstrukteure verwenden für den Entwurf von Objekten aus gutem Grund Dreiecke: Dreiecke bilden eine stabile Struktur, auch dann, wenn sie aus biegsamen und leichten Materialien angefertigt werden. Bastelt ein Dreieck aus Strohhalmen wie unten gezeigt, und vergleicht es mit einem Quadrat oder einem anderen Viereck, das ihr auf die gleiche Art hergestellt habt. Was stellt ihr fest, wenn ihr die Stabilität der verschiedenen Formen vergleicht? (Lösung S. 187)

IHR BRAUCHT

- Strohhalme
- Stecknadeln mit rundem Kopf

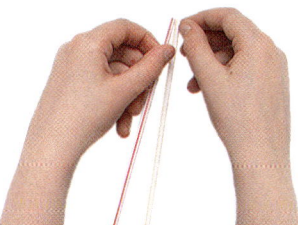

1 Haltet zwei Strohhalme mit ihren Enden nebeneinander. Steckt eine Nadel kurz unter den Enden durch beide Strohhalme, um sie zu verbinden. Öffnet sie zu einem »V«.

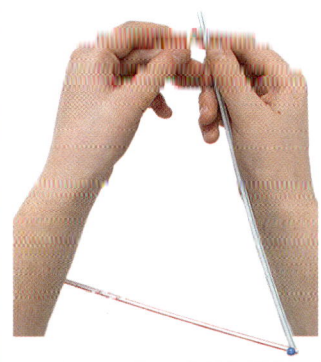

2 Nehmt einen weiteren Strohhalm dazu und befestigt ihn in gleicher Weise an den beiden anderen. Versucht das Dreieck danach zu biegen. Was beobachtet ihr?

1 Beklebt die Schachtel innen mit schwarzem und außen mit farbigem Papier. Schneidet eine Öffnung in eine der beiden kleinen Seitenflächen; lasst aber einen 2,5 cm breiten Rahmen stehen. Schneidet Transparentpapier zu und befestigt es mit doppelseitigem Klebeband.

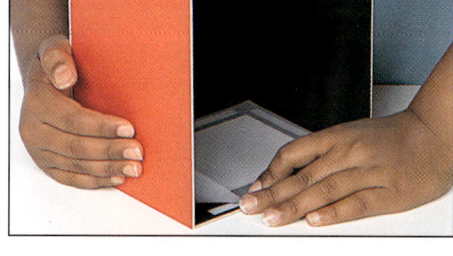

2 Schneidet einen Kreis mit 3 cm Durchmesser in die gegenüberliegende Seite und klebt Aluminiumfolie darüber. Stecht mit einer Nadel ein winziges Loch in ihre Mitte.

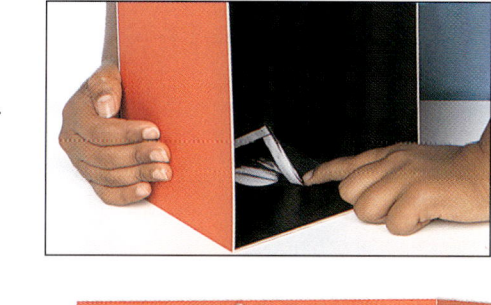

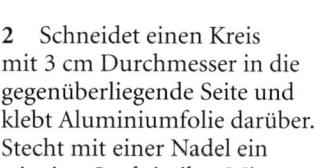

3 Stellt euch an einen dunklen Ort und richtet das kleine Loch auf ein Fenster oder eine gut beleuchtete Stelle. Seht ihr ein auf dem Kopf stehendes Bild auf dem Transparentpapier?

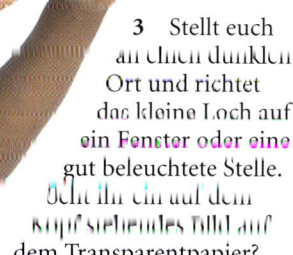

Wie die Kamera funktioniert
Licht wird von einem leuchtenden oder beleuchteten Objekt ausgesandt. Ein Teil gelangt durch das Loch auf die Rückwand der Schachtel. Da sich die Lichtstrahlen überschneiden, steht das Bild auf dem Kopf. Das Licht trifft in gleicher Weise auf die Netzhaut in unseren Augen, doch unser Gehirn sorgt dafür, dass uns die Bilder richtig erscheinen.

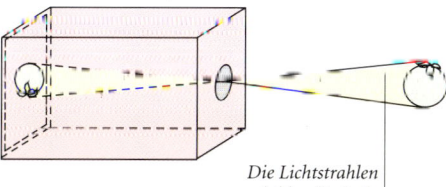

Die Lichtstrahlen bilden Dreiecke

Rechte Winkel

Überall in der Geometrie, den Naturwissenschaften und im Ingenieurwesen findet man 90°-Winkel. Die Vertikale bildet einen 90°-Winkel mit der Horizontalen, die Gravitationskraft wirkt im 90°-Winkel zur Erdoberfläche, und die Tangente steht im 90°-Winkel auf dem Radius eines Kreises. Die Hauptrichtungen eines Kompasses (N, S, O, W) stehen alle senkrecht zueinander. Nur wenn zwei Geraden sich rechtwinklig schneiden, sind alle vier Winkel gleich groß. Das rechtwinklige Dreieck, ein Dreieck mit einem 90°-Winkel, ist ähnlich wichtig. Es bildet beispielsweise die Grundlage für die Trigonometrie (S. 126–127). Sicherlich verwendeten die Ägypter rechtwinklige Dreiecke, als sie die Pyramiden bauten. Es gibt auch Hinweise darauf, dass sie schon den Satz des Pythagoras benutzten, obwohl sie ihn nicht aufschrieben.

GROSSE ENTDECKER

Die Schule der Pythagoreer

Pythagoras (ca. 582–500 v. Chr.) war ein Philosoph, Mystiker und Mathematiker. Er gründete in Croton (Italien) eine Schule, die zu einem Geheimbund wurde. Die Gelehrten dort wurden als Pythagoreer bezeichnet. Ihre Lehre verbreitete sich über die ganze griechische Welt. Ihr Leitsatz war: »Alles ist Zahl.« Sie bewiesen grundlegende Sätze der ebenen Geometrie und der Geometrie der Körper. Der Pythagoreer Philolaus, er lebte im späten 5. Jahrhundert v. Chr., ersann eine Theorie über die Bewegung der Sterne. Sie hielt sich fast 2000 Jahre lang, selbst der Astronom Kopernikus (1473–1543) bezog sich darauf. Die Beobachtungen der Pythagoreer in der Musik (S. 60) waren wahrscheinlich die ersten physikalischen Gesetze, die jemals aufgeschrieben wurden.

EXPERIMENT

Ein besonderes Dreieck

Der Satz des Pythagoras besagt, dass in einem rechtwinkligen Dreieck das Quadrat der größten Seitenlänge so groß ist wie die Summe der Quadrate der beiden anderen Seitenlängen, beispielsweise $3^2 + 4^2 = 5^2$. In der Antike haben Baumeister mithilfe von Dreiecken, deren Seitenlängen im Verhältnis (S. 54) $3 : 4 : 5$ standen, rechte Winkel erzeugt. Mit diesem Experiment könnt ihr dieses Verfahren überprüfen.

IHR BRAUCHT
- Crea-Fix-Platte
- 3 Nadeln • Schere
- Faden
- Klebeband

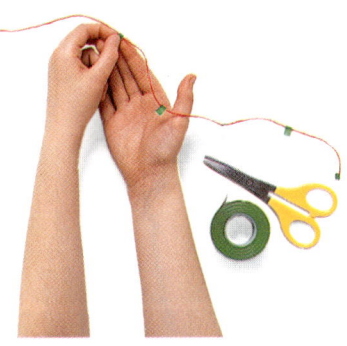

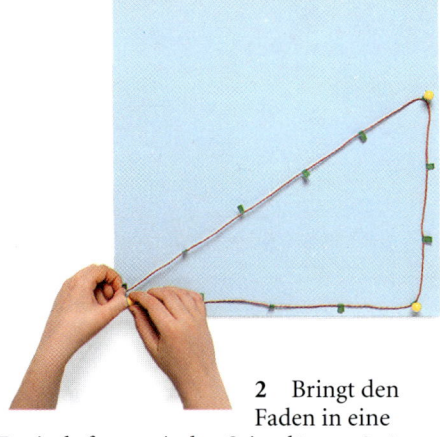

1 Schneidet euch einen etwa 120 cm langen Faden ab. Markiert an dem Faden mit eurem Zeigefinger 12 gleich lange Abschnitte ($3 + 4 + 5 = 12$). Markiert jede Fingerlänge mit einem Stück Klebeband.

2 Bringt den Faden in eine Dreiecksform mit den Seitenlängen 3, 4 und 5 Einheiten. Steckt eine Nadel so in jede Ecke, dass der Faden gespannt wird. Ihr werdet feststellen, dass ein rechtwinkliges Dreieck entstanden ist.

Die Erkennung vermeiden

Die HMS *Monmouth* ist eine Fregatte der britischen Royal Navy. Auf ihr werden die neuesten Techniken angewendet, um die Erkennung durch Radar, Infrarot und magnetische Methoden zu minimieren. Das Radar erkennt Gegenstände dadurch, dass elektromagnetische Wellen an dem Objekt reflektiert werden und wieder zum Empfänger zurückkommen. Die Menge der registrierten Wellen steigt mit dem Anteil der Flächen, die senkrecht zur Auftreffrichtung der Radarwellen sind. Bei der *Monmouth* ist dieser Anteil gering, da alle von oben nach unten verlaufenden Flächen um 7° gegenüber der Vertikalen geneigt sind.

EXPERIMENT

Mit elektrischem Strom Bewegung erzeugen

Dieser einfache Motor, der elektrischen Strom in Bewegung umwandelt, unterscheidet sich nicht allzu sehr von dem, den Michael Faraday (S. 29) 1821 gebaut hat. Während jener die gefährliche Substanz Quecksilber benutzte, funktioniert dieses Experiment mit Salzwasser als Leiter. Sowohl die Drähte als auch das Salzwasser leiten den elektrischen Strom. Faraday zeigte, dass elektrischer Strom im Zusammenspiel mit einem Magnetfeld eine Bewegung erzeugt, die sowohl zur Stromrichtung als auch zur Richtung des Magnetfeldes senkrecht ist. (Siehe Abbildung unten)

IHR BRAUCHT
- Karton • Alufolie • starken, kleinen Magneten • Kupferdraht
- 4,5-Volt-Batterie • Tortenförmchen aus Aluminium • Modelliermasse • Batterie-Anschlussklemmen • Kleiderbügel aus Metall
  - warmes Salzwasser
  - Lineal
  - Drahtschere

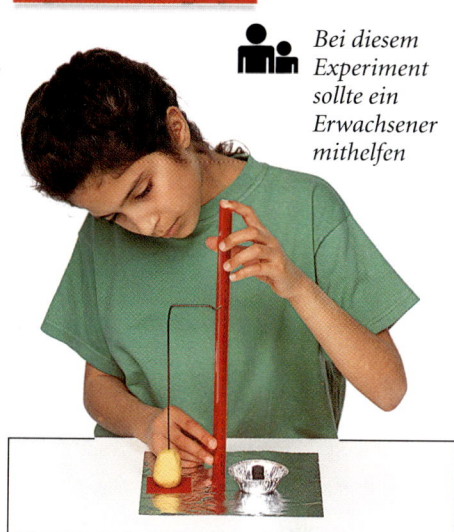

Bei diesem Experiment sollte ein Erwachsener mithelfen

1 Legt die Alufolie auf die Tischplatte. Legt nahe einer Kante den Karton darauf. Formt aus der Modelliermasse einen Zylinder und stellt ihn auf den Karton. Der verhindert den Kontakt von Metall und Folie.

2 Schneidet ein Stück vom Kleiderbügel ab. Biegt es zu einem langen »L« mit einem Haken am kurzen Ende. Steckt das andere Ende so in die Modelliermasse, dass das lange Teilstück vertikal steht.

3 Stellt den Magneten in die Mitte des Tortenförmchens und beides unter den Drahthaken. Messt den Abstand des Hakens von der Folie und schneidet vom Kupferdraht ein Stück in dieser Länge ab.

4 Biegt den Kupferdraht gerade und macht einen kleinen Haken an einem Ende. Füllt das Förmchen fast randvoll mit warmem Salzwasser. Je wärmer und salziger das Wasser ist, umso besser wird das Ergebnis sein.

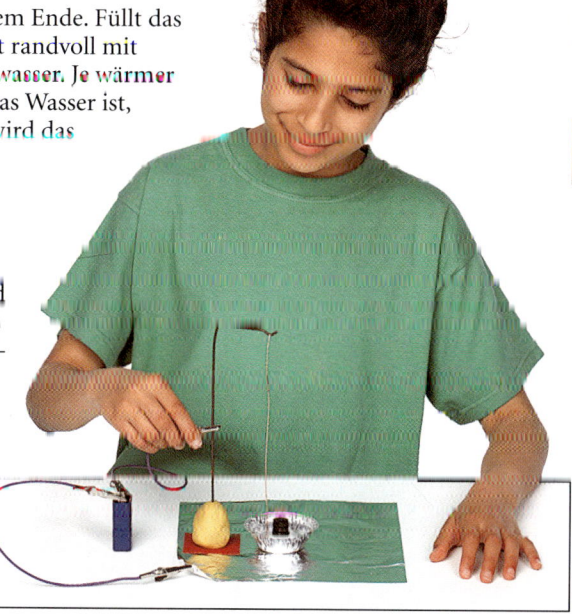

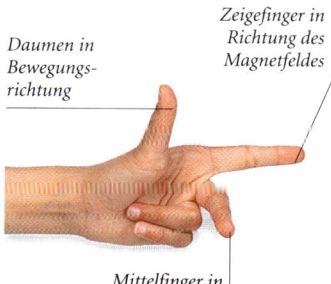

Zeigefinger in Richtung des Magnetfeldes

Daumen in Bewegungsrichtung

Mittelfinger in Stromrichtung

5 Hängt den Kupferdraht in die L-Form ein und lasst ihn in das Wasser hängen. Verbindet mithilfe der Anschlussklemmen die Alufolie mit dem positiven Pol der Batterie, den Drahtbügel mit dem negativen Pol. Das Ende des Kupferdrahtes sollte sich nun um den Magneten drehen. Das Salzwasser wird zischen, weil Wasserstoff entsteht. Nehmt die Anschlüsse nach einiger Zeit von der Batterie weg. Schüttet das Salzwasser aus. Ihr werdet am Boden kleine Vertiefungen sehen. Dort hat sich das Aluminium aufgelöst.

Die Linke-Hand-Regel
Mit dieser Regel, die der englische Physiker John Fleming aufstellte, könnt ihr euch den Zusammenhang zwischen den Richtungen von Bewegung, Strom und Magnetfeld merken. Der Strom fließt in eine Richtung; im rechten Winkel dazu die Richtung des Magnetfeldes und im rechten Winkel zu diesen beiden die Bewegungsrichtung des Drahtes.

Trigonometrie

Die Trigonometrie beruht auf Beobachtungen an rechtwinkligen Dreiecken (S. 124–125). Ihre Entwicklung ist eng mit den Himmelsbeobachtungen, der Astronomie, verbunden. Schon die Ägypter und Babylonier benutzten Lehrsätze über die Seitenverhältnisse in Dreiecken, doch die Regeln, die wir heute anwenden, wurden zum ersten Mal um 150 v. Chr. von Hipparch (rechts) in Tabellen festgehalten. Im späten 16. Jahrhundert wendete Viète (S. 68) die Trigonometrie nicht nur in der Geometrie, sondern auch in der Algebra an, um kubische Gleichungen zu lösen. Die Trigonometrie wird beispielsweise im Tiefbau, in der Architektur und in der Navigation angewendet. Sie hilft dann weiter, wenn Messungen nicht direkt ausgeführt werden können, z. B. wenn es darum geht, die Entfernung zu einem Stern oder vom Meer zu einem Ort auf dem Land zu bestimmen. Seitenverhältnisse in Dreiecken hängen nur von der Größe der Innenwinkel ab. Am wichtigsten sind die trigonometrischen Beziehungen Sinus, Kosinus und Tangens (siehe nächste Seite). Sie sind für Ingenieure und Vermessungstechniker von besonderer Bedeutung.

Hipparch

Hipparch von Nikaia (ca. 170–125 v. Chr.) war fasziniert von der Astronomie. Er betrachtete die Erde als Kugel und beschrieb die Lage von Städten auf der Erdoberfläche durch ein System von Längs- und Querlinien ähnlich dem, das wir noch heute anwenden. Seine Arbeit war der erste Versuch, Formeln für die Trigonometrie zu entwickeln. Hipparch erfand vermutlich das Astrolabium (S. 97).

Mekka

Mekka, im Westen Saudi-Arabiens gelegen, ist der Geburtsort des Propheten Mohammed (570 n. Chr.), des Gründers des Islam. Mekka ist die heilige Stadt des Islam. Muslime verneigen sich bei ihren Gebeten in diese Richtung. Millionen von Pilgern beten vor der Kaaba, einem heiligen Ort in Mekka. Arabische Mathematiker erweiterten im 8. Jahrhundert die Geometrie der Inder um die Trigonometrie. Sie nutzten diese Technik auch für die Orientierung in der Wüste.

Wie hoch ist der Berg?

Um die Höhe eines Berges zu bestimmen, wurden früher Messverfahren verwendet, die auf einfacher Trigonometrie basierten. Erforderlich waren ein Theodolit und ein Bandmaß sowie Informationen über rechtwinklige Dreiecke. Heute verwenden Vermessungstechniker Infrarot-Reflektoren und Informationen von Satelliten.

Moderner Theodolit
Ein Theodolit ist ein Gerät mit einem Linsensystem zur Winkelmessung in horizontaler und vertikaler Richtung. Mit dem hier abgebildeten Instrument werden Winkel mithilfe eines Infrarot-Lichtstrahles bestimmt. Datenspeicher sichern die Ergebnisse einer ganzen Messreihe.

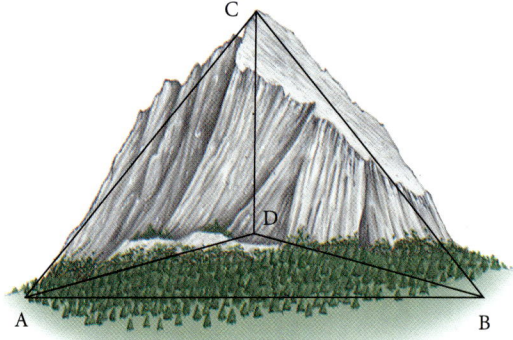

Die Höhe eines Berges durch Winkelmessungen bestimmen
Für die Höhenbestimmung gehen die Vermessungstechniker von zwei rechtwinkligen Dreiecken ADC und BCD sowie zwei weiteren Dreiecken ABD und ABC aus. Die Spitze des Berges wird als Punkt C angenommen. D soll direkt unterhalb der Spitze auf gleicher Höhe wie A und B liegen. Die Länge der Basislinie AB und die Winkel BAD, DBA, DAC und CBD werden gemessen. Aus diesen Winkelmaßen und der bekannten Länge von AB kann man dann CD berechnen.

Trigonometrische Funktionen

Die Trigonometrie stellt das Verhältnis von zwei beliebigen Seiten eines rechtwinkligen Dreiecks als Funktion (S.73) der Innenwinkel dieses Dreiecks dar. Die drei am häufigsten benutzten Verhältnisse sind Sinus, Kosinus und Tangens. Zwischen diesen drei Verhältnissen gibt es zahlreiche Zusammenhänge, sodass man aus der Kenntnis eines dieser Verhältnisse für einen bestimmten Winkel die beiden übrigen berechnen kann. Zur Vereinfachung verfügen wissenschaftliche Taschenrechner über eigene Tasten für jede dieser drei trigonometrischen Funktionen.

Der Winkel und die Seiten
Im Bild wird die Größe des gesuchten Winkels mit α (Alpha) bezeichnet. a ist die Länge der α gegenüberliegenden Seite, b die Länge der an α anliegenden Kathete. Die Länge der Hypotenuse, der längsten Seite im rechtwinkligen Dreieck, wird mit c bezeichnet.

Der Sinus
Der Sinus des Winkels α (kurz: sin α) ist das Verhältnis der Streckenlängen a und c.

Der Kosinus
Der Kosinus des Winkels α (kurz: cos α) ist das Verhältnis der Streckenlängen b und c.

Der Tangens
Der Tangens des Winkels α (kurz: tan α) ist das Verhältnis der Streckenlängen a und b.

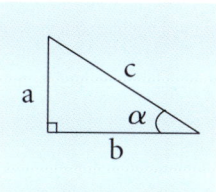

$$\sin \alpha = \frac{a}{c}$$

$$\cos \alpha = \frac{b}{c}$$

$$\tan \alpha = \frac{a}{b}$$

Die Höhe bestimmen

Mithilfe trigonometrischer Verhältnisse könnt ihr die Höhe eines Hauses oder eines Baumes auch ohne spezielle Instrumente herausfinden. Es genügt, dass ihr in gebückter Körperhaltung zwischen euren Beinen hindurchschaut. Notwendig ist ein rechtwinkliges Dreieck, bei dem zwei Seiten beispielsweise von einer Freundin und dem Boden gebildet werden. In diesem Dreieck könnt ihr die Informationen sammeln, mit denen dann die Höhe eines viel größeren Objekts bestimmt werden kann. Um sie dann zu berechnen, müsst ihr die Größe eurer Freundin, den Abstand eurer Augen vom Boden (bei gebückter Körperhaltung) und die Anzahl der Schritte bis zu eurer Freundin bzw. bis zum Baum kennen.

IHR BRAUCHT
● Taschenrechner ● Notizblock ● Stift

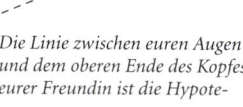

Die Linie zwischen euren Augen und dem oberen Ende des Kopfes eurer Freundin ist die Hypotenuse

Wenn ihr euch immer in der gleichen Weise bückt, dann bilden die Blickrichtung nach oben und die Waagerechte immer den gleichen Winkel

1 Geht von eurer Freundin so weit weg, bis ihr in der gezeigten Körperhaltung zwischen euren Beinen hindurch bis zu ihrem Kopf, aber nicht höher, hinaufschauen könnt. Messt die Entfernung a von dieser Stelle bis zu eurer Freundin. Bittet eure Freundin, den Abstand eurer Augen vom Boden in der gebückten Haltung zu messen. Subtrahiert diese Länge von der Körpergröße eurer Freundin; nennt das Ergebnis d. Das Verhältnis der Streckenlängen d und a, in der gleichen Einheit gemessen, ist der Tangens des Winkels, der von der Horizontalen und der Blickrichtung gebildet wird.

Eure Freundin ist eine Seite des Dreiecks

Eure Freundin bildet mit dem Boden einen rechten Winkel

2 Geht nun so weit vom Baum weg, bis ihr in der gleichen Körperhaltung die Spitze des Baumes seht, aber nicht darüber hinweg. Bestimmt die Entfernung b von diesem Standort bis zum Baum. Um die Höhe des Baumes zu bestimmen, müsst ihr jetzt die Differenz d von oben mit der Entfernung b multiplizieren und dann durch die Entfernung a dividieren. Addiert anschließend noch den Abstand eurer Augen vom Boden.

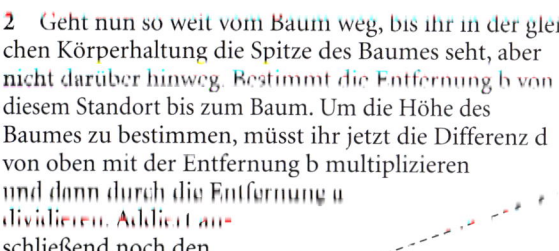

Das Dreieck, das mit dem Baum gebildet wird, ist viel größer als das mit eurer Freundin. Die Winkel in den beiden Dreiecken sind aber gleich groß

Einfache Figuren

Ebene Figuren mit drei oder mehr Seiten nennt man Polygone oder Vielecke. Die einfachsten sind Dreiecke mit drei und Vierecke mit vier Seiten. Unter den Vierecken sind Quadrate, Rechtecke und Parallelogramme von besonderer Bedeutung. Bereits vor etwa 2500 Jahren untersuchten Plato und Euklid »regelmäßige« Vielecke; das sind Vielecke, in denen alle Seiten gleich lang und alle Winkel gleich groß sind. Ihre Untersuchungen waren die Grundlage für weitere Forschungen in den Naturwissenschaften. Regelmäßige Vielecke können wir in der Natur häufig antreffen. Beispiele dafür sind Moleküle, die Bausteine einer chemischen Verbindung; Benzol hat z. B. eine sechseckige Struktur. Biologen verwenden zur Beschreibung von Viren regelmäßige Körper wie das Ikosaeder (S. 152), dessen Oberfläche aus 20 gleichseitigen Dreiecken gebildet wird.

Geometrie im Bienenstock

Honigwaben nehmen nicht nur den Honig auf, sondern schützen auch die Larven vor Räubern. Die Zellen bestehen aus Wachs und haben die Form von regelmäßigen Sechsecken. Sie passen perfekt ineinander. Quadrate und Dreiecke würden ebensogut passen, aber Sechsecke bieten bei gleicher Wachsmenge ein größeres Speichervolumen.

EXPERIMENT

Magische Brieftasche

Diese magische Brieftasche besteht aus zwei Rechtecken, die auf raffinierte Weise verbunden werden. Sie ist mit einem Handgriff von jeder Seite zu öffnen und zu schließen. Man kann Papiergeld darin aufbewahren. Beachtet die unten stehende Skizze, wenn ihr die Brieftasche bastelt.

IHR BRAUCHT
● Lineal ● Papier ● dicken Karton ● Bleistift ● Kleber ● Schere

2 cm
Die Enden der Streifen werden auf die Oberseite jeder Karte geklebt

Die ersten beiden Streifen anbringen

Die Streifen kreuzen sich in der Mitte der Rückseite des Kartons

Das zweite Paar Streifen anbringen

Die Papierscharniere anbringen
Legt die Streifen so unter die Rechtecke, dass die Enden sichtbar sind. Klebt nun die sichtbaren Teile so auf, dass die Kartons verbunden sind.

1 Schneidet aus dem Karton zwei Rechtecke von 18 cm x 9 cm aus. Schneidet für die Verschlüsse vier Papierstreifen, jeden 14 cm lang und 12 mm breit. Befestigt die Verschlüsse, wie links gezeigt.

2 Dreht die Brieftasche um. Legt ein Stück Papier über die gekreuzten Streifen auf der linken Seite und klappt die Brieftasche zu. Was passiert, wenn ihr sie nun von der rechten Seite öffnet?

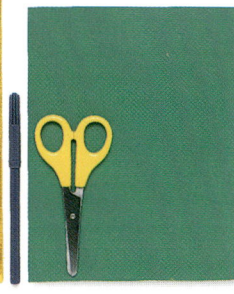

IHR BRAUCHT
- Lineal
- Stift
- Schere
- festes Papier

EXPERIMENT
Winkel in einem Viereck

Das Wort Viereck bezeichnet eine ebene Form mit vier Ecken. Dazu gehören Quadrate, Rechtecke, Rauten, Drachen und Parallelogramme, aber auch Figuren mit unterschiedlichen Seitenlängen und verschieden großen Innenwinkeln. Die Innenwinkel aller Vierecke haben aber eine Eigenschaft gemeinsam. Verwendet für dieses Experiment verschiedenartige Vierecke. (Lösung S. 187)

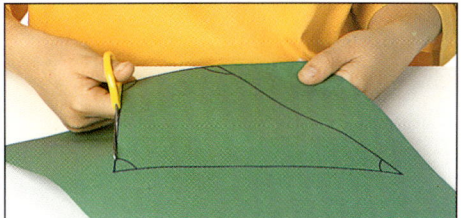

1 Zeichnet ein Viereck in beliebiger Form. Das Bild zeigt eines mit verschiedenen Seitenlängen und Winkeln. Schneidet das Viereck aus.

2 Markiert alle vier Innenwinkel. Schneidet die Winkel so ab, dass die abgeschnittenen Eckteile genügend groß sind. (Es bleibt ein Achteck übrig, das ihr nicht braucht.)

3 Legt die vier Teile so nebeneinander auf den Tisch, dass sich die Spitzen der markierten Winkel berühren. Wie groß ist die Summe dieser Winkel?

EXPERIMENT
Pentominos

Pentominos werden von fünf aneinanderstoßenden Quadraten gebildet; sie sind verwandt mit den Dominos, die aus zwei Quadraten bestehen. Es gibt zwölf mögliche Figuren. In diesem Spiel für zwei Personen sollen die Pentominos auf einem Schachbrett so aneinandergelegt werden, dass nur noch vier Felder frei bleiben. Es gibt dafür schätzungsweise 1000 Möglichkeiten. Bei 65 dieser Lösungen liegen die freien Quadrate genau in der Mitte. Wer als Erstes kein Pentomino mehr auf dem Schachbrett unterbringt, hat verloren.

Vorlage für die Pentominos
Verwendet diese Vorlage, um die zwölf Figuren herzustellen. Zeichnet die Pentominos mit dem Bleistift vor. Färbt jeden Teil in einer anderen Farbe. Die schattierten Felder gehören zu keiner der Figuren.

IHR BRAUCHT
- Schere • Bleistift • Farbstifte
- festes Papier oder Karton
- Lineal • Schachbrett

1 Übertragt das Gitter von 8 x 8 Quadraten eures Schachbretts auf den Karton. Die Quadrate müssen genauso groß sein wie die Felder auf dem Brett.

2 Zeichnet die zwölf Plättchen wie in der obigen Vorlage. Färbt sie und schneidet sie aus. (Die vier restlichen Quadrate werden nicht verwendet.)

3 Legt die Pentominos auf einen Stapel zwischen euch. Nehmt abwechselnd jeweils einen und legt es auf das Schachbrett. Ihr könnt die Figuren dabei auch umdrehen. Wer zuerst nichts mehr hinlegen kann, hat verloren. Mit ein wenig Übung könnt ihr eure Spielzüge vorausplanen und eure Gewinnchancen beeinflussen.

Formen zusammenfügen

Wenn ein Handwerker den Boden und die Wände eines Badezimmers fliest, legt er die Kacheln so, dass nur schmale Fugen bleiben. Bei Mosaiken gehen die Künstler in ähnlicher Weise vor. Damit aus den Einzelteilen ein Mosaik entsteht, müssen sich die Winkel beim Aneinanderstoßen zu 360° ergänzen. Außerdem müssen die aneinandergrenzenden Seiten gleich lang sein. Überraschenderweise können aus gleichen Dreiecken bzw. gleichen Vierecken beliebiger Form regelmäßige Mosaike oder Parkettierungen gelegt werden. Regelmäßige Sechsecke fügen sich ebenfalls aneinander, wie man bei den Honigwaben sieht (S. 128). Es gibt aber auch Parkettierungen, bei denen mehrere Formen verwendet werden. Solche Muster erfreuten sich jahrhundertelang größter Beliebtheit in Kunst und Architektur. Wenn ihr einen Fußball betrachtet, könnt ihr feststellen, dass er bei der räumlichen Anordnung von regelmäßigen Fünf- und Sechsecken entsteht. Wissenschaftler nutzen Untersuchungen über Parkettierungen bei der Analyse von kristallinen Strukturen (S. 153).

GROSSE ENTDECKER
Der mathematische Künstler

Der holländische Künstler M. C. Escher (1898–1972) ist vor allem für die seltsamen optischen Effekte seiner Werke bekannt, die manchmal als »mathematische Kunst« bezeichnet werden. In diesem Holzschnitt, *Kreislimit IV (Himmel und Hölle)*, erzeugen sich die Umrisse von Engeln und Teufeln gegenseitig. Es entsteht der Eindruck, dass die Engel und Teufel die Oberfläche einer Kugel bedecken. Die Figuren werden jedoch zum Rand des Kreises hin immer kleiner und wiederholen sich scheinbar unbegrenzt. Einige Bilder zeigen räumliche Anordnungen, die in Wirklichkeit gar nicht existieren können.

Kreislimit IV

EXPERIMENT
Tangram

Tangram ist ein beliebtes Puzzle, das in China erfunden wurde. Es ist ein Beispiel für die Faszination der Chinesen für mathematische Spiele. Weitere Beispiele für diese Vorliebe sind die magischen Quadrate (S. 26), die erstmals zu Beginn der Han-Dynastie, um 200 v. Chr., erwähnt wurden. Ein Tangram besteht aus einer Anzahl von drei- und viereckigen Teilen, die alle aus einem großen Quadrat ausgeschnitten werden können. Der Reiz des Tangrams besteht darin, aus den sieben Teilen stilisierte Tiere, Menschen und Objekte zu legen.

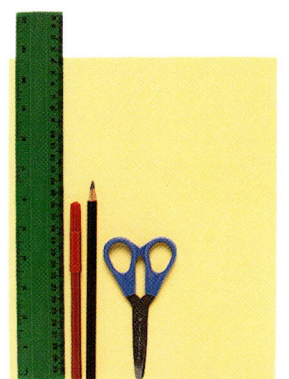

IHR BRAUCHT
- Lineal • Stift • Bleistift
- Schere • Karton

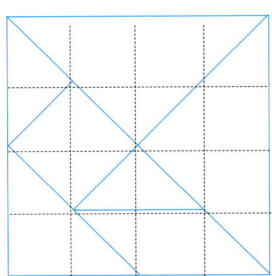

Vorlage für die Tangram-Figuren

1 Zeichnet ein Quadrat auf den Karton und schneidet es aus. Zeichnet ein Gitter aus 16 kleinen Quadraten darauf. Übertragt die sieben Tangram-Figuren von der Vorlage oben rechts.

2 Schneidet mit der Schere alle sieben Formen aus. Lasst die Bleistiftlinien auf den Formen, wenn es euch nicht stört; ihr könnt dann leicht feststellen, welche Seite oben liegen soll.

3 Legt eine Figur aus allen sieben Teilen, wie beispielsweise diesen Fisch. Versucht eine Katze oder ein Boot zu legen. Auf S. 187 findet ihr noch weitere Figuren, die euch Anregungen geben können.

EXPERIMENT
Dekorative Geometrie

Mit einfachen Formen, die aus Schwämmen ausgeschnitten wurden, können dekorative Muster gestaltet werden. Beim Entwurf muss man die Regeln für Parkettierungen berücksichtigen. Die Abbildungen rechts zeigen zwei Gestaltungsmöglichkeiten. Lasst euch von Tapeten, Fliesen oder Kunstwerken inspirieren.

IHR BRAUCHT
- 3 Scheuerschwämme
- Plakafarben
- Lineal
- Bleistift
- Pinsel
- Schere
- Papier

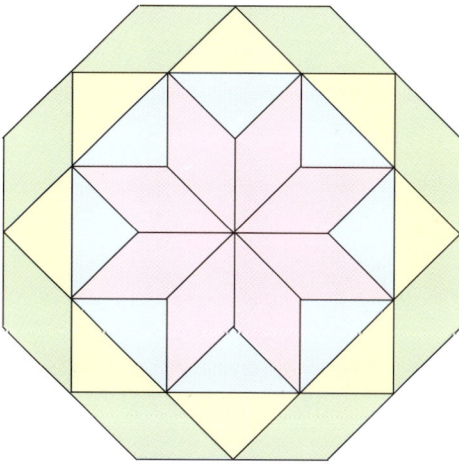

Rauten und Dreiecke
Bei einer Raute sind alle vier Seiten gleich lang und gegenüberliegende Winkel gleich groß. Ein rechtwinkliges, gleichschenkliges Dreieck kann als halbes Quadrat angesehen werden. Hier bilden die Grundformen ein regelmäßiges Achteck.

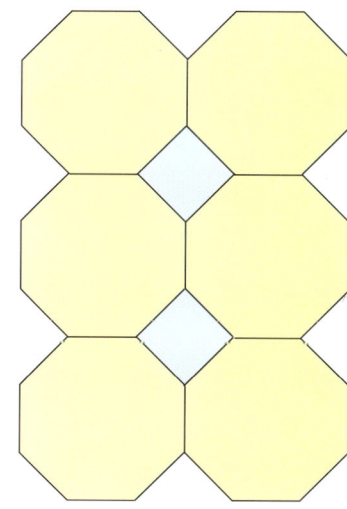

Achtecke und Quadrate
Die Achtecke haben gleiche Winkel und gleich lange Seiten. Die Seitenlängen der Achtecke und der Quadrate sind gleich.

1 Zeichnet mit Bleistift und Lineal eine Form auf jeden Schwamm. Die Seitenlängen müssen bei allen Formen gleich sein. Die Abbildung zeigt ein Dreieck und eine Raute. Beginnt mit den oben gezeigten Beispielen.

2 Schneidet die Formen, für die ihr euch entschieden habt, mit der Schere aus. Achtet darauf, ganz gerade durchzuschneiden, damit die Formen nicht ungleichmäßig werden.

Ornamente
Islamische Künstler waren sehr einfallsreich bei der Gestaltung von Ornamenten. Aus mathematischer Sicht gibt es 17 verschiedene Parkettierungsarten. Sie sind alle in der Alhambra, einem Sultanspalast in Spanien, zu bewundern. Diese Eingangstür einer Moschee in Fes in Marokko zeigt ein komplexes Muster auf der Vertäfelung. Auf jedem Türflügel sind drei große Rechtecke. Jedes besteht aus acht Dreiecken, die ihrerseits aus rechtwinkligen Dreiecken als Grundform aufgebaut sind. Man kann auch sternförmige Muster erkennen. Die Umrandung der Tür zeigt Ornamente aus gebogenen Formen.

3 Benutzt für jede Farbe einen anderen Schwamm. Taucht den Schwamm in die Farbe und drückt ihn fest auf das Papier. Nehmt ihn dann vorsichtig wieder vom Papier ab.

Achtet darauf, dass sich die Kanten der gedruckten Formen nicht überlappen

KREISE UND WELLENLINIEN

Kreise können wir überall in unserer Umgebung beobachten, von kleinen Wellen im Wasser bis zum Hof des Mondes. Schon immer waren die Menschen von dieser vollkommenen Form fasziniert. Mathematiker haben auch andere Kurven untersucht, so die elliptischen Bahnen der Planeten und die parabelförmige Bahn eines schräg in die Luft geworfenen Balls.

In den letzten 4000 Jahren wurden viele verschiedene Kurvenarten untersucht. Jede hat bestimmte Eigenschaften, durch die sie sich für die Lösung bestimmter Probleme eignet. Kreise werden beispielsweise bei der Herstellung von Rädern benutzt. Parabeln liefern die Grundform für Satellitenempfangsantennen.

Eine perfekte Form

Kreise sind uns sehr vertraut. In der Natur bilden sich Kreise, wenn ihr beispielsweise einen Stein in einen See werft. Dann entsteht auf der Oberfläche eine Störung, die sich als Serie von kleinen Kreiswellen in alle Richtungen gleichmäßig ausbreitet.

Mathematisch lässt sich der Kreis als eine Kurve beschreiben, bei der jeder Punkt von einem festen Punkt, dem Kreismittelpunkt, gleich weit entfernt ist. Diese Eigenschaft nutzen die Menschen beim Bau von Rädern aus. Die Speichen sorgen dafür, dass jede Stelle der Felge von der Radnabe gleich weit entfernt ist.

Die alten Griechen waren vom Kreis fasziniert. Sie hielten ihn für eine perfekte Figur, mit deren Hilfe sie viele Geheimnisse des Universums erklären wollten, beispielsweise wie sich Planeten und Sterne am Himmel bewegen. Sie betrachteten auch die Erde als eine perfekte Kugel. Anaximander, ein griechischer Gelehrter (611–545 v. Chr.), versuchte die geografische Breite seiner Heimat herauszufinden.

Vier Jahrhunderte später gelang einem anderen Gelehrten, Eratosthenes (S.135), eine recht genaue Schätzung des Erdumfangs. Astronomen im alten Griechenland, wie Hipparch (S. 126), waren davon überzeugt, dass sich

Kegelschnitte
Der griechische Gelehrte Apollonius zeigte in seinem Buch Kegel *(225 v. Chr.), dass ein Kegel mit kreisförmiger Grundfläche so geschnitten werden kann, dass als Schnittfläche ein Kreis, eine Parabel (ganz oben) und eine Ellipse (darunter) entstehen.*

der Mond, die Sterne und die Planeten auf Kreisbahnen um die Erde bewegen. Mit ausgefeilten Modellen aus Kreisen, in denen sich wiederum Kreise bewegten, versuchten sie, die Bewegungen der Planeten am Nachthimmel zu erklären.

Der Glaube an die Perfektion des Kreises hat dazu geführt, dass beispielsweise Künstler in der Renaissance danach beurteilt wurden, wie gut sie Kreise freihand zeichnen konnten.

Die Quadratur des Kreises

Viele griechische und babylonische Gelehrte versuchten vergebens, einen Kreis mit Zirkel und Lineal in ein flächengleiches Quadrat zu verwandeln. Heute wissen wir, dass dieser Versuch niemals gelingen wird. Dies liegt daran, dass bei der Berechung des Flächeninhaltes eines Kreises die Zahl π (S. 53) benötigt wird. Sie gehört zu einer ganz besonderen Art von Zahlen, den transzendenten Zahlen. Sie lassen sich niemals genau aufschreiben und sind auch nicht als Lösung einer einfachen algebraischen Gleichung darstellbar. Deshalb sagen wir von einer Person, die Unmögliches versucht, dass sie die Quadratur des Kreises probiert.

Aufzeichnung von Tönen
Wenn Radiowellen gesendet werden, wird ein Tonsignal mit einem »Trägersignal« kombiniert. Bei AM (Amplituden-Modifikation) variiert das Tonsignal die Stärke der Trägerwellen. Bei FM (Frequenz-Modulation) variiert es die Frequenz der Wellen. Dieses Bild zeigt, wie sich ein AM-Signal durch Schwingungen verschiedener Stärke auswirkt.

Rätselhafte Spuren
Dieses Muster entsteht, wenn ein runder Deckel an der Innenseite eines anderen Kreises entlangrollt. Farbstifte haben die Spur eines Loches im Deckel sichtbar gemacht (S. 139).

Ellipsen

Auch als unter den Naturwissenschaftlern bereits allgemein akzeptiert war, dass die Planeten sich um die Sonne und nicht um die Erde drehen, ging man noch von der alten griechischen Idee aus, dass sich die Himmelskörper auf Kreisbahnen bewegen. Der deutsche Astronom Johannes Kepler (1571–1630) machte dann 1609 die sensationelle Entdeckung, dass alle Planetenbahnen, auch die der Erde, nicht kreisförmig, sondern elliptisch sind. Eine Ellipse entsteht aus einem Kreis durch Dehnung in eine Richtung.

Teil einer Kurve

Das zusammenhängende Stück eines Kreises, einer Ellipse oder einer anderen Kurve wird als Bogen bezeichnet. Bereits die Römer benutzten Kreisbögen, um Brücken und Aquädukte (Brücken zum Transport von frischem Wasser) zu bauen. Die Römer erkannten, dass Bögen größere Entfernungen überbrücken und höhere

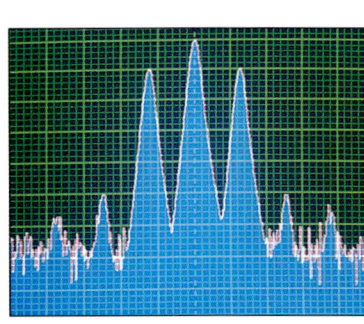

Lasten tragen können als gerade Balken. Heute werden bei vielen Brücken, die über breite Flüsse oder tiefe Schluchten führen, keine Bögen mehr als Grundkonstruktion verwendet. Stattdessen bestehen sie aus beweglichen Fahrbahnnen, die frei an starken Seilen hängen. Die Humber Bridge in der Nähe von Hull in Großbritannien ist mit mehr als 1410 m Länge eine der längsten Hängebrücken, die jemals gebaut wurden. Die ersten Metallhängebrücken entstanden vor ungefähr 300 Jahren. Das Prinzip der Hängebrücke ist aber schon viel länger bekannt. Dort wo Lianen oder andere natürliche Seile zur Verfügung stehen, werden von vielen Völkern Laufstege gebaut, um Flüsse oder tiefe Schluchten zu überbrücken.

Bei Hängebrücken kann man einen anderen Kurventyp beobachten, der als »Kettenlinie« bekannt ist. Wenn schwere Ketten oder lange und schwere Drähte nicht straff gespannt werden, so hängen sie ein wenig durch und formen eine »Kettenlinie«. Dies gilt für Hochspannungsleitungen ebenso wie für die Spannseile einer Hängebrücke.

Kurvenbahnen

Wenn ein Ball schräg in die Luft geworfen wird, bewegt er sich auf einer Bahn, die als Parabel (S. 140) bezeichnet wird. Die Bewegung des Balls erfolgt sowohl in horizontaler als auch in vertikaler Richtung. Während er sich nach oben bewegt, verlangsamt sich seine vertikale Geschwindigkeit aufgrund der Schwerkraft. Schließlich steigt der Ball nicht mehr weiter und fällt zurück auf die Erde. Wegen der Schwerkraft nimmt dann die vertikale Geschwindigkeit des

Balles zu. Spiegel und Antennen, deren Querschnittsflächen parabelförmig begrenzt sind, bündeln Licht und andere Formen von Strahlung. Die Innenseiten von Autoscheinwerfern enthalten solche Reflektoren. Das Licht der Lampe wird reflektiert und so gebündelt, dass die Straße gut ausgeleuchtet wird. Bei Satellitenschüsseln werden die auftreffenden Radiosignale auf einen kleinen Detektor reflektiert, der sich vor der Antenne befindet.

Dekorative Spirale
Für diese Dekoration nimmt man eine flache Spirale (S. 146) und zieht sie an ihren Enden auseinander.

Zykloide und Kardioide sind zwei weitere interessante Kurventypen (S. 144), die durch rollende Kreise entstehen. Wenn ein Rad auf dem Boden rollt und ihr den Weg eines Punktes am Rand verfolgt, so beschreibt dieser Punkt eine Kurve, die Zykloide. Wenn ihr aber einen Punkt am Rand eines Kreises verfolgt, der außen um einen anderen Kreis derselben Größe rollt, so ergibt sich eine herzförmige Kurve, die Kardioide. In vielen Maschinen, wie Pumpen oder Pressen, bewegen sich Teile auf kardioiden- oder zykloidenförmigen Bahnen.

Spiralen

Zu den ebenen Kurven gehören auch die Spiralen unterschiedlicher Art. Auf einen Karton

gezeichnet und dann ausgeschnitten, ergibt sich ein dekoratives Mobile (Bild links und S. 147), das sich mit jedem Luftzug bewegt. Die Form erinnert an Schrauben, wie sie jeder Heimwerker in unterschiedlicher Größe und für viele Zwecke gebraucht. Schrauben aus Holz wurden von den Griechen schon vor mehr als 2000 Jahren verwendet. Die Rotorblätter von Hubschraubern und die Propellerblätter von Flugzeugen durchschneiden die Luft in ähnlicher Weise, wie Metallschrauben durch das Holz dringen. Dieser Vorgang treibt das Flugzeug vorwärts; deshalb werden Propeller oft auch als »Luftschrauben« bezeichnet. Auch Federn in Armbanduhren gehören zu den Spiralen. Wenn man sie spannt, können sie Energie speichern, die dann frei wird, wenn die Federn wieder ihre ursprüngliche Form annehmen. Andere Federn, wie sie in Autos verwendet werden, sind mit einer Wendeltreppe vergleichbar. Diese Form entsteht, wenn sich ein Punkt mit unverändertem Abstand um eine Achse dreht und der Drehpunkt dabei auf der Achse gleichmäßig von unten nach oben bewegt wird.

Spiralen gigantischer Größe können die Astronomen im Weltall beobachten. Einige Galaxien (S. 146) haben spiralförmige Arme, die aus Milliarden von Sternen bestehen. Auch unsere Sonne mit ihren Planeten, und damit auch wir auf der Erde, sind Teil einer Spiralgalaxie, der »Milchstraße«. Auf diese Namen geht der Begriff »Galaxie« zurück (lat. lacteus = Milch).

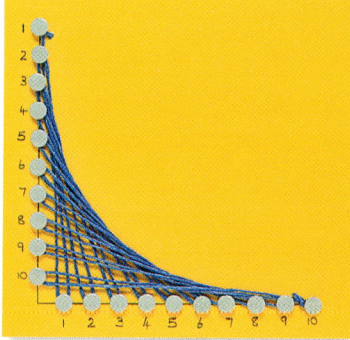

Kurven aus geraden Linien
Gerade Linien können Kurven wie diese Parabel bilden (S. 143). Die gespannten Schnüre sind Tangenten an die Kurve.

Signale von Satelliten bündeln
Eine Satellitenschüssel ist ein Paraboloid, eine dreidimensionale Form, deren Querschnittsfläche eine Parabel ist. Auftreffende Radiowellen werden in Richtung des Empfängers (hier links von der Schüssel abgebildet) reflektiert.

Pi bestimmen

Das Verhältnis von Umfang und Durchmesser ist für alle Kreise gleich. Es wird mit Pi (kurz π) bezeichnet und ist ungefähr 3,14159. π ist eine irrationale Zahl (S. 38); das bedeutet, dass es nicht als Verhältnis von zwei ganzen Zahlen ausgedrückt werden kann. Der Bruch $\frac{22}{7}$ wird häufig als Näherung verwendet. Etwa 3000 v. Chr. benutzten die Babylonier für π den Wert 3. Später zeigte der griechische Mathematiker Archimedes (S. 18), dass π zwischen $3\frac{1}{7}$ und $3\frac{10}{71}$ liegt. Der Bruch $\frac{355}{113}$ ist ein recht genauer Näherungswert für π. Wegen seiner Ziffern kann man ihn sich auch leicht merken. Mathematiker aus allen Kulturkreisen beteiligten und beteiligen sich an der Suche nach einer genaueren Darstellung. Durch den Einsatz von Computern ist π nun auf mehr als zwei Milliarden Dezimalstellen berechnet. Das Symbol π für Pi wurde erstmals im Jahr 1706 verwendet. Diese Zahl spielt in vielen Teilgebieten der Mathematik eine Rolle, nicht nur in der Geometrie.

Vollmond

Die Kenntnis von π war für Astronomen notwendig, um Entfernungen und Umlaufbahnen zu berechnen. Der Mond umkreist die Erde in etwa 29 Tagen einmal. Wenn er sich zwischen der Erde und der Sonne befindet, ist Neumond. Steht er der Sonne gegenüber, so fällt das Sonnenlicht auf seine der Erde zugewandten Seite und wir sehen einen Vollmond. Hier seht ihr den Vollmond am Nachthimmel über der Grand Teton Range in Wyoming (USA).

🧩 Puzzle

Markiert für dieses Zweipersonenspiel sechs Punkte auf einem Kreis. Bei jedem Zug werden zwei Punkte mit einer geraden Linie verbunden. Die Spieler zeichnen abwechselnd, jeder benutzt immer die gleiche Farbe. Wer als Erster eine Linie zeichnen muss, mit der ein gleichfarbiges Dreieck entsteht, hat verloren. Grün war bereits sechsmal am Zug, nun ist Rot an der Reihe. Die drei unterbrochenen Linien zeigen die noch möglichen Verbindungen. Rot hat verloren, da jede Linie zu einem vollständig roten Dreieck führt.

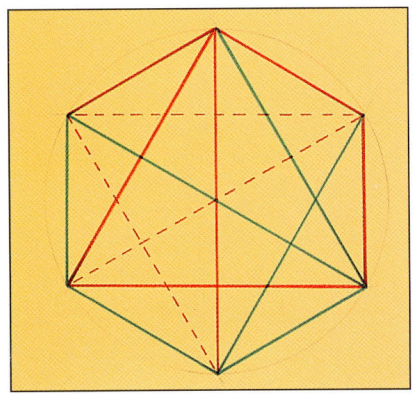

EXPERIMENT

Pi durch Messen bestimmen

Messt den Umfang und den Durchmesser bei verschiedenen runden Gegenständen. Wenn ihr dann das Verhältnis berechnet, werdet ihr feststellen, dass π unabhängig von der Größe des Kreises immer gleich ist.

IHR BRAUCHT
- Taschenrechner • Stift • Notizblock
- Maßband • kreisförmige Gegenstände wie Untertassen, Keksdosen, Teetassen

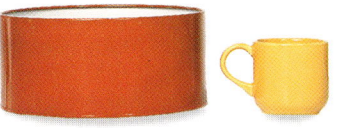

Benutzt einen Faden, wenn euch ein Maßband zu unhandlich ist

1 Macht auf eurem Notizblock eine Tabelle mit drei Spalten: Umfang, Durchmesser und π. Nehmt einen runden Gegenstand, und messt seinen Umfang und seinen Durchmesser so genau wie möglich. Notiert die Ergebnisse in der entsprechenden Spalte.

2 Dividiert den Umfang durch den Durchmesser; notiert das Ergebnis in der Spalte für π. Vergleicht die Werte für verschiedene Gegenstände.

Graf Buffons Abschätzung von Pi

Der Mathematiker Georges Louis Leclerc, Comte de Buffon (1707–1788) hatte die Idee, die Zahl π durch ein Zufallsexperiment zu bestimmen. Wenn eine Nadel aus größerer Höhe auf ein Stück Papier fällt, das mit parallelen Linien im Abstand der Nadellänge bedeckt ist, dann ist die Wahrscheinlichkeit, dass die Nadel quer über einer Linie landet, gleich 2/π. Ihr könnt diese Idee mit einem Streichholz (ohne Zündkopf) überprüfen. (Rechenweg S. 187)

IHR BRAUCHT
- Papierstreifen
- Stift ● Notizblock
- Streichholz
- Lineal

1 Brecht den Zündkopf des Streichholzes vorsichtig ab. Messt die Streichholzlänge und notiert sie. Zeichnet mit dem Lineal parallele Linien auf den Papierstreifen, deren Abstand voneinander der Länge des Streichholzes entspricht.

Bezeichnet jeden Treffer mit einem Häkchen, jeden Fehlwurf mit einem Kreuz

2 Lasst das Streichholz mindestens 30-mal auf das Papier fallen. Bittet eine Freundin zu notieren, wie oft es dabei eine der Linien kreuzt. Dividiert diese Anzahl durch die Gesamtzahl aller Versuche. Die theoretische Wahrscheinlichkeit ist 2/π. Sind die beiden Werte ähnlich?

Das Alter eines Baumes bestimmen

Der Stamm eines Baumes wächst in jedem Jahr um einen kreisförmigen Ring. Die Breite der Jahresringe hängt von den Wetterbedingungen im Jahresverlauf ab. Durchschnittlich wächst der Umfang des Stammes um 2,5 cm pro Jahr. Damit könnt ihr das Alter eines Baumes ermitteln, ohne ihn zu fällen und ohne π zu benutzen. Messt den Umfang des Stammes in Zentimetern an einer Stelle, wo keine Wurzelverdickungen mehr sind, und teilt ihn durch 2,5. Manche Baumarten, wie Rothölzer und Tannen, wachsen schneller, andere, wie Eiben, Linden und Rosskastanien, wachsen langsamer.

Der Erdumfang

Eratosthenes (ca. 240 v. Chr.) bestimmte den Erdumfang durch Winkelmessungen in Alexandria und Assuan. Assuan liegt fast genau südlich von Alexandria. Eratosthenes wusste, dass die Sonne zur Mittagszeit in Assuan genau in einen tiefen Brunnen schien, also genau vertikal über dem Brunnen stand. Er maß zum gleichen Zeitpunkt in Alexandria am Schatten eines vertikal stehenden Stabes den Winkel der Sonnenstrahlen zur Erdoberfläche. Er betrug 7°. Damit wusste er, dass die Entfernung von Alexandria bis Assuan etwa 1/50 des Erdumfangs ist (360° geteilt durch 7°). Die exakte Länge der Maßeinheiten, die er benutzte, ist unbekannt; die Umrechnung in unser Maßsystem ergibt etwa 40 000 km. Nach heutigen Berechnungen beträgt der Erdumfang 40 024 km. Teilt diesen Wert durch π, um den Durchmesser der Erde herauszufinden.

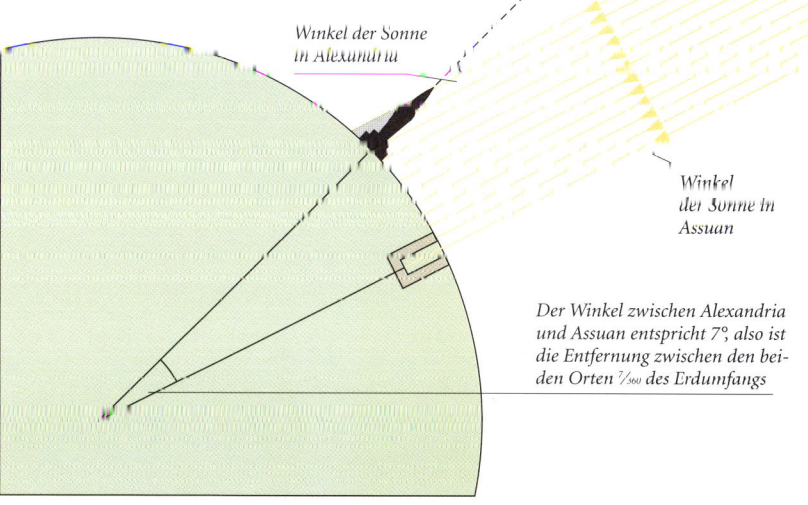

Winkel der Sonne in Alexandria

Winkel der Sonne in Assuan

Der Winkel zwischen Alexandria und Assuan entspricht 7°, also ist die Entfernung zwischen den beiden Orten 7/360 des Erdumfangs

Eigenschaften des Kreises

Ein Kreis ist eine Linie, bei der jeder Punkt den gleichen Abstand zum Mittelpunkt hat. Dieser Abstand heißt Radius (r) des Kreises. Die gerade Verbindungslinie von zwei Kreispunkten durch den Mittelpunkt wird als Durchmesser bezeichnet. Der Durchmesser ist doppelt so lang wie der Radius. Eine gerade Linie, die den Kreis in zwei Punkten schneidet, heißt Sekante. Der Teil eines Kreises zwischen zwei seiner Punkte wird Kreisbogen genannt. Der Kreis gehört zu den Kurven, die in der Mathematik als Kegelschnitte bezeichnet werden (S. 140). Kreise kann man überall in der Natur beobachten: in der Pupille unserer Augen, als Muster auf Schmetterlingsflügeln und als Querschnitte von Bäumen. Der Regenbogen scheint aus vielen Kreisen aufgebaut zu sein, für jede Farbe einen. Von der Erde aus sehen wir jeweils nur einen Kreisbogen, aber von einem Flugzeug in großer Höhe aus betrachtet ist der ganze Kreis sichtbar.

Natürliche Kreise

Wenn ein Tropfen auf die Oberfläche eines Teiches fällt, wird diese Stelle zum Mittelpunkt vieler kleiner Kreiswellen, die sich nach außen ausbreiten. Die Wellen verebben schließlich, wenn die Energie aufgezehrt ist, die durch den Tropfen frei wurde. Die Fähigkeit, die Entstehung und Ausbreitung der Wellen durch mathematische Modelle zu beschreiben, ist für die Berechnung von Strömungsvorgängen sehr wichtig geworden.

EXPERIMENT

Den Kreismittelpunkt finden

Dieses Experiment zeigt euch eine einfache Möglichkeit, den Mittelpunkt eines Kreises ohne spezielle Instrumente herauszufinden. Ihr braucht nicht einmal einen Zirkel, um den Kreis zu zeichnen. Es genügt irgendein kreisförmiger Gegenstand. Wenn ihr mithilfe eines rechtwinkligen Papiers Markierungen auf dem Kreis anbringt, könnt ihr seinen Durchmesser zeichnen. Zwei beliebige Durchmesser eines Kreises schneiden sich im Mittelpunkt des Kreises.

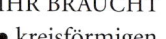

IHR BRAUCHT
● kreisförmigen Gegenstand, z.B. einen Teller
● Stift ● Papier
● Lineal

1 Legt den kreisförmigen Gegenstand so auf ein Blatt Papier, dass ringsum ein Rand frei bleibt. Haltet den Gegenstand fest und fahrt den Umriss vorsichtig nach. Haltet den Stift senkrecht zum Papier, damit ihr eine glatte Linie erhaltet.

2 Legt das rechteckige Blatt Papier so über den Kreis, dass eine Ecke den Rand berührt und die angrenzenden Seiten den Kreis schneiden. Markiert die Schnittstellen auf dem Kreis, und verbindet sie mit dem Lineal.

3 Wiederholt diesen Vorgang an einer anderen Stelle des Kreises noch einmal. Markiert wieder die beiden Punkte, an denen sich die benachbarten Rechteckseiten und der Kreis schneiden. Zeichnet mit dem Lineal die Verbindungslinie ein. Die beiden Verbindungsstrecken sind Durchmesser des Kreises und schneiden sich in seinem Mittelpunkt.

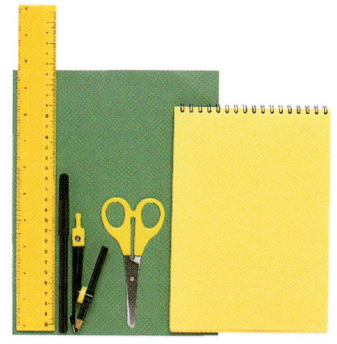

Den Flächeninhalt eines Kreises ermitteln

Die Fläche eines Kreises kann man mit der Formel $r^2 \cdot \pi$ berechnen. Mit diesem Experiment wird der Flächeninhalt ohne Formel näherungsweise bestimmt. Dazu wird ein Kreis zerlegt.

Die Teile werden neu angeordnet und ergeben ungefähr ein Rechteck. Seine Breite entspricht dem Kreisradius (r); die Länge ist ungefähr gleich $r \cdot \pi$. Der Inhalt dieses Rechteckes kann dann leicht bestimmt werden.

IHR BRAUCHT
- Lineal ● Stift
- Zirkel ● Schere
- Notizblock
- Papier

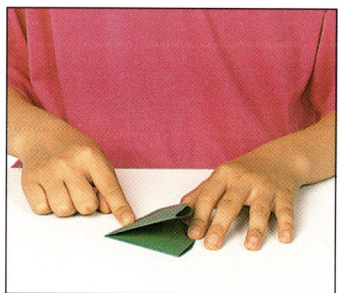

1 Zeichnet einen Kreis mit dem Zirkel auf das Papier und schneidet ihn sorgfältig aus. Faltet den Kreis so, dass die beiden Teile genau aufeinanderfallen, und verstärkt den Falz mit dem Fingernagel.

2 Halbiert das Papier nochmals und verstärkt den Falz. Faltet das Papier wieder auf. Faltet es nun so auf die Hälfte, dass zwei benachbarte Falzlinien aufeinanderfallen. Wiederholt diesen Vorgang mehrfach.

3 Faltet das Papier auseinander und glättet die Falze. Sie sollten alle durch den Kreismittelpunkt gehen. Schneidet den Kreis entlang der Falze in einzelne Stücke. Jedes Teil hat die Form eines Tortenstücks.

4 Legt die Stücke wie abgebildet auf den Tisch. Je mehr Teile ihr ausschneiden konntet, umso mehr ähnelt die Figur einem Rechteck. Messt Länge und Breite und berechnet den Flächeninhalt des Rechtecks.

Muster mit Kreisen und Kreisbögen

Mit einem Zirkel kann man hübsche Muster aus Kreisen und Kreisbögen erzeugen. Ein Kreisbogen ist ein Teil des Kreisumfangs. Wenn ihr den Radius nicht verändert, gehen die Kreisbögen in diesem Experiment alle durch den Mittelpunkt des Ausgangskreises. Erzeugt auch andere Muster, indem ihr für die Kreisbögen nur den halben Radius des Ausgangskreises verwendet.

IHR BRAUCHT
- Zirkel ● Papier

1 Zeichnet einen Kreis mit einem möglichst großen Radius, beispielsweise 10 cm, in die Mitte des Blattes.

2 Lasst die Zirkelöffnung unverändert. Wählt einen beliebigen Punkt auf dem Umfang des Kreises, und zeichnet einen Kreisbogen, der auf dem ersten Kreis beginnt und endet.

3 Verwendet einen der beiden Schnittpunkte des Kreisbogens mit dem ursprünglichen Kreis als Mittelpunkt für einen zweiten Kreisbogen mit unverändertem Radius. Setzt das Verfahren fort, bis ihr wieder am Ausgangspunkt angekommen seid.

Muster mit geraden Linien und zwölf Zacken

Muster verwenden
Ihr könnt Schlüsselanhänger (oben) oder Schmuckstücke mit den Kreismustern verzieren. Für Muster mit geraden Linien markiert ihr nur alle Punkte auf dem Umfang. Zeichnet dann Linien durch den Kreis, die diese Punkte verbinden.

Kreise erforschen

Der Kreis ist eine vollkommene Figur. Er umschließt bei vorgegebenem Umfang die größtmögliche Fläche (S. 98). Kenntnisse über die Eigenschaften von Kreisen sind für die Lösung praktischer Probleme von großer Bedeutung. Damit können beispielsweise Zahnräder so gestaltet werden, dass sie besonders gut ineinandergreifen. In der Optik werden Lichtreflexionen an gekrümmten Spiegeln untersucht. Kreise helfen auch, den Lichtweg beim Durchgang durch eine Linse zu verstehen. Die Spitze von Uhrzeigern bewegt sich auf einem Kreis, der in 60 gleich große Kreisbögen aufgeteilt ist, von denen jeder für eine Minute steht. Ein runder Winkelmesser (S. 8) ist in 360 gleich große Kreisbögen eingeteilt und repräsentiert 360°. In der Fotografie ist die Lichtmenge, die auf den Film gelangt, vom Durchmesser der runden Blende abhängig; bei Sonnenschein genügt bereits eine kleine Öffnung.

Kreise auf dem Volksfest

Wenn sich das Riesenrad bei Dunkelheit dreht, beschreiben die beleuchteten Kabinen und die Lampen auf dem Rand gut sichtbare Kreise. Dreht es sich mit gleichbleibender Geschwindigkeit, dann benötigt jeder Punkt für eine ganze Umdrehung die gleiche Zeit, bis er wieder an seinen Ausgangspunkt zurückkehrt. Punkte, die weiter außen liegen, legen einen längeren Weg zurück. Die Punkte auf dem Umfang bewegen sich deshalb am schnellsten von allen. Beim Karussell ist das Kribbeln im Bauch für die Außensitzenden am größten.

EXPERIMENT

Punkte vor euren Augen

Dieses Experiment zeigt euch, wie in einer Menge von zufällig markierten Punkten Ordnung erzeugt werden kann. Ein ähnliches Verfahren wird heute in der plastischen Chirurgie verwendet, wenn einem Patienten ein neues Kiefergelenk implantiert werden muss. Dann werden Punkte auf ein Bild des Kiefers gezeichnet. Es wird dann in der Art bewegt, wie es später der Kiefer tun wird. Das Zentrum der entstehenden Kreisbögen bestimmt die Position des Gelenks.

IHR BRAUCHT
- durchsichtige Folie ● Stift
- Stecknadel mit rundem Kopf
- Papier

1 Zeichnet viele Punkte willkürlich auf ein Blatt Papier. Macht die Punkte möglichst klein, ungefähr so groß wie die Spitze eures Stifts. Verteilt sie über die ganze Fläche.

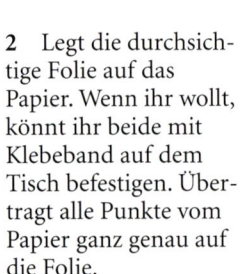

2 Legt die durchsichtige Folie auf das Papier. Wenn ihr wollt, könnt ihr beide mit Klebeband auf dem Tisch befestigen. Übertragt alle Punkte vom Papier ganz genau auf die Folie.

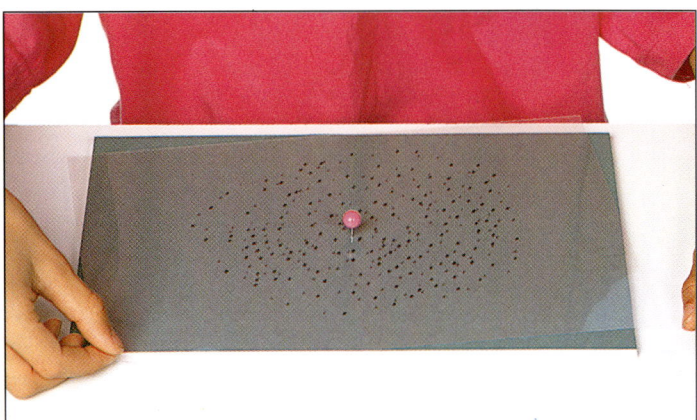

3 Entfernt das Klebeband von der Folie und steckt die Nadel durch die Folie in das Papier. Haltet das Papier mit einem Finger auf dem Tisch fest und dreht die Folie dann ein wenig. Beobachtet, wie um die Nadel herum Kreise entstehen. Wiederholt den Versuch mehrmals. Steckt die Nadel an verschiedene Stellen. Die Wirkung ändert sich nicht.

Wenn Kreise sich in Kreisen drehen

Wenn eine kleine Kreisscheibe im Innern eines großen Kreises abgerollt wird, beschreiben einzelne Punkte faszinierende Muster. Mit dieser einfachen Vorrichtung könnt ihr den Weg verschiedener Punkte aufzeichnen. Die Untersuchung solcher Formen interessierte viele bedeutende Mathematiker, teilweise weil diese Formen wichtige Kurven ergaben und teilweise wegen ihrer Bedeutung für die praktische Anwendung, z. B. bei Getrieben.

IHR BRAUCHT
- Wellpappe ● Lineal ● Stifte
- Bleistift ● Zirkel ● Papiermesser ● Schere ● Papier
- quadratische Crea-Fix-Platte, ca. 35 cm groß ● Schneidematte
- Klebeband ● kleine Ahle
- Deckel von Marmeladengläser
- Klebstoff

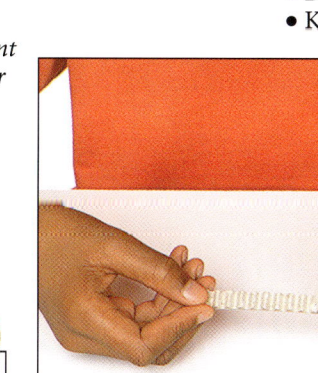

Bei diesem Experiment sollte ein Erwachsener mithelfen

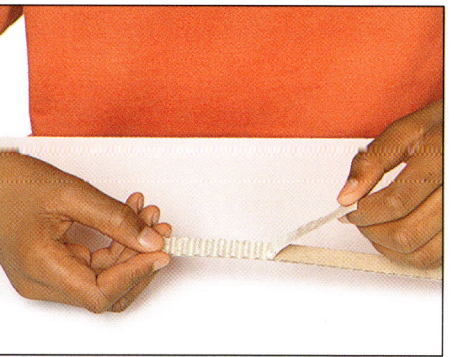

1 Zeichnet einen Kreis mit mindestens 25 cm Durchmesser in die Mitte der Crea-Fix-Platte. Bittet einen Erwachsenen, den Kreis für euch mit dem Papiermesser auszuschneiden.

2 Schneidet mehrere lange, ungefähr 12 mm breite Streifen von der Wellpappe ab. Zieht vorsichtig an einer Seite die Papierschicht ab, damit die Papierwellen freigelegt werden.

3 Klebt die gewellten Streifen an die Innenkante des Kreises. Zieht an den Nahtstellen etwas Papier ab, überlappt die beiden Enden etwa zwei oder drei Rillen weit und klebt sie fest.

4 Legt einen Bogen Papier unter den kreisförmigen Ausschnitt in der Crea-Fix-Platte. Befestigt das Papier mit Klebeband auf dem Tisch und die Crea-Fix-Platte auf dem Papier.

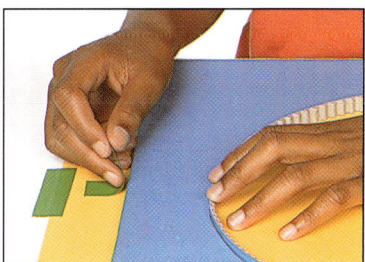

5 Bittet einen Erwachsenen, zwei oder drei Löcher in unterschiedlichem Abstand vom Rand in jeden Deckel zu stanzen. Wenn er die Löcher von der Außenseite sticht, bleibt diese Seite glatt und gleitet dann besser auf dem Papier.

6 Schneidet noch ein paar Streifen Wellpappe und klebt sie auf die Außenkanten der Deckel. Schneidet sie so lang, dass sich die Enden etwas überlappen.

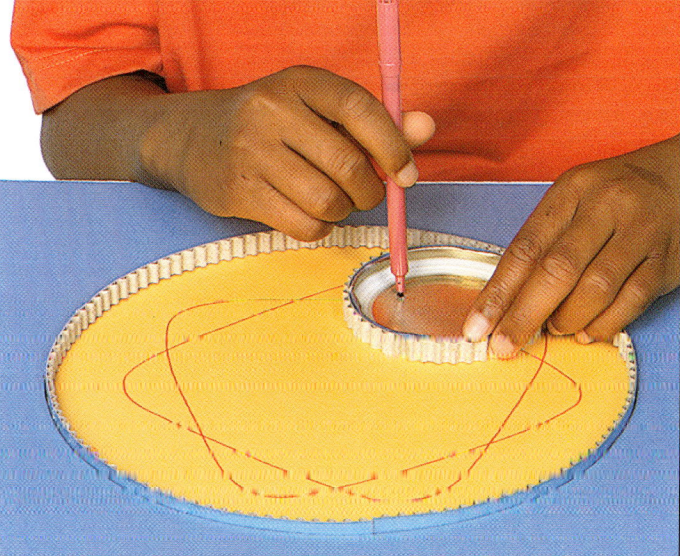

Muster erzeugen

Wählt einen Deckel und legt ihn mit der flachen Seite in den runden Rahmen. Achtet darauf, dass die Zähne der Wellpappe ineinandergreifen. Nehmt einen Stift und steckt ihn mit der Spitze in eines der Löcher im Deckel. Dreht ihn mit der freien Hand und bewegt ihn dadurch am Rand des Rahmens entlang. Achtet darauf, dass die Zähne dabei immer ineinandergreifen und der Deckel nicht abrutscht. Der Stift markiert den Weg des Lochs. Bewegt den Deckel mindestens einmal vollständig im Rahmen herum. Was fällt euch dabei auf? Probiert auch, welche Muster ihr mit den anderen Deckeln und den anderen Löchern erzeugen könnt.

Verschiedene Kurventypen

In der Mathematik unterscheidet man viele verschiedene Arten von Kurven. Manche sind offen wie die Parabel, d. h., die Linie kehrt nie wieder zu ihrem Ausgangspunkt zurück. Andere wie die Ellipse sind geschlossen. Manche Kurven sind im Raum gekrümmt wie die Helix (S. 148). Wenn eine schwere Kette an zwei Stellen befestigt, aber nicht straff gespannt ist, bildet sie eine als Kettenlinie (S. 133) bezeichnete Kurve. Der Weg, der vom Ventil eines Reifens zurückgelegt wird, wenn das Rad auf einer ebenen Fläche entlangrollt, heißt Zykloide (S. 144). Die Form eines Flugzeugflügels (S. 107), die Flugbahn einer Rakete, die Bewegung einer Flüssigkeit und die Bahn eines geworfenen Balls lassen sich durch spezielle Kurven beschreiben. Statistische Daten werden auf sich wiederholende Muster untersucht (S. 82), um Zusammenhänge zwischen den Merkmalen herauszufinden. Auch die Schaubilder algebraischer Funktionen erscheinen in einem Koordinatensystem als Kurven (S. 75).

Jonglieren

Wenn ihr jemandem beim Jonglieren zuschaut oder es selbst versucht, stellt ihr fest, dass die Bälle eine parabelförmige Kurve beschreiben. Ursache dafür ist die Gravitationskraft, die der ursprünglichen, nach oben gerichteten Kraft entgegenwirkt.

EXPERIMENT
Kegelschnitte

Wenn ihr einen Kegel mit kreisförmiger Grundfläche unter verschiedenen Neigungswinkeln zum Boden durchschneidet, erzeugt ihr verschiedene Kurven. Sie werden als Kegelschnitte bezeichnet. Wenn die Schnittfläche parallel zur Grundfläche ist, entsteht ein Kreis. Ihr erhaltet eine Parabel, wenn ihr die Schnittfläche parallel zur Mantellinie des Kegels legt, und eine Ellipse, wenn ihr den Kegel schräg durchschneidet. Der griechische Geometer Apollonius untersuchte etwa 200 v. Chr. die Kegelschnitte als Erster.

IHR BRAUCHT
• Schere • Modelliermasse
• Faden • 2 Korken

1 Rollt die Modelliermasse vorsichtig zwischen euren Händen oder zwischen Hand und Tischplatte zu einem Kegel. Versucht den Kegel so exakt wie möglich zu formen. Für die Grundfläche könnt ihr einen kreisförmigen Gegenstand als Vorlage verwenden.

2 Schneidet einen 25 cm langen Faden ab. Macht mit der Schere entlang der Mittellinie der Mantelflächen jeweils eine kleine Vertiefung in beiden Korken. Legt den Faden in diese Vertiefungen und bindet ihn so an die beiden Korken, dass er nicht verrutschen kann.

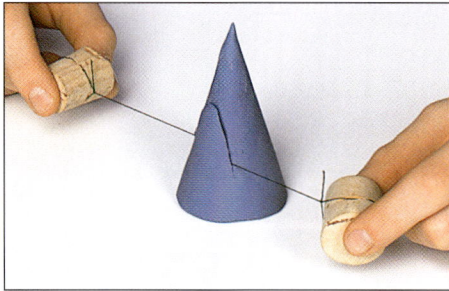

3 Stellt den Kegel vor euch auf den Tisch. Haltet den Faden gespannt und zieht ihn langsam durch den Kegel. Achtet darauf, dass der Faden dabei immer straff bleibt, damit die Schnittfläche glatt wird. Wenn sie wie im Bild senkrecht zur Grundfläche ist, entsteht ein Teil einer Hyperbel.

Parabel
Eine Parabel entsteht, wenn ein Kegel mit kreisförmiger Grundfläche parallel zur Seitenkante geschnitten wird.

Ellipse
Eine Ellipse entsteht, wenn ein Kegel mit kreisförmiger Grundfläche schräg zur Grundfläche geschnitten wird.

Empfang von Radiowellen

Satelliten auf Umlaufbahnen um die Erde verbreiten Rundfunk- und Fernsehprogramme. Mit besonderen Antennen werden die elektromagnetischen Wellen empfangen. Einige, die dann Radioteleskope heißen, können auch zum Empfang der Strahlung weit entfernter Sterne verwendet werden. Wegen ihrer Form werden diese Antennen auch Satellitenschüsseln genannt. Ihre Querschnittsfläche ist parabelförmig. Wenn eine elektromagnetische Welle parallel zur Achse der Schüssel einfällt, bewirkt die parabolische Form, dass sie zum Brennpunkt (S. 182) reflektiert wird. An dieser Stelle befindet sich der Empfänger.

EXPERIMENT

Umlaufbahnen von Planeten

Die Planeten im Sonnensystem umkreisen die Sonne auf elliptischen und nicht auf kreisförmigen Bahnen. Die Länge ihrer Umlaufbahnen und die Geschwindigkeit, mit der sie sich bewegen, hängen von ihrer Entfernung zur Sonne ab. Das Experiment verdeutlicht, warum Planeten mit geringeren Abständen zur Sonne sich mit anderen Geschwindigkeiten bewegen als die, die weiter entfernt sind.

2 Haltet die beiden Lineale fast senkrecht zum Tisch. Lasst die beiden gleichzeitig los; sie sollen nach der gleichen Seite fallen. Achtet darauf, welches Lineal zuerst auf dem Tisch auftrifft. Wiederholt den Versuch mehrfach, um euer Ergebnis zu bestätigen.

Zwischen den Kanten der Lineale sollte ein kleiner Zwischenraum sein

IHR BRAUCHT
- langes und kurzes Lineal • Klebstoff
- Modelliermasse
- Klebeband
- Schere

1 Legt die beiden Lineale so auf den Tisch, dass ihre Kanten parallel liegen. Befestigt jedes mit Klebeband am Tisch. Formt zwei gleich große Kugeln aus Modelliermasse und drückt sie auf die anderen Enden der Lineale.

EXPERIMENT

Eine Ellipse zeichnen

Es ist schwierig, freihand eine Ellipse zu zeichnen. Bei diesem Experiment lernt ihr eine Technik kennen, die ziemlich genaue Figuren liefert. Die beiden Nadeln sind die Brennpunkte der Ellipse (S. 182). Für jeden Punkt auf einer Ellipse ist die Summe seiner Abstände zu den beiden Brennpunkten konstant.

IHR BRAUCHT
- Klebeband • Bleistift • 2 Nadeln mit rundem Kopf • Faden • Schere
- farbiges Papier • Crea-Fix-Platte

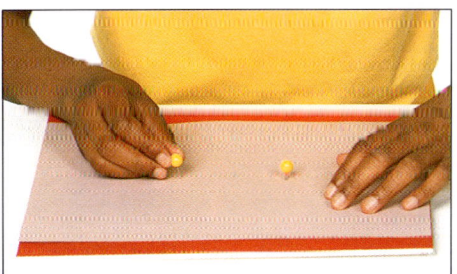

1 Legt das farbige Papier auf die Crea-Fix-Platte. Steckt die beiden Nadeln etwa 10 cm voneinander entfernt in die Crea-Fix-Platte. Sie bildet eine feste Unterlage für die Zeichnung und hält die Nadeln fest.

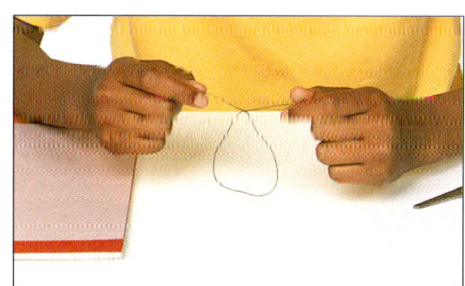

2 Schneidet ein Stück Faden ab, das länger ist als der doppelte Abstand der beiden Nadeln. Verknotet die beiden Enden so, dass die Schlaufe locker um die beiden Nadeln gelegt werden kann.

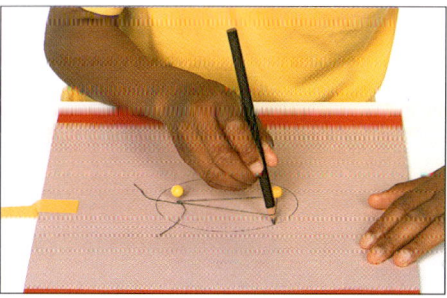

3 Legt die Fadenschlaufe um die beiden Nadeln. Setzt den Bleistift in die Schlaufe und spannt den Faden. Zeichnet jetzt die Kurve. Achtet darauf, dass der Faden dabei immer gespannt ist.

Kurven besonderer Art

In unserer Umwelt sehen wir Kurven verschiedener Art. Bei ihren Untersuchungen haben Wissenschaftler festgestellt, dass sich mit solchen Kurven bekannte Probleme lösen lassen. Wenn man weiß, wie eine Kurve entstanden ist, kann man sie immer wieder reproduzieren und eventuell verändern. Ein wunderschönes Werkzeug bei der Erforschung von Kurven ist verdünnte flüssige Seife. Eine bestimmte Menge Luft wird von der Seifenhaut so eingeschlossen, dass die Oberfläche minimal ist. Eine Seifenhaut, die sich zwischen den Kanten einer Drahtform bildet, besitzt die kleinste Gesamtfläche, die für die Verbindung aller Drahtteile notwendig ist. Diese Eigenschaft hilft Ingenieuren und Stadtplanern, Problemlösungen mit minimalem Materialaufwand zu finden. Chemiker setzen Seifenhäute ein, um mögliche Anordnungen von Atomen in Molekülen zu finden.

Verwenden einfacher Technik

Das Dach des Olympiastadions in München (1972) wurde von dem deutschen Architekten Frei Otto entworfen. Er wollte feste und trotzdem leichte Strukturen schaffen, die einfach bewegt und montiert werden können. Er erreichte dies durch das Nachahmen von Seifenhautflächen.

Spektakuläre Seifenhautflächen

Die Mathematiker sind fasziniert von der Seifenhaut, weil sie helfen kann, Lösungen für komplizierte Problemstellungen im Raum anschaulich darzustellen. Wegen der Spannung innerhalb der Flüssigkeit bildet sich immer die minimale Seifenhautfläche, d.h. die Fläche mit kleinstem Inhalt. Ein Seifenfilm zwischen einem Drahtring bildet zum Beispiel eine flache Scheibe. Wenn man ein Drahtgestell in die Seifenlauge taucht und wieder herausnimmt, sieht man sofort die gesuchte Minimalfläche.

Ein Katenoid
Diese Form (S. 183) wurde aus zwei Drahtschlingen gleicher Größe gemacht. Haltet die Kreise aneinander, taucht sie in die Seifenlauge (siehe Experiment) und bewegt sie dann langsam voneinander weg, damit sich das Katenoid bildet.

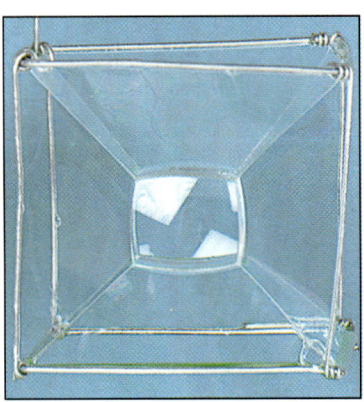

Der gewölbte Würfel
Wenn man einen würfelförmigen Rahmen in die Seifenlauge taucht, wird sich die Seifenhaut in der abgebildeten Form zwischen den Kanten spannen. Der Doppeltrichter mit der gewölbten würfelförmigen Form in der Mitte verbindet alle Kanten des Würfels bei minimaler Flüssigkeitsmenge.

Basteln eines Rahmens für die Seifenhaut

Bei diesem Experiment bestimmt ihr die kleinstmögliche Fläche, mit der alle Kanten eines würfelförmigen Drahtgestells verbunden sind. Ihr könnt auch Rahmen mit anderen Formen herstellen, zum Beispiel Ringe, einen Tetraeder (S. 152) oder eine Form eurer Wahl. Eine gute Seifenlauge besteht aus 11 Teilen Wasser, 5 Teilen Geschirrspülmittel und 1 Teil Glyzerin. Glyzerin verhindert, dass die gespannte Seifenhaut platzt. Nehmt die gleiche Maßeinheit für alle drei Flüssigkeiten. Das Verhältnis 11 : 5 : 1 (S. 56) ist immer richtig, unabhängig davon, wie viel Seifenlauge ihr herstellt.

 Bei diesem Experimente sollte ein Erwachsener mithelfen

IHR BRAUCHT
● Stift
● Drahtschere
● Draht
● Papier

1 Zeichnet ein Quadrat mit 10 cm Seitenlänge als Muster für die Drahtform. Biegt den Draht nach dieser Vorlage. Wickelt ein Ende des Drahtes um das andere Ende, damit eine stabile Form entsteht. Stellt auf diese Art zwei Drahtquadrate her.

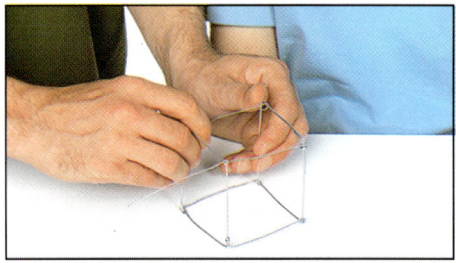

2 Schneidet vier Drahtstücke, die etwas länger als die Seiten der Vorlage sind. Verwendet sie, um die Ecken der beiden Quadrate zu verbinden. Bittet einen Erwachsenen, überstehende Enden abzuschneiden. Bastelt noch einen Halter aus Draht.

EXPERIMENT

Kurven aus geraden Linien

Kurven können auch durch gerade Linien erzeugt werden. Verbindet man Punkte auf den Achsen eines Diagramms (S. 75) nach einer bestimmten Regel, so überschneiden sich die Linien. Der Rand dieses Musters bildet eine Kurve, die Hüllkurve. Die geraden Linien sind dann Tangenten (S. 185) an die Kurve. Bei diesem Experiment verwendet ihr zwei aufeinander senkrecht stehende Achsen, auf denen Punkte in gleichen Abständen markiert sind.

An diesen Punkten werden Reißnägel in die Unterlage gesteckt. Um diese wird dann der Faden oder die Schnur gewickelt, sodass sich gerade Linien ergeben. Auf beiden Achsen sollten gleich viele Punkte sein; die Nummerierung beginnt bei der y-Achse oben und bei der x-Achse links. Sind die Achsen senkrecht zueinander, ergibt sich eine flache Parabel; bei Achsen, die einen spitzen Winkel bilden, ergibt sich eine steilere.

1 Zeichnet zwei Achsen mit gleicher Länge auf die Crea-Fix-Platte. Markiert euch Punkte im Abstand von 2 cm und schreibt die Zahlen wie oben angegeben an die beiden Achsen.

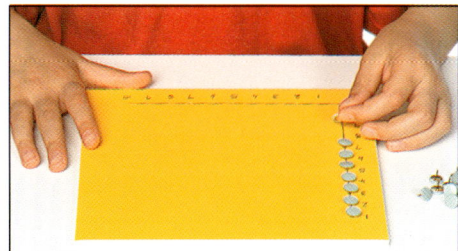

2 Steckt einen Reißnagel in jede Markierung. Ihr könnt die Skala bis zur Kante der Crea-Fix-Platte in beide Richtungen ausdehnen. Verwendet aber auf beiden Achsen die gleiche Anzahl von Reißnägeln.

3 Wickelt ein langes Stück Faden oder Schnur ab. Schneidet es aber noch nicht ab, vielleicht braucht ihr später mehr. Knotet den Faden an den Reißnagel im obersten Punkt (Nummer 1) der y-Achse.

EXPERIMENT

Malen mit einem Pendel

Moderne Kunst mit Kurven
Schneidet den Boden einer Geschirrspülmittel-Flasche ab und befestigt vier Schnüre, wie im Bild gezeigt, an der Flasche. Achtet darauf, dass der Verschluss zu ist, und füllt die Flasche mit flüssiger Farbe. Hängt sie an einen Haken, der weit von der Wand und von den Möbeln weg ist, und legt ein großes Stück Papier darunter. Haltet die Flasche etwas schräg. Öffnet den Verschluss. Lasst die Flasche vorsichtig los und geht einen Schritt zurück. Das schwingende Pendel zeichnet ellipsenähnliche Kurven auf das Papier.

Das Pendel malt bei jeder Schwingung eine andere Kurve

4 Wickelt den Faden um den ersten Reißnagel (1) auf der x-Achse, dann zurück zur Markierung (2) auf der y-Achse. Zieht den Faden stramm; achtet aber darauf, dass sich die Reißnägel nicht lockern.

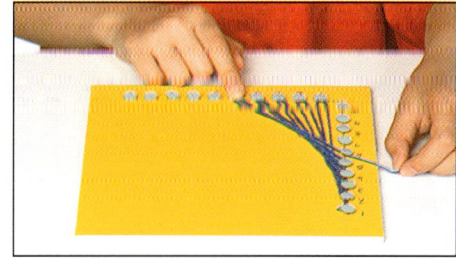

5 Schlingt den Faden der Reihe nach um alle Reißnägel. Haltet sie mit euren Fingern fest, damit sie nicht locker werden. Schneidet den Faden ab und verknotet ihn am letzten Reißnagel.

Anwendung von Kurven

Im Goldenen Zeitalter der griechischen Mathematik, um 350–200 v. Chr., waren drei Mathematiker besonders wichtig: Euklid (S. 114), Archimedes (S. 18) und Apollonius (ca. 260–190 v. Chr.). Apollonius veröffentlichte eine Arbeit über Kegel und Kegelschnitte (S. 140). Damals gab es kaum praktische Anwendungen für seine Erkenntnisse; doch Jahrhunderte später halfen sie Galilei (S. 28) bei seiner Arbeit über die Flugbahn von Geschossen. Der Astronom Johannes Kepler (1571–1630) entdeckte durch umfangreiche Beobachtungen, dass die Umlaufbahnen der Planeten ellipsenförmig (S. 141) sind. Die Parabeln verwenden wir heute bei Satellitenschüsseln (S. 141) und in Autoscheinwerfern, wo die Glühbirne im Brennpunkt eines parabolischen Spiegels angebracht ist, damit das Licht die Straße gut ausleuchtet. Eine besondere Form der Zykloide, die Brachistochrone, beschreibt die Bahn, auf der eine Kugel in kürzester Zeit von einer Stelle zu einer schräg darunterliegenden gelangen kann.

Eine Brücke in der Normandie

Diese Hängebrücke steht in der Nähe von Le Havre in der Normandie (Frankreich). Sie überspannt die Mündung der Seine in den Atlantik. Die Fahrbahnen der Brücke sind als spezielle Kurven geplant worden, damit sie dem Wind genauso wenig Widerstand bieten wie die Flügel eines Flugzeugs. Der mittlere Abschnitt der Brücke hat eine Spannweite von 856 m. Wegen der großen Spannweite haben die Fahrbahnen eine leichte Wölbung nach oben. Starke Seile halten sie in dieser Lage.

EXPERIMENT
Neue Formen aus Kreisen

Dieses Experiment zeigt euch, wie ihr eine Zykloide und eine Kardioide zeichnen könnt. Die Beschreibung findet ihr bei den Zeichnungen auf dieser Seite. Beide Figuren haben auch praktische Anwendungen. Die Zykloide beschreibt die stabilste Form für den Bogen einer Brücke. Die Kardioide ist für die optimale Form der Zähne von Getriebezahnrädern wichtig.

IHR BRAUCHT
- Lineal ● Stift ● Schere
- 2 Rollen farbiges Klebeband
- 2 gleich große runde Gegenstände, z. B. Deckel von Marmeladengläsern ● Papier

Zeichnen einer Zykloide
Befestigt ein Blatt Papier mit Klebeband auf dem Tisch. Befestigt ein Lineal parallel zur Längsseite auf dem Papier. Schneidet eine Raute aus dem farbigen Klebeband aus und klebt sie so auf einen Deckel, dass eine Spitze die Kante berührt. Legt den Deckel so an eine Kante des Lineals, dass die Raute nach unten zeigt. Markiert diese Stelle. Rollt den Deckel an dem Lineal entlang und markiert die Position der Spitze in kurzen Abständen.

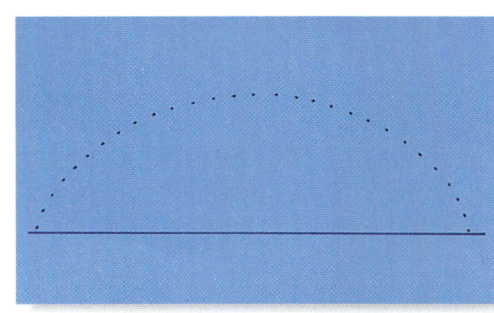

Fertige Zykloide auf der geraden Linie

Zeichnen einer Kardioide
Befestigt den nicht markierten Deckel mit Klebeband auf einem Papierbogen. Fahrt den Umriss des Deckels nach und markiert eine Stelle. Legt jetzt den markierten Deckel so an den anderen, dass die Raute auf diese Stelle zeigt. Rollt den gekennzeichneten Deckel um den anderen und markiert die Position der Spitze in kurzen Abständen. Ihr solltet wieder am Startpunkt ankommen.

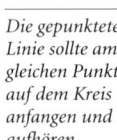

Die gepunktete Linie sollte am gleichen Punkt auf dem Kreis anfangen und aufhören

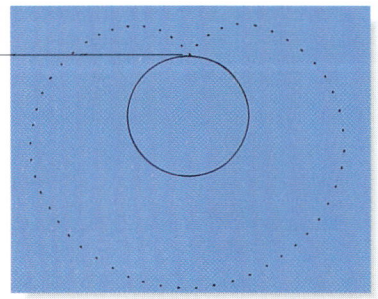

Fertige Kardioide um den mittleren Kreis

EXPERIMENT
Eine Brachistochrone basteln

Wenn ihr dieses Modell baut und zwei Tischtennisbälle hinunterrollen lasst, seht ihr, dass die Brachistochrone, eine zykloidenförmige Kurve, die schnellste Verbindung von einem Punkt zu einem anderen, tiefer liegenden Punkt ist, obwohl die Kurve länger ist als die gerade Linie. Habt ihr eine Idee, weshalb das so ist?

IHR BRAUCHT
• große Schachtel • Wellpappe • Lineal • Klebstoff
• Stift • doppelseitiges Klebeband • Schere
• Klebeband • Papier
• Schüssel • 2 Tischtennisbälle • Winkelmesser

1 Nehmt eine Schüssel, deren Umfang ungefähr genauso groß ist wie die Länge der Schachtel. Zeichnet eine Zykloide, wie es auf S. 144 beschrieben ist.

2 Markiert mit dem Winkelmesser links unten einen 10°-Winkel zur langen Rechteckseite und verlängert den Winkelschenkel dann über das ganze Blatt.

3 Schneidet eine der großen Flächen aus der Schachtel heraus. Schneidet dann das Papier mit der Zykloide auf die richtige Größe zu, und klebt es so in die Schachtel, dass die Krümmung der Kurve nach unten weist und die gerade Linie oben ist.

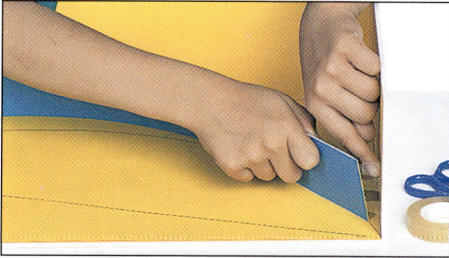

4 Schneidet einen 5 cm breiten Streifen aus Wellpappe auf die Länge der Zykloide zurecht. Ritzt das Papier auf der Rückseite des Streifens ein, damit es sich biegt, und klebt es mit dem Klebeband in die Schachtel hinein, sodass es der Zykloide folgt.

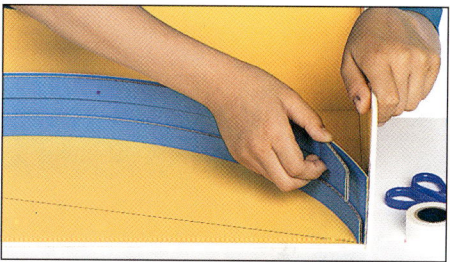

5 Schneidet zwei weitere Streifen Wellpappe auf die gleiche Länge zu, aber nur 2 cm breit. Richtet sie an den Kanten des breiteren Streifens aus und klebt sie mit dem doppelseitigen Klebeband fest. In dieser Rinne rollt der Tischtennisball.

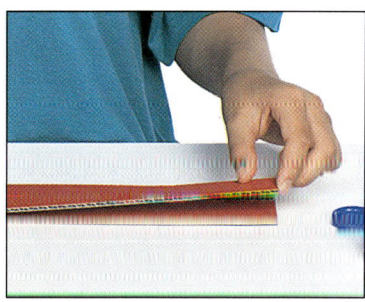

6 Schneidet einen 5 cm breiten Streifen aus Wellpappe aus, der so lang ist wie die schräge Linie im Innern der Schachtel. Schneidet zwei weitere Streifen gleicher Länge und 2 cm Breite. Klebt sie an die Kanten des breiten Streifens.

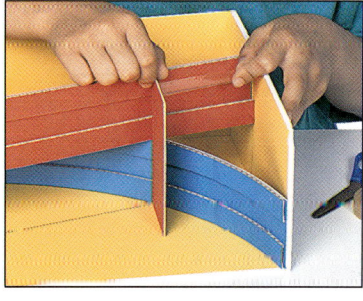

7 Klebt den geraden Streifen in die Schachtel, sodass er der geraden Linie folgt. Schneidet ein 10 cm x 5 cm großes Stück Pappe aus. Klebt es über beide Bahnen an die Stelle, wo sie sich berühren, um die rollenden Bälle anzuhalten.

Den Versuch durchführen
Haltet die beiden Tischtennisbälle oben an den Bahnen fest. Lasst sie gleichzeitig los und beobachtet sie beim Hinunterrollen. Welcher berührt den Stopper zuerst? Wenn ihr diesen Versuch einem Freund zeigt, dann lasst ihn vorher raten, welcher Ball den Stopper zuerst erreicht.

Die Eigenschaften von Spiralen

Die Spirale ist eine besondere Kurve in der Ebene (S. 182). Es gibt verschiedene Arten von Spiralen. Sie werden nach ihrer Form und den algebraischen Gleichungen (S. 75) benannt, durch die sie definiert sind. Archimedes (S. 18) untersuchte bereits Spiralen, eine davon trägt seinen Namen. Manche Gehäuse von Schnecken und Meerestieren, wie das des Nautilus (S. 59), sind spiralförmig. Spiralen kommen auch in der Natur vor, beispielsweise in der Mitte eines Wasserstrudels und bei den gewaltigen Bewegungen eines Wirbelsturmes, wenn man ihn auf Satellitenbildern von oben sieht. Manche Galaxien im Universum bezeichnet man als spiralförmig, weil ihre Form an die Arme einer Spirale erinnert. (Andere bezeichnet man als elliptische Galaxien oder als unregelmäßige Galaxien, wenn sie keine bestimmte Form haben.)

Spiralgalaxie

Unsere Milchstraße ist eine Spiralgalaxie, eine von ungefähr 100 Milliarden Galaxien im Universum. Dieses Foto zeigt die Spiralgalaxie M74. Sie gehört zum Sternbild der Fische. Sie ist ungefähr 30 Millionen Lichtjahre von uns entfernt (S. 42) und hat einen Durchmesser von 80 000 Lichtjahren. Spiralgalaxien unterscheiden sich in der Anzahl und der Form ihrer Spiralarme und in der Größe und Form ihres Zentrums.

EXPERIMENT
Eine archimedische Spirale zeichnen

Die archimedische Spirale beschreibt den Weg eines Punktes, der sich mit konstanter Geschwindigkeit auf einen anderen Punkt zu- oder von ihm wegbewegt. Gleichzeitig dreht sich die Verbindungslinie dieser Punkte dabei noch mit konstanter Geschwindigkeit im Kreis. Es gibt mehrere Möglichkeiten, diese Spirale zu zeichnen.

IHR BRAUCHT
- Lineal • Stift
- Klebeband • Schere
- Garnrolle • großes und kleines Blatt Papier

1 Zeichnet auf das kleine Blatt Papier ein Rechteck von ungefähr 25 cm Länge. Es soll etwas schmaler sein als der glatte Mittelteil der Garnrolle, damit sich das Papier gut aufwickeln lässt.

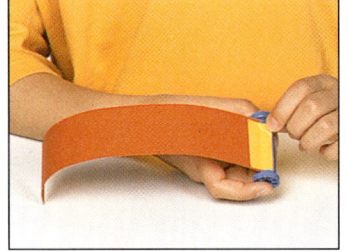

2 Schneidet das Rechteck aus und klebt ein Ende mit dem Klebeband an die Garnrolle. Achtet darauf, dass ihr das Rechteck genau ausrichtet, weil es sonst an den Kanten der Garnrolle hängen bleibt.

3 Legt die Garnrolle, wie im Bild zu sehen, auf den Tisch und den Stift an das andere Ende des Papierstreifens. Faltet das Papier um den Stift herum und befestigt es mit Klebeband ungefähr 1 cm von der Stiftspitze entfernt.

4 Wickelt den Papierstreifen auf die Rolle, bis ihr beim Stift angekommen seid. Haltet das Papier dabei straff.

Euer Freund soll die Garnrolle so halten, dass der Stift noch unter seinem Arm durchgeht

5 Bittet einen Freund, die Garnrolle in der Mitte des großen Papierbogens festzuhalten. Haltet den Stift senkrecht zum Tisch und zeichnet eine Linie um die Garnrolle, während ihr den Papierstreifen langsam abwickelt. Ihr müsst vorsichtig die Hand wechseln, wenn ihr zum Arm eures Freundes kommt.

EXPERIMENT

Bewegliche Spirale

Wenn ihr eine archimedische Spirale zeichnet und sie ausschneidet, könnt ihr sie als Dekoration über eine Lampe hängen. Sobald von der Glühbirne warme Luft aufsteigt, wird sich die Spirale drehen. Solche aufsteigende Luftströme nutzen Vögel und Segelflugzeuge, um scheinbar ohne Anstrengung aufwärts zu fliegen.

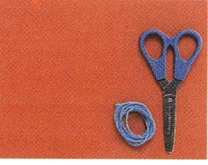

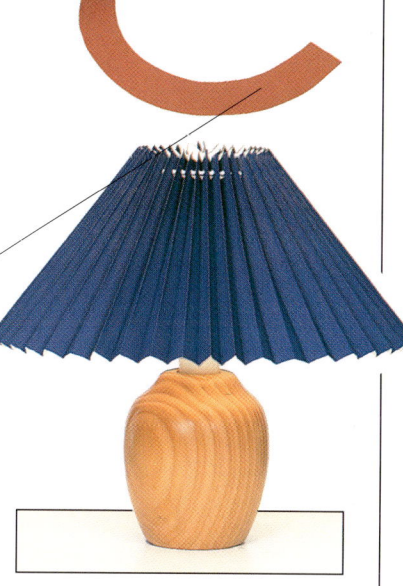

IHR BRAUCHT
● eine archimedische Spirale
auf Karton (linke Seite)
● Schnur ● Schere ● Lampe

Achtet darauf, dass das Ende der Spirale die Lampe nicht berührt

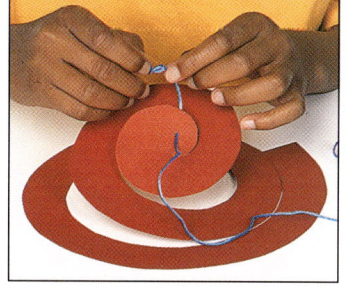

1 Zeichnet euch zunächst eine archimedische Spirale. Schneidet sie dann entlang der gezeichneten Linie aus, beginnt damit am äußeren Rand.

2 Macht ein kleines Loch in die Mitte des inneren Kreises. Zieht die Schnur durch und sichert sie anschließend mit einem doppelten Knoten.

3 Hängt die Dekoration über einer Lampe auf und schaltet das Licht ein. Die Spirale wird sich in der aufsteigenden warmen Luft drehen.

EXPERIMENT

Eine keltische Spirale

Die Kelten zogen während der Bronzezeit durch Europa. Sie waren von Spiralen fasziniert und verwendeten sie in ihrer Kunst. Hier wird die Methode eines keltischen Künstlers gezeigt, regelmäßige Spiralen ohne komplizierte Geräte zu zeichnen. Ihr braucht keinen Zirkel, um den Kreis zu zeichnen, ein runder Gegenstand mit etwa 24 cm Durchmesser genügt auch.

IHR BRAUCHT
● T-Shirt ● Lineal
● Zirkel ● Kleber
● Textilfarbe
● Karton

1 Zieht das T-Shirt an und markiert den Punkt, der sich auf der Mitte eurer Brust befindet. Zieht es wieder aus, und zeichnet um den markierten Punkt einen Kreis mit dem Radius 12 cm.

2 Zeichnet mit dem Lineal einen Kreisdurchmesser so, dass er waagerecht verläuft, wenn ihr das T-Shirt angezogen habt. Teilt diese Linie in 14 gleich lange Abschnitte (Länge etwa 17 mm).

3 Beginnt bei der vierten inneren Markierung von links und zeichnet eine Spiralkurve oberhalb der Linie bis zum nächsten Punkt rechts davon, dann unterhalb zur nächsten freien Markierung links und so weiter bis zum Rand, wie im Bild gezeigt. Zeichnet rechts eine zweite Spirale in einer anderen Farbe.

147

Dreidimensionale Spiralen

Eine Helix ist eine dreidimensionale Spirale. Sie sieht ähnlich aus wie ein Korkenzieher. Die Entstehung einer Helix kann man sich so vorstellen, dass sich ein Punkt auf einem Zylindermantel mit gleichmäßiger Geschwindigkeit im Kreis und gleichzeitig nach oben bewegt. Diese dreidimensionale (S. 182) Form kann man sowohl in der Technik als auch in der Natur beobachten, am bemerkenswertesten in der Doppelhelix-Struktur der DNS, die 1953 entdeckt wurde. Wenn ein Bohrer durch weiches Metall dringt, haben die entstehenden Späne die Form einer Helix. Ein frühes Beispiel aus der Technik ist die archimedische Schraube. Sie wurde dazu benutzt, um Wasser aus tiefer liegenden Stellen nach oben zu fördern. Das gleiche Prinzip wird heute in einem Mähdrescher verwendet, wenn das Getreide wie das Wasser in der archimedischen Schraube durch ein Rohr in einen Vorratsbehälter befördert wird.

Natürliche Spiralen

Ein Tornado hinterlässt von allen Stürmen die stärksten Verwüstungen. Er ist ein heftiger Wirbelwind, der von oben wie ein Trichter aussieht, in dem sich starke Winde drehen. Die trichterförmige Wolke wird durch den Staub und die Wassertropfen sichtbar, die in das Zentrum gesogen werden. Die Spirale dreht sich in der nördlichen Hemisphäre normalerweise gegen den Uhrzeigersinn. Wasserhosen sind ebenfalls spiralförmig, genauso wie ein Hurrikan, durch den riesige Gebiete verwüstet werden können.

EXPERIMENT

Federwaage

Eine Federwaage ist ein Kraftmesser. Mit ihr kann man auch Gewichte vergleichen. Solche Federn ziehen sich zusammen, wenn ihr Druck ausübt, und dehnen sich aus, wenn ihr daran zieht. In diesem Experiment dehnt sich eine Feder um eine gewisse Länge, wenn ein Gewicht angebracht wird. Beobachtet, wie sie sich verhält, wenn die Last verdoppelt wird.

IHR BRAUCHT
- Eimer • Schnur • Maßband • Feder
- Bleistift • Notizblock • 2 gleiche Gewichte

1 Befestigt die Feder mit einem Stück Schnur an einer stabilen Stange oder einem Haken. Knotet den Eimer mit einem weiteren Stück Schnur an die Feder. Messt die Länge der Feder.

2 Legt einen Gegenstand (z.B. ein schweres Schnappschloss) in den Eimer. Messt dann, wenn die Feder nicht mehr schwingt, um wie viel sie sich gedehnt hat.

3 Legt einen weiteren, identischen Gegenstand in den Eimer und messt die Längenzunahme erneut. Welche Längenzunahme stellt ihr an der Feder fest, wenn sie zuerst durch ein Gewicht und dann durch das doppelte Gewicht belastet wird? (Antwort S. 187)

EXPERIMENT
Herstellen einer Doppelhelix

Nahezu alle Organismen, auch die Menschen, haben einen »genetischen Fingerabdruck«, der durch ihre DNS festgelegt ist. Die DNS-Moleküle enthalten die Erbinformationen eines Organismus. Sie können sich selbst verdoppeln, indem sie der Mitte entlang »den Reißverschluss öffnen« und ihre fehlende Hälfte wiederherstellen. In diesem Experiment baut ihr ein stark vereinfachtes Modell eines DNS-Moleküls. Beim genauen Hinsehen werdet ihr entdecken, dass die Grundfiguren eine weitere Helix bilden.

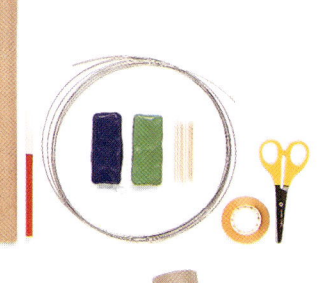

IHR BRAUCHT
- Innenrolle einer Küchenrolle
- Stift ● Draht
- Modelliermasse in zwei Farben
- Zahnstocher
- Klebeband ● Schere

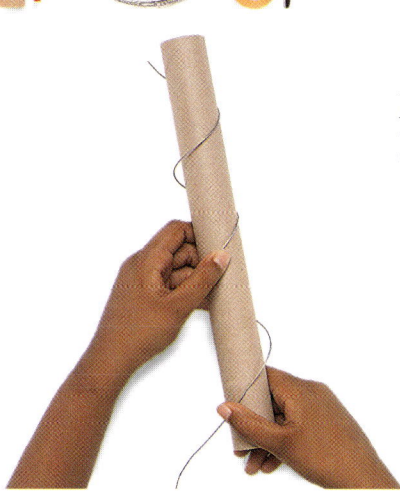

Jede Kugel sollte in etwa so groß wie eine Kirsche sein

Zwei Zucker- und Phosphatketten bilden die Doppelhelix

1 Wickelt den Draht spiralförmig um den Kern einer Küchenrolle. Folgt der Naht auf der Rolle, um die Windungen im gleichen Abstand zu halten. Macht eine weitere, identische Spirale.

2 Formt aus der Modelliermasse zwölf Kugeln in jeder Farbe. Diese Kugeln stellen die Zucker und Phosphate an der Außenseite des Moleküls dar. Zieht sie auf die Helix und wechselt dabei jeweils die Farbe. Achtet darauf, dass beide Helices mit derselben Farbe beginnen. Wickelt über und unter den Kugeln Klebestreifen um den Draht, damit sie nicht verrutschen.

Die Basen sind mit den Zuckern verbunden und bilden eine weitere Helix innerhalb des Modells

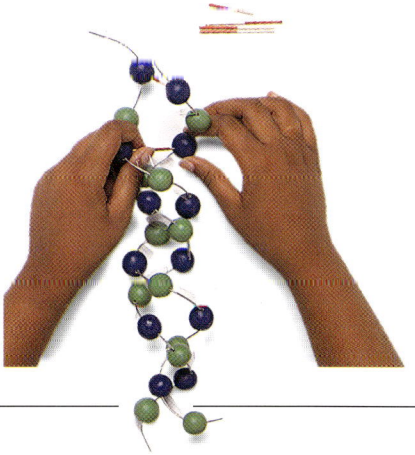

3 Färbt jeden Zahnstocher bis zur Hälfte mit dem Stift. Diese zweifarbigen Stäbchen stellen die Paare chemischer Komponenten (Basen) dar, welche die beiden Helices verbinden. Stellt die Helices so auf, dass sie ineinandergreifen. Verbindet dann die Kugelpaare einer Farbe mit den Stäbchen. Die Stäbchen sollen waagerecht durch das Modell verlaufen.

Bei diesem Modell wechseln sich die Farben der Basen ab, doch in Wirklichkeit sind sie in regelmäßiger, aber komplexer Weise kombiniert

Die fertige DNS-Spirale
Dieses Modell ist vereinfacht. In Wirklichkeit ist jede Kette wie ein Band. Vier verschiedene Arten von Basen formen ein komplexes Muster. Sie sind durch Wasserstoffbindungen verbunden.

3-D UND SYMMETRIE

Mathematiker haben sich viele Möglichkeiten ausgedacht, die räumlichen Objekte unserer Umwelt zu klassifizieren. Manche Körper, wie die Erde, haben eine gekrümmte Oberfläche; andere, wie beispielsweise die Kristalle, werden von ebenen Flächen begrenzt. Neue Teilgebiete der Mathematik, wie die Topologie, ermöglichen uns ein tieferes Verständnis unseres Universums.

Dreidimensionale Objekte, also Objekte mit Länge, Breite und Höhe, bezeichnet man in der Mathematik als »Körper«. Unser eigener Körper hat eine gekrümmte Oberfläche. Bei anderen, darunter Würfel und Pyramiden, besteht die Oberfläche aus Polygonen (flachen, geradlinig begrenzten Flächen), die ganz genau zusammenpassen. In der

Die großen Pyramiden
Die Ägypter hatten nur geringe theoretische Kenntnisse in der Geometrie. Sie waren aber fähig, die riesigen, regelmäßigen Pyramiden mit quadratischer Grundfläche in Gizeh zu bauen.

Mathematik heißt ein Körper, dessen Oberfläche aus Polygonen besteht, »Polyeder«.

Platonische Körper

Die Pythagoreer im antiken Griechenland (S. 124) untersuchten Körper, bei denen die Oberfläche aus deckungsgleichen, regulären (S. 128) Flächen bestand, wie Quadrate oder gleichseitige Dreiecke. Sie fanden heraus, dass diese Körper genau in eine Kugel passen, und nannten sie »vollkommene Körper«. Der einfachste vollkommene Körper ist der Würfel. Andere sind der reguläre Tetraeder, der reguläre Oktaeder,

der reguläre Dodekaeder und der reguläre Ikosaeder (S. 152). Wir nennen diese Körper heute »platonische Körper«, nach dem griechischen Philosophen Plato (429–348 v. Chr.), der versuchte, mit ihrer Hilfe den Aufbau des Universums zu erklären.

Körper in der Natur

Naturwissenschaftler haben festgestellt, dass die platonischen Körper auch beim Aufbau der Atome und Moleküle von Bedeutung sind. Ein Salzkristall besteht beispielsweise aus Natrium und Chlor, die in Würfelstruktur angeordnet sind.

Eine erst kürzlich entdeckte Form von Kohlenstoff, das Buckminsterfulleren, hat eine sehr interessante Struktur. Jedes Molekül dieses Stoffes besteht aus 60 Kohlenstoff-Atomen, die zu einer Kugelform verbunden sind. Diese Struktur, auch als »Buckball« bekannt, sieht so ähnlich aus wie ein Ikosaeder mit abgeschnittenen Ecken.

Das Buckminsterfulleren wurde nach dem britischen Forscher und Architekten Richard Buckminster Fuller (1895–1983) benannt. Er sagte voraus, dass Gebäude, die wie ein Ikosaeder aufgebaut sind, besonders stabil und dabei sehr leicht sein würden. Wissenschaftler haben inzwischen außerdem festgestellt, dass das Buckminsterfulleren unter bestimmten Bedingungen ein »Supraleiter« ist, der dem elektrischen Strom praktisch keinen Widerstand entgegensetzt.

Ein vollkommener Polyeder
Dies ist einer der fünf »platonischen Körper« (S. 152). Er hat zwölf Seitenflächen, von denen jede ein regelmäßiges Fünfeck ist.

Änderung von Figuren

Eine der grundlegenden mathematischen Arbeitsmethoden besteht darin, durch die gezielte Veränderung von bereits bekannten Figuren neue zu gewinnen. Dieser Prozess heißt »Transformation« (S. 156). Dinge sehen verändert aus, wenn wir sie aus einem anderen Winkel betrachten. Die kreisförmige Oberkante einer Tasse erscheint uns elliptisch, wenn wir sie schräg anschauen. Maler verformen die Gegenstände auf ihren Bildern, um den Eindruck eines dreidimensionalen Bildes zu erreichen. Der französische Mathematiker Girard Desargues (1593–1662) hat mit seinen mathematischen Untersuchungen die Grundlagen für die perspektivische Darstellung in der Kunst geschaffen,

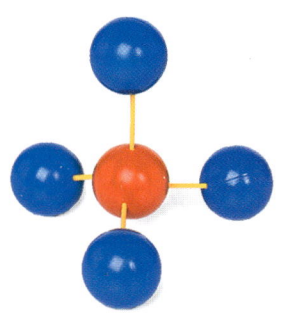

Winziger Polyeder
Die Atome in Molekülen sind oft in regelmäßigen dreidimensionalen Formen angeordnet. Dieses Modell zeigt das Methan. Vier Wasserstoffatome, blau gekennzeichnet, bilden einen Tetraeder um das rote Kohlenstoffatom in der Mitte.

Gerardus Mercator
G. Mercator (Gerhard Kremer) entwickelte die Mercator-Projektion (S. 160). Diese Projektionsmethode für Karten ist für die Navigation eine wertvolle Hilfe.

das Zeichenverfahren, bei dem uns Gegenstände dreidimensional erscheinen. Der Perspektive entspricht der mathematische Begriff der Projektion.

Bilder von Körpern

Eine Projektion ist die Darstellung eines dreidimensionalen Gegenstandes auf einer zweidimensionalen Fläche. Landkarten und Ansichten von Gebäuden sind Beispiele für Projektionen.

Weltkarten stellen die fast kugelförmige Erde auf einer ebenen Fläche dar. Die Kartografen haben verschiedene Projektionsarten entwickelt. Die Mercator-Projektion (S. 160) hat den Vorteil, dass die Winkelmaße korrekt wiedergegeben werden. Sie eignet sich deshalb besonders für die Navigation. Allerdings erscheinen bei ihr Länder in der Nähe der Pole, zum Beispiel Kanada und Australien, viel zu groß, Gebiete

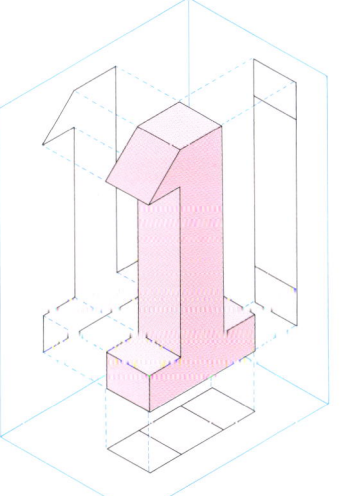

Projektionen auf eine ebene Fläche
Man verwendet Projektionen in der Architektur und im Maschinenbau, um einen Körper auf einer Fläche, wie einem Blatt Papier oder einem Computerbildschirm, darzustellen.

N. I. Lobatschewski
Der russische Mathematiker (1792–1856) erweiterte die Geometrie durch neue Aspekte. Er ebnete den Weg für die Arbeiten in der Topologie und über die vierte Dimension.

am Äquator dagegen zu klein. Die Peter-Projektion, eine andere Projektionsart, verzerrt die Form der Länder etwas, gibt aber die Größe der Flächen genau wieder.

Symmetrie

Regelmäßige Muster können mithilfe ihrer Symmetrieeigenschaften (S. 158) klassifiziert werden. Ein von oben betrachteter Schmetterling ist zum Beispiel zu einer längs durch seinen Körper gehenden Achse symmetrisch. Das Muster auf einem Flügel ist das Spiegelbild des Musters auf dem anderen. Dies wird als Achsensymmetrie bezeichnet.

Eine »drehsymmetrische« Figur sieht nach der Drehung um einen bestimmten Winkel wieder genauso aus wie vorher. Alle regelmäßigen Polygone und alle regulären Polyeder sind drehsymmetrisch, genauso wie Schneeflocken und die Blüten mancher Blumen.

Bei Ziegelsteinen in einer Mauer und manchen Formen in der Natur, wie den Quarzkristallen, sind die einzelnen Teile immer um einen bestimmten Abstand gegeneinander verschoben.

Topologie

Im 19. Jahrhundert untersuchte der französische Mathematiker Poincaré (1854–1912) Figuren auf eine völlig neue Weise. Er beschäftigte sich mit den Eigenschaften von Flächen, die durch Verformen nicht verändert werden, wohl aber, wenn man sie durchbohrt oder Teile anfügt. In diesem Sinne hat ein Dreieck (als Fläche ohne Loch) im Wesentlichen die gleiche »Form« wie ein Quadrat oder eine Ellipse; jede Figur kann in die andere verformt werden. Entsprechend hat eine Tasse mit einem Henkel (ein Körper mit einem Loch) die gleiche

»Form« wie ein Gebäckstück mit einem Loch in der Mitte.

Dieses Teilgebiet der Mathematik, die Topologie, wird heute auch außerhalb der Mathematik angewandt, zum Beispiel bei der Untersuchung komplexer DNS-Fäden oder beim Entwurf von integrierten Schaltkreisen.

Störungen im Raum

Man kann die Topologie verwenden, um eine Verbindung zwischen der euklidischen Geometrie (S. 114) und den neuen Formen

der Geometrie herzustellen. In den letzten 160 Jahren haben Mathematiker wie Nicolai Lobatschewski, Janos Bolyai (1802–1860) und Bernhard Riemann (1826–1866) geometrische Systeme entwickelt, bei denen Grundannahmen der vertrauten euklidischen Geometrie verändert wurden. Ihre Systeme werden als »nichteuklidische Geometrien« bezeichnet. Physiker verwenden sie, um die Eigenschaften des Weltraums zu verstehen, darunter solche Störungen im Raum, die schwarze Löcher erzeugen.

Moderne Technik
Das Spaceshuttle wurde mit einem Computerprogramm gezeichnet, das die Ansicht eines Planes in drei Dimensionen erlaubt. Man verwendet diese Technik heute beim Entwurf von Maschinen, Fahrzeugen und Gebäuden.

Eine zusammenhängende Fläche
Trotz ihrer vielen Windungen hat dieses Horn nur eine Außenfläche und eine Innenfläche. Die Länge der Luftsäule wird durch die Ventile verändert und erzeugt so die Töne.

Körper

Die alten Griechen haben sich intensiv mit den Eigenschaften von Körpern beschäftigt. Mit dem aus der griechischen Sprache abgeleiteten Wort *Polyeder* bezeichnet man einen Körper mit ebenen Außenflächen. Zur Beschreibung von Polyedern verwendet man die Anzahl der Seitenflächen, die die Oberfläche bilden, die Zahl der Kanten, an denen die Flächen aneinanderstoßen, und die Zahl der Ecken, an denen sich die Kanten treffen. Mathematische Eigenschaften von Körpern werden bei der Untersuchung von Kristallen und Molekülen eingesetzt. Manche Mineralien lassen sich beispielsweise an der Form ihrer Kristalle und der Art bestimmen, wie diese zusammenpassen. Heute verwendet man Polyeder auch zur Beschreibung von komplexen Strukturen und versucht, diese dann auf eine einzige ebene Fläche zu reduzieren.

Platonische Körper

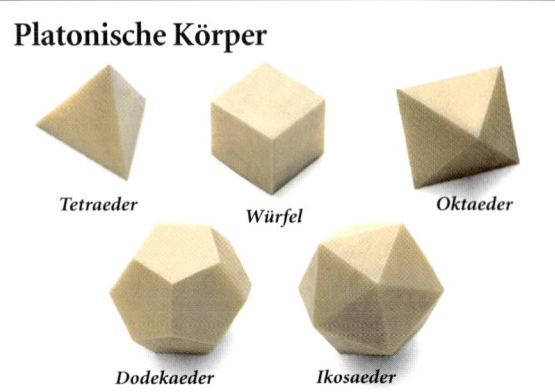

Tetraeder *Würfel* *Oktaeder*

Dodekaeder *Ikosaeder*

Platonische Körper sind reguläre Polyeder. Alle Seitenflächen eines Körpers sind vom gleichen Typ, gleichseitige Dreiecke oder Quadrate oder regelmäßige Fünfecke. Der Tetraeder besteht aus vier Dreiecken, der Würfel aus sechs Quadraten. Beim Oktaeder sind es acht Dreiecke, beim Dodekaeder zwölf Fünfecke und beim Ikosaeder 20 Dreiecke. Euklid (S. 114) nannte diese Körper in seinem Buch *Elemente* »platonische Körper«. Diese Namensgebung erfolgte zu Ehren des griechischen Philosophen Plato, der aber mit der Entdeckung dieser Körper nichts zu tun hat.

EXPERIMENT

Die Verwendung von Netzen

Das Netz eines Polyeders entsteht, wenn man die Oberfläche an einigen Kanten aufschneidet und zu einer ebenen, zusammenhängenden Fläche auffaltet. Wenn ihr es mit mehreren Schachteln durchführt, werdet ihr verschiedenartige Netze erhalten. Netze werden oftmals in der Industrie als Vorlagen für Verpackungen aus Blech oder aus Papier verwendet. In diesem Experiment könnt ihr das Netz einer Schachtel mit rechteckigen Seitenflächen basteln. Die Laschen gehören nicht zum mathematischen Netz, werden aber zum Zusammenkleben der Seiten benötigt.

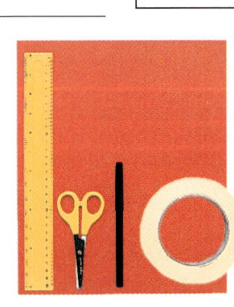

IHR BRAUCHT
● Lineal ● Schere ● Stift ● doppelseitiges Klebeband ● Karton

Vorlage für das Netz des Quaders

1 Übertragt die Vorlage vergrößert auf den Karton. Verwendet eine mehrfach vergrößerte Fotokopie oder zeichnet die Figur im passenden Maßstab. Schneidet die Figur sorgfältig aus.

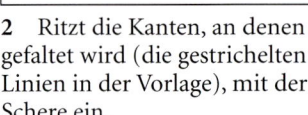

2 Ritzt die Kanten, an denen gefaltet wird (die gestrichelten Linien in der Vorlage), mit der Schere ein.

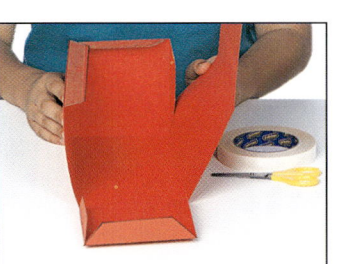

3 Faltet das Netz entlang der Kanten und klebt die Laschen mit dem doppelseitigen Klebeband zusammen. Baut den Quader zusammen.

Die Laschen sollten unsichtbar sein, damit der Quader saubere Kanten hat

Der fertige Quader

Tetraeder basteln

Mit Körpern kann man viele interessante Dinge machen. Bei diesem Experiment bastelt ihr einen regelmäßigen Tetraeder aus einem Briefumschlag. Wenn ihr keinen Briefumschlag der angegebenen Größe findet, müsst ihr euch zunächst aus einem großen Papierbogen eine Tasche mit diesen Maßen basteln. Klebt die Seiten mit Klebeband zu. Ein Tetraeder ist eine Pyramide mit einer dreieckigen Grundfläche. Es gibt auch Pyramiden mit anders geformten Grundflächen, zum Beispiel Quadrate (wie die Pyramiden von Gizeh in Ägypten) oder auch Sechsecke.

IHR BRAUCHT
- Briefumschlag 15 cm x 26 cm oder Tasche mit diesen Maßen • Schere
- Stift • Klebeband

1   Klebt den Umschlag zu. Faltet ihn so, dass die beiden langen Seiten aufeinanderliegen. Faltet ihn auf und dann eine kurze Kante wie im Bild nach oben, bis die linke untere Ecke den Falz berührt.

2   Faltet dann den Umschlag nacheinander zweimal so, dass die Falze die Diagonalen des Umschlags bilden. Verstärkt die Falze mit einem Fingernagel. Diese Linien werden die Kanten des Tetraeders sein.

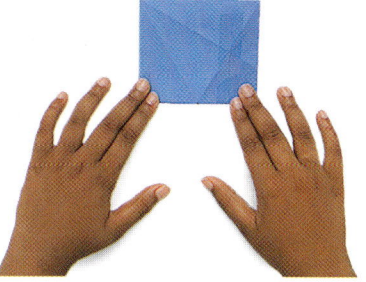

3   Faltet nun den Umschlag so, dass die beiden kurzen Seiten aufeinanderfallen. Faltet den Umschlag wieder auf. Die Faltlinien zerlegen das sichtbare Rechteck in mehrere Dreiecke.

4   Schneidet den Umschlag parallel zur kurzen Seite durch; schneidet etwa 2,5 cm von dem letzten Falz entfernt, den ihr gemacht habt.

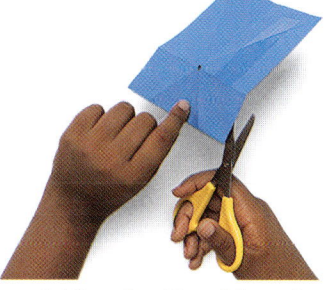

5   Schlitzt den Umschlag mit der Schere auf beiden Seiten vom offenen Ende her bis zum mittleren Falz auf. Schneidet aber nicht zu weit ein.

6   Klappt die entstandenen Laschen in den Umschlag hinein. Streicht sie innen glatt und fahrt dann den Falz mit einem Fingernagel nach.

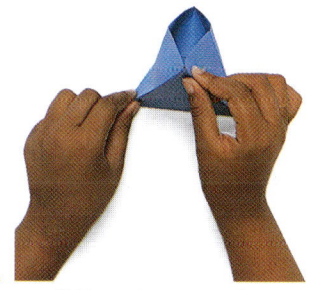

7   Öffnet den Umschlag. Fügt die offenen Enden so zusammen, dass ein Tetraeder entsteht. Haltet das Papier mit der anderen Hand fest.

8   Achtet darauf, dass alle Kanten des Tetraeders glatt sind. Klebt die offenen Kanten mit durchsichtigem Klebeband zusammen.

Der fertige Tetraeder

Kristallstruktur

Quarz

Turmalin

Kristalle, so wie dieser Quarz und der Turmalin, entstehen durch die regelmäßige Anordnung der Atome. Mineralien können häufig nur aufgrund ihrer Kristallstruktur identifiziert werden. Zwei chemisch gleiche Mineralien, wie Grafit und Diamant (zwei Formen von Kohlenstoff), unterscheiden sich nur durch ihre Kristallstruktur.

Würfel, Pyramiden und Kugeln

Drei der wichtigsten Körper sind Würfel, Pyramide und Kugel. Ihre Eigenschaften sind für viele Bereiche der Naturwissenschaften und des Ingenieurwesens von Bedeutung. Sie können beispielsweise Chemikern helfen, die wahrscheinlichen Formen von Molekülen vorherzusagen. Die ägyptischen Baumeister nutzten ihr Wissen über diese Körper für praktische Dinge wie den Bau der Pyramiden. Die große Cheopspyramide in Gizeh, ein Meisterwerk der Baukunst, ist 146 m hoch; ihre Grundseiten sind 230 Meter lang. Jede Seitenfläche musste unter dem gleichen Winkel ansteigen, damit sich die Kanten an der Spitze treffen konnten. Die griechischen Mathematiker brachten die Untersuchung der Körper ungeheuer weit voran. Sie fanden neue Beziehungen zwischen den Körpern und konnten diese auch allgemein beweisen. In drei der Bücher seiner *Elemente* stellte Euklid (S. 114) viele Sätze zur Geometrie der Körper zusammen. Viele Ergebnisse der griechischen Mathematik werden heute noch verwendet.

Konstruktionspläne der Pyramiden

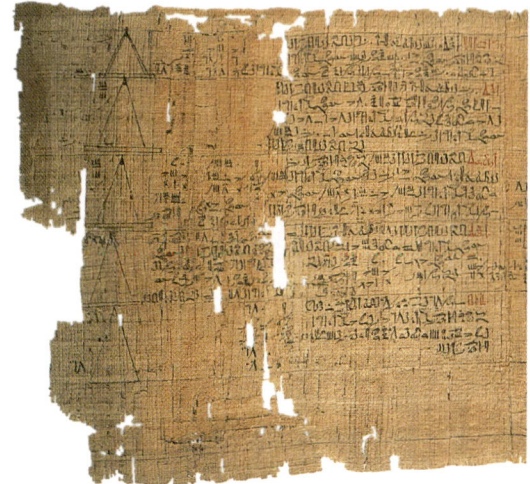

Auf dieser um 1650 v. Chr. geschriebenen Seite des Papyrus Rhind (S. 14) wird das Problem 56 behandelt. Der Schreiber erklärt auf dieser Seite eine einfache Anwendung der Trigonometrie (S. 126–127) beim Bau der Pyramiden. Die Ägypter kannten bereits damals die Formel $\frac{1}{3} \cdot$ Grundfläche $\cdot$ Höhe für das Volumen einer Pyramide, konnten aber nicht allgemein beweisen, dass sie für alle Pyramiden mit quadratischer Grundfläche richtig ist.

EXPERIMENT
Einen Würfel basteln

Ein Körper kann aus mehreren kleineren hergestellt werden. In diesem Experiment wird ein Würfel aus drei unregelmäßigen Pyramiden zusammengesetzt. Viele dreidimensionale Puzzles sind so aufgebaut. Untersucht, welche anderen Körper ihr aus den Pyramiden noch machen könnt. Bei diesem Experiment haben die Pyramiden eine quadratische Grundfläche.

IHR BRAUCHT
● Lineal ● Stift ● Schere ● doppelseitiges Klebeband ● Karton in 3 Farben

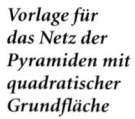

Vorlage für das Netz der Pyramiden mit quadratischer Grundfläche

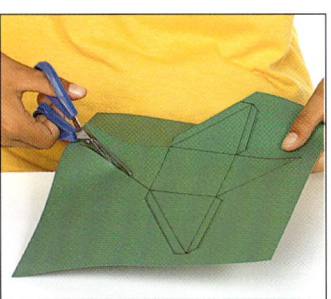

1 Übertragt das Netz auf die drei Kartonbögen. Vergrößert die gemessenen Längen im gleichen Maßstab oder kopiert sie. Ihr könnt auch einen Pantografen (S. 157) benutzen. Schneidet die Netze aus.

2 Ritzt die gepunkteten Linien mit der Schere ein und biegt die Laschen rechtwinklig um. Faltet die vier Dreiecke so weit nach oben, dass sich die Kanten berühren. Klebt die Laschen mit doppelseitigem Klebeband fest.

3 Baut die beiden anderen Pyramiden genauso zusammen wie die erste. Versucht dann, die drei Pyramiden so zusammenzufügen, dass ein Würfel entsteht. (Es ist nicht so einfach, wie es scheint.)

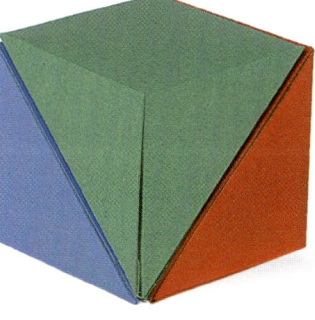

Der Würfel aus Pyramiden

EXPERIMENT
Kugel und Zylinder

Bei diesem Experiment könnt ihr die Oberfläche einer Kugel bestimmen, ohne die Formel $4r^2\pi$ verwenden zu müssen. Bei einem Zylinder, der den gleichen Durchmesser und die gleiche Höhe wie die Kugel besitzt, ist die Mantelfläche so groß wie die Oberfläche der Kugel. Ihr müsst also nur die Länge und die Breite des Rechtecks ausmessen, aus dem der Zylindermantel besteht, und dann den Flächeninhalt des Rechtecks berechnen.

IHR BRAUCHT
● Schieblehre
● Lineal ● Stift
● Schere ● Tennisball ● Karton

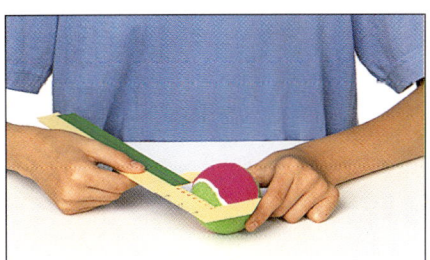

1 Bestimmt zunächst den Durchmesser des Tennisballs mithilfe einer Schieblehre (Bastelanleitung auf S. 95). Haltet dazu den Ball fest. Notiert euch das Messergebnis.

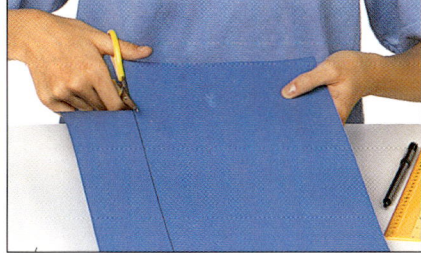

2 Schneidet aus Karton ein Rechteck aus. Es sollte genauso breit sein wie der Durchmesser des Balls und lang genug, um den Ball mindestens einmal umwickeln zu können.

3 Legt den Kartonstreifen um den Ball. Markiert euch die Stelle, an der sich der Streifen überlappt. Schneidet den Streifen anschließend auf diese Länge zurecht.

4 Messt die Länge und die Breite des Rechtecks. Berechnet seinen Flächeninhalt. Vergleicht das Ergebnis mit dem Wert, den ihr mit der Formel erhaltet.

EXPERIMENT
Basteln von Molekülmodellen

Moleküle sind aus zwei oder mehr Atomen aufgebaut, die durch chemische Bindungen zusammengehalten werden. Die Anordnung der Atome bestimmt die chemischen, physikalischen und teilweise auch die biologischen Eigenschaften des Moleküls. Bei einigen Molekülen sind es einfache Figuren, wie beispielsweise beim Wasser (gleichschenkliges Dreieck) oder beim Methan (regulärer Tetraeder).

IHR BRAUCHT
● farbige Tischtennisbälle ● Zirkel
● Zahnstocher

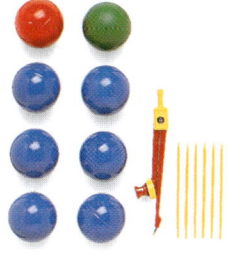

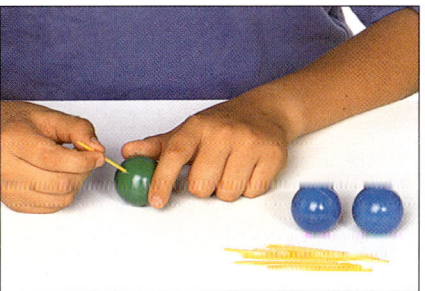

1 Wählt für das Wassermolekül einen Tischtennisball aus, der den Sauerstoff darstellen soll. Stecht mit dem Zirkel ein kleines Loch in den Ball.

2 Steckt einen Zahnstocher in dieses Loch. Achtet darauf, dass der Zahnstocher fest in der Öffnung sitzt. Sucht euch zwei andersfarbige Bälle für den Wasserstoff aus.

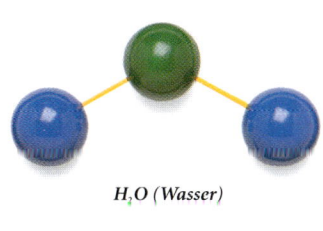

H₂O (Wasser)

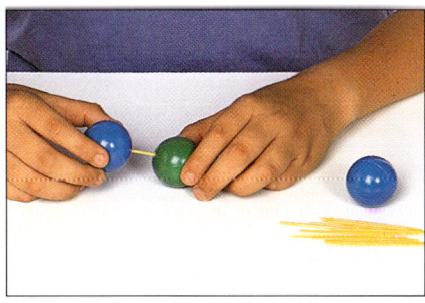

3 Macht ein Loch in eine der beiden Kugeln, und steckt sie auf das freie Ende des Zahnstochers. Befestigt die andere Kugel an der für den Sauerstoff so, dass ein breites gleichschenkliges Dreieck entsteht.

CH₄ (Methangas)

Abbildungen

Abbildungen verändern die Position und eventuell die Größe einer Figur nach vorgegebenen Regeln. Zu den wichtigsten Abbildungen gehören die Spiegelung, die Drehung, die Verschiebung und die zentrische Streckung. Eine Figur kann an einer Geraden oder an einer Ebene gespiegelt werden. Man kann die Figur auch um einen vorgegebenen Punkt im Inneren oder außerhalb drehen. Bei der Verschiebung muss man die Richtung und die Verschiebungsweite kennen. Diese Abbildungen verändern weder die Form noch irgendeine Größe der Figur. Dagegen werden bei der zentrischen Streckung alle Längen mit der gleichen Zahl multipliziert oder dividiert. Die Größe der Winkel bleibt aber unverändert. Dadurch können beispielsweise von einem Filmnegativ vergrößerte Bilder ohne Verzerrungen hergestellt werden. In der Wissenschaft werden Abbildungen zur Untersuchung einer Vielzahl von Phänomenen eingesetzt.

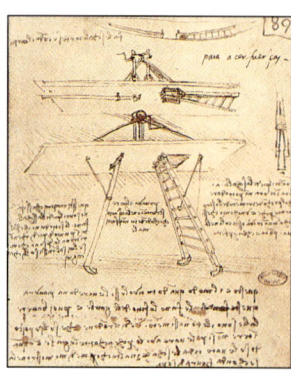
EXPERIMENT

Luft aus einem Ballon ablassen

Aufblasen und Schrumpfen sind Formänderungen in drei Dimensionen. Die Veränderungen können unregelmäßig sein, wie dieses Experiment zeigt. Das Aussehen des Bildes auf dem Ballon ohne Luft hängt von der Größe und der Form des Ballons ab. Zeigt den Ballon euren Freunden und fragt sie, ob sie die ursprüngliche Form erraten können.

IHR BRAUCHT
• 2 Markierungsstifte • Luftballon

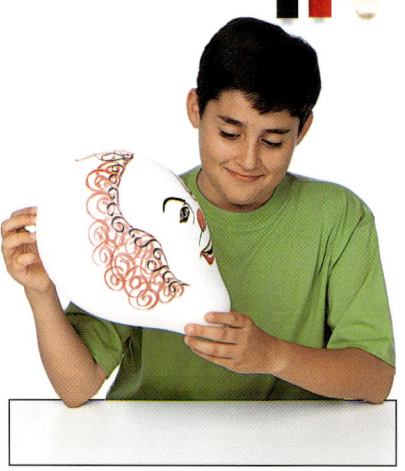

1 Blast den Ballon vollständig auf und zeichnet ein Bild darauf. Das Bild zeigt ein buntes Clowngesicht. Ihr könnt aber auch eure eigenen Ideen verwirklichen.

2 Öffnet den Knoten und lasst die Luft langsam entweichen. Sobald die Luft aus dem Ballon ausströmt, verändert sich die Form des aufgezeichneten Bildes vollkommen.

VORFÜHRUNG

Schreiben in Spiegelschrift

Spiegelschrift bedeutet die Spiegelung der normalen Form der Buchstaben. Versucht einmal, ein Wort so zu schreiben, dass es im Spiegelbild normal aussieht.

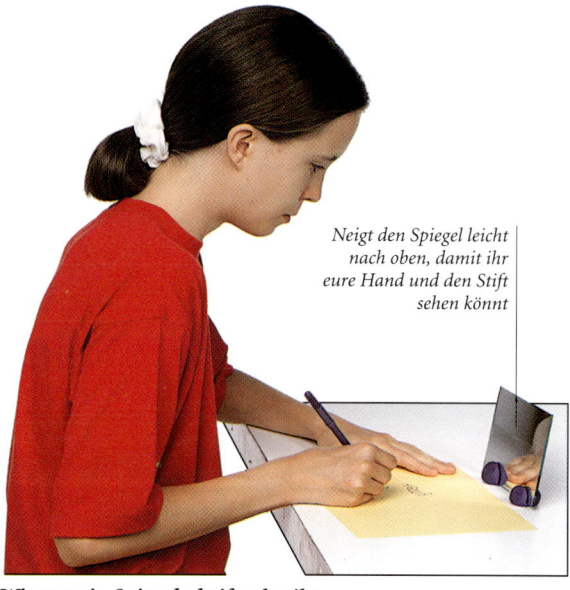

Neigt den Spiegel leicht nach oben, damit ihr eure Hand und den Stift sehen könnt

Wie man in Spiegelschrift schreibt
Befestigt den Spiegel mit Modelliermasse auf dem Tisch und stellt ihn über das Papier. Schaut auf eure Hand im Spiegel und versucht gleichzeitig ein Wort so zu schreiben, dass es im Spiegel richtig aussieht.

EXPERIMENT
Größe verändern

Ein Pantograf ist ein Werkzeug, mit dem die Größe von Figuren verändert werden kann. Dieses Experiment zeigt euch, wie ihr einen einfachen Pantografen basteln könnt, der zum Vergrößern, Verkleinern oder gespiegelten Zeichnen einer beliebigen Figur verwendet werden kann. Das Instrument wird mit einem Reißnagel auf der Unterlage befestigt. Wenn man mit einem Stift die Umrisse der Figur nachfährt, zeichnet ein am Pantografen befestigter Bleistift gleichzeitig das veränderte Bild. Pantografen, auch »Storchenschnabel« genannt, werden auch zum Gravieren von Namensschildern verwendet.

IHR BRAUCHT
- Bohrmaschine und Bohrer ● Ahle ● Bleistift
- Stift ● Papiermesser
- Muttern ● Schrauben
- Reißnagel ● Beilagscheiben ● Kork ● Bleistiftspitzer ● Schleifpapier
- Holzstift ● Lineal ● Balsaholz ● Schneidematte

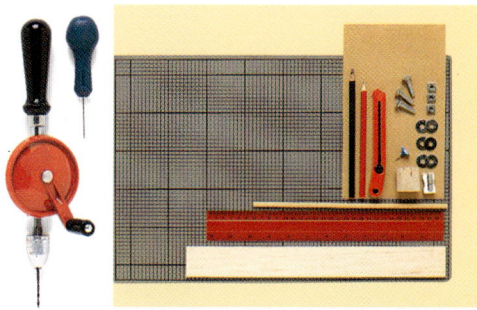

 Bei diesem Experiment sollte ein Erwachsener mithelfen

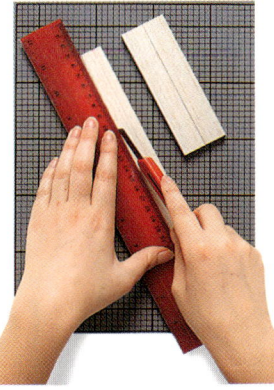

1 Bittet einen Erwachsenen, euch beim Zuschneiden des Balsaholzes zu helfen. Ihr braucht zwei 22 cm x 2 cm und zwei 12 cm x 2 cm große Stücke.

2 Schleift die kurzen Enden der vier Balsaholzstücke mit dem Schleifpapier rund und alle Kanten glatt.

3 Markiert auf jedem Holzstück fünf Punkte im gleichen Abstand; die beiden äußeren nahe an den Enden. Bittet einen Erwachsenen, an jeder markierten Stelle ein Loch zu bohren.

4 Befestigt die beiden kurzen Hölzer mit einer Schraube jeweils in der Mitte eines langen. Legt Beilagscheiben dazwischen, bevor ihr die Mutter aufschraubt.

Der Bleistift muss dünn und lang genug sein, damit er das Papier noch erreicht

5 Bohrt ein Loch in den Korken. Steckt den Bleistift durch den Korken und dann durch die Löcher am Ende der kurzen Stücke.

6 Spitzt ein Stück des Holzstabes mit dem Bleistiftspitzer an. Dies ist euer Zeiger. Befestigt den Holzstab im Loch am Ende des rechten Arms.

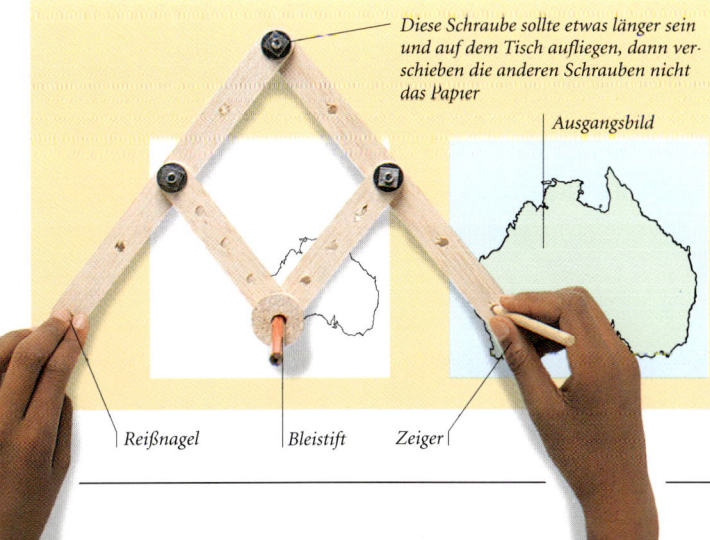

Diese Schraube sollte etwas länger sein und auf dem Tisch aufliegen, dann verschieben die anderen Schrauben nicht das Papier

Ausgangsbild

Reißnagel | *Bleistift* | *Zeiger*

7 Setzt den Zeiger auf das Bild. Befestigt einen Bogen Papier unter dem Bleistift. Steckt den Reißnagel in den linken Arm. Fahrt mit dem Zeiger sorgfältig die Konturen des ursprünglichen Bildes nach. Welche Eigenschaften hat das Bild?

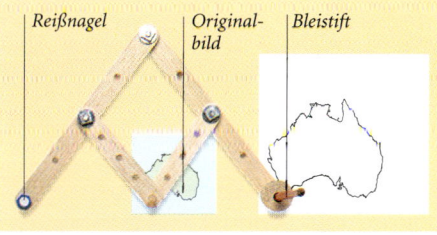

Reißnagel | *Originalbild* | *Bleistift*

Australien vergrößern
Miniaturenmaler verwenden den Pantografen, um ihren Bildern mehr Detailtreue zu geben. Die Stelle, an der der Pantograf festgehalten wird, und die Positionen von Zeiger und Bleistift bestimmen, wie ein Bild verändert wird. Hier wird eine Karte von Australien vergrößert.

Symmetrie

Viele in der Natur vorkommende oder von Menschen geschaffene Dinge haben eine ebene oder eine räumliche Symmetrie. Die Symmetrie kann sich auch auf eine Drehung beziehen. Dann ändert das Bild sein Aussehen nicht, wenn es um einen Punkt gedreht wird. Eine Figur kann auch symmetrisch zu einer Geraden sein, dann ändert sie sich bei einer Spiegelung an dieser Geraden nicht. Viele geometrische Objekte, wie der Kreis und das Quadrat, sind symmetrisch. Bienenwaben sind symmetrische Sechsecke mit sechs verschiedenen Symmetrieachsen. Außerdem sind sie drehsymmetrisch. Einige Viren haben eine dreidimensionale Symmetrie. Viele Gegenstände, die maschinell hergestellt werden, wie Möbel, Flugzeuge und Kleidungsstücke, haben entweder eine Symmetrieachse oder sind drehsymmetrisch. Dafür gibt es praktische Gründe. Ein Stuhl mit Beinen unterschiedlicher Länge würde wackeln. Der Entwurf symmetrischer Gegenstände und die Vorbereitung der Maschinen für deren Produktion sind zeitsparend.

Der Seestern

Seesterne und Seeigel gehören zur gleichen Tierklasse der Stachelhäuter. Diese Seesternart hat fünf Arme. Sie ist achsensymmetrisch zu jeder der fünf Geraden, die durch einen Arm bestimmt ist. Außerdem ist sie fünffach drehsymmetrisch, denn sie sieht immer noch genauso aus, wenn man sie um ihren Mittelpunkt um 72° (360° : 5) dreht.

Identische Figuren

Mit mehrfach gefaltetem Papier könnt ihr eine dekorative Kette symmetrischer Figuren erzeugen. Jede Teilfigur ist symmetrisch zur Faltlinie. Achtet beim Entwerfen des Umrisses darauf, dass sich ein Teil der Figuren über den Falz erstrecken muss, weil sonst keine zusammenhängende Kette entsteht. Ihr könnt auch einige Löcher ausschneiden, damit die Kette interessant aussieht, wenn ihr sie auffaltet. Hier ist eine Kette aus Puppenformen entstanden.

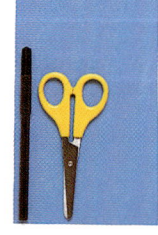

IHR BRAUCHT
- Stift • Schere
- Papier

Achtet darauf, dass die gezeichnete Figur eine zusammenhängende Fläche bildet

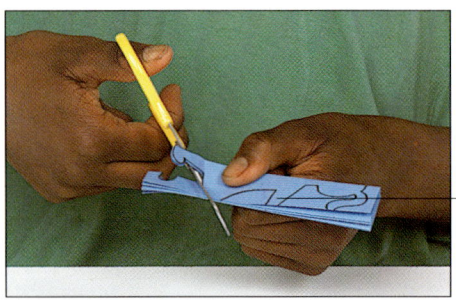

1 Faltet das Papier in Zickzackform, jeden Streifen etwa 2,5 cm breit. Zeichnet die Hälfte eures Entwurfs auf das Papier. Achtet darauf, dass die Symmetrieachse am Falz liegt. Schneidet, falls möglich, durch alle Papierlagen hindurch.

2 Faltet das Papier auf. Die Figurenreihe ist verbunden; jede Figur besteht aus zwei zu einem Falz symmetrischen Teilen.

Details machen die Figuren interessanter

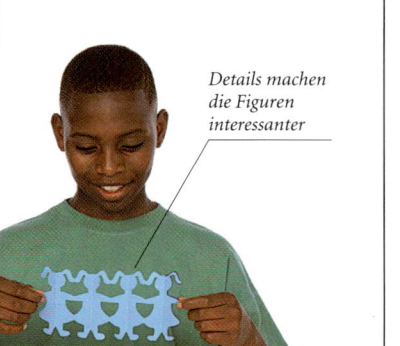

Asymmetrie

Asymmetrie bedeutet fehlende Symmetrie. Glaubt ihr, dass euer Gesicht symmetrisch ist? Auf den ersten Blick scheint es so, schließlich habt ihr zwei Augen, zwei Wangen und zwei Ohren. Schaut euch das Bild rechts an. Dieses Bild wurde geteilt und jede Hälfte wurde an der Mittellinie gespiegelt. Dadurch entstanden die beiden Bilder unten. Seid ihr überrascht? Ihr könnt es mit einem Bild von euch und einem Spiegel überprüfen.

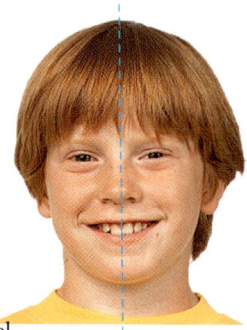

Originalbild

Linke Gesichtshälfte und ihre Spiegelung

Rechte Gesichtshälfte und ihre Spiegelung

EXPERIMENT
Eine Flugmaschine basteln

Ein Hubschrauber ist ein Fluggerät mit Rotorblättern. Die Blätter sind wie die Tragflächen eines Flugzeuges geformt (S. 107), um den Auftrieb zu erzeugen. Der Rotor liegt waagerecht, wenn der Hubschrauber steigt oder in der Luft stehen bleibt. Um in eine bestimmte Richtung zu fliegen, können die Rotorblätter gekippt werden. Dieses Experiment zeigt euch, wie ihr mithilfe der Drehsymmetrie euren eigenen »Hubschrauber« basteln könnt. Die Symmetrie stellt sicher, dass die Rotorblätter alle genau gleich sind.

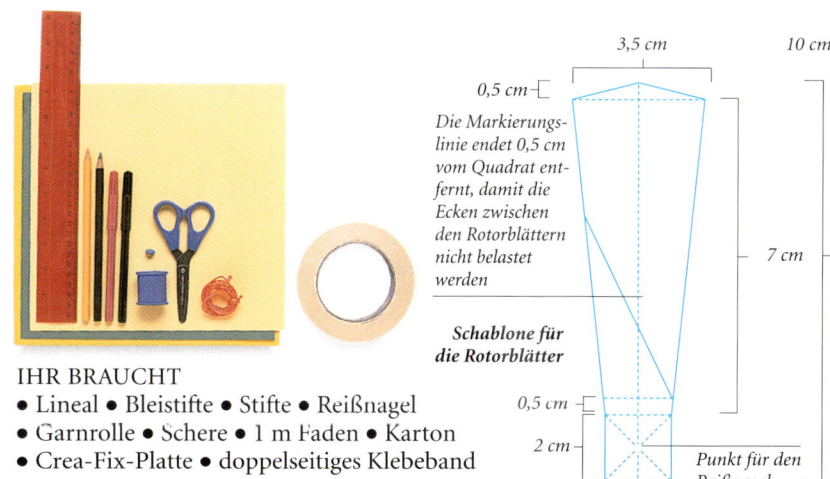

IHR BRAUCHT
- Lineal ● Bleistifte ● Stifte ● Reißnagel
- Garnrolle ● Schere ● 1 m Faden ● Karton
- Crea-Fix-Platte ● doppelseitiges Klebeband

3,5 cm — 10 cm — 0,5 cm

Die Markierungslinie endet 0,5 cm vom Quadrat entfernt, damit die Ecken zwischen den Rotorblättern nicht belastet werden

7 cm

Schablone für die Rotorblätter

0,5 cm — 2 cm — *Punkt für den Reißnagel*

1 Kopiert die Vorlage für die Rotorblätter in doppelter Größe. Übertragt die Kopie oder zeichnet die Vorlage mit den angegebenen Abmessungen auf den Karton. Schneidet sie aus.

2 Legt den Karton auf die Crea-Fix-Platte. Befestigt die Vorlage mit dem Reißnagel in der Mitte. Umfahrt den Umriss der Schablone. Dreht dann dreimal um 90° und fahrt den Umriss jedes Mal nach.

3 Übertragt die durchgezogene Markierungslinie auf jedes Rotorblatt. Schneidet die Gesamtfigur aus und ritzt die Markierungslinie mit der Schere auf allen vier Rotorblättern ein.

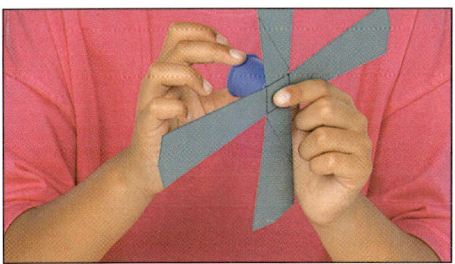

4 Befestigt die Garnrolle mit dem doppelseitigen Klebeband auf der Unterseite in der Mitte des Rotors. Knickt die Rotorblätter entlang der vier Linien leicht ein, sie sollen im gleichen Winkel nach unten zeigen.

5 Wickelt den Faden gleichmäßig auf die Garnrolle, fangt dabei entweder unten oder oben an. Er sollte sich etwa 14-mal herumwickeln lassen.

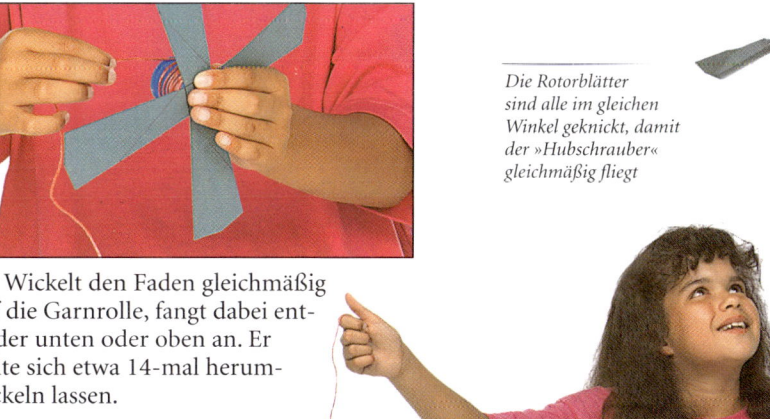

Die Rotorblätter sind alle im gleichen Winkel geknickt, damit der »Hubschrauber« gleichmäßig fliegt

6 Steckt das stumpfe Ende eines Bleistifts in das Loch der Garnrolle. Haltet den Bleistift mit dem »Hubschrauber« aufrecht und balanciert die Garnrolle leicht auf eurem Daumen und Zeigefinger.

7 Nehmt den Bleistift in eine Hand und haltet den Rotor über euren Kopf. Zieht schnell und gleichmäßig am Faden, bis er ganz von der Garnrolle abgewickelt ist. Zieht nicht ruckartig am Faden; die Bewegung muss sanft sein, damit der »Hubschrauber« startet.

Wenn sich der Faden von der Rolle löst, hebt der »Hubschrauber« ab

Vom Zwei- zum Dreidimensionalen

Durch Projektion wird von einem dreidimensionalen Objekt ein ebenes Bild erzeugt. Wenn ihr einen Stuhl so anleuchtet, dass seine Umrisse an der Wand erscheinen, führt ihr eine Projektion durch. In der Mathematik verwendet man häufig drei Projektionsrichtungen, von oben, von der Seite und von vorn (S. 162). Diese drei Projektionen enthalten zusammen alle erforderlichen Informationen, um ein Objekt später neu zu bauen. Deshalb zeichnen Architekten und Ingenieure auch Grundriss, Seitenriss und Aufriss von Gebäuden und Maschinen. Beim Erstellen von Weltkarten wird die Position von Orten und Gebieten mithilfe der Breiten- und Längengrade genau wiedergegeben. Die Rekonstruktion von dreidimensionalen Objekten aus Projektionen wird nicht nur in der Mathematik und der Technik benötigt. Kriminalisten und Archäologen verwenden solche Verfahren, um Gesichter aus Zeichnungen und Schädeln zu rekonstruieren. Modellbauer in Wachsfigurenkabinetten fotografieren und vermessen ihre Vorlagen, wenn sie dreidimensionale Modelle bauen.

Die Mercator-Projektion

Der flämische Geograf Gerardus Mercator (1512–1594) entwickelte ein Projektionsverfahren, bei dem die Erdoberfläche vom Mittelpunkt der Erde aus auf einen gedachten Zylinder um den Äquator projiziert wird. Solche Karten ermöglichten es den Seefahrern, ihren Kurs auf dem Meer als gerade Linien auf der Karte einzuzeichnen. Dieses Bild von 1631 zeigt die westliche Hemisphäre in einem anderen, ebenfalls auf Mercator zurückgehenden Projektionsverfahren.

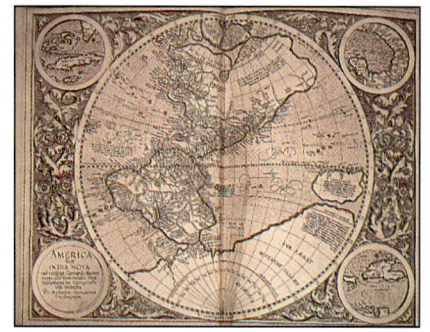

Reisen auf kürzestem Weg

Aus Karten, die nach dem Mercator-Verfahren erstellt wurden, können Navigatoren genaue Informationen über den Kurs gewinnen, den ein Schiff oder ein Flugzeug einhalten muss. Bei diesem Experiment erfahrt ihr, wie ihr auf einer Karte die Route zwischen zwei Städten planen könnt. Zuerst wird die Route auf dem Globus dargestellt, dann werden die Informationen auf eine Weltkarte übertragen. Lasst euch überraschen, wie die kürzeste Verbindungslinie zwischen zwei Orten auf der Weltkarte aussieht.

IHR BRAUCHT
- Bleistift • Stifte
- Schere • Faden
- Modelliermasse
- Klebeband
- Pauspapier
- Weltatlas • Globus

1 Markiert zwei Orte auf dem Globus jeweils mit Modelliermasse; im Bild sind es Tokio in Japan und Madrid in Spanien. Schneidet ein Stück Faden ab, das länger als die Verbindungslinie zwischen den beiden Städten ist. Befestigt den Faden in der Modelliermasse und zieht ihn straff.

2 Legt ein Stück Pauspapier auf die Weltkarte im Atlas und klebt es fest. Tragt mit dem Bleistift die Breitenkreise (Ost-West) und die Längenkreise (Nord-Süd) in dem Bereich der Karte ein, über die eure Route führt. Zeichnet diese Gitterlinien auf dem Pauspapier mit Filzstift nach.

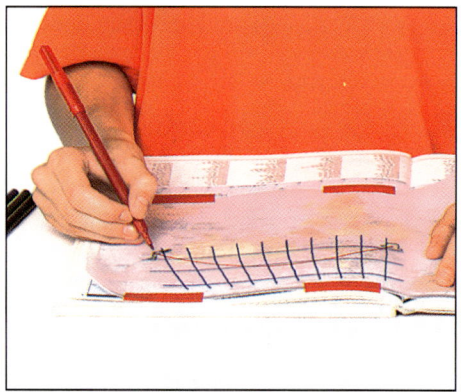

3 Seht auf dem Globus nach, wo der Faden die Breitenkreise und die Längenkreise schneidet oder berührt. Zeichnet diese Stellen auf dem Pauspapier ein, das über eurer Karte liegt. Verbindet diese Punkte. Was stellt ihr bei der Route fest? (Lösung S. 187)

EXPERIMENT

Eine Gesichtsmaske herstellen

Bei diesem Experiment werdet ihr eine Tonmaske eures Gesichts herstellen. Messt die Länge eures Gesichts. Messt die Breite an den im Bild unten angegebenen Stellen, damit ihr leichter die Lage von Augen, Nase und Mund findet. Die Maße eures Profils bestimmt ihr mithilfe einer Linie knapp vor eurem Ohr. Sie helfen euch dabei, die Konturen eures Gesicht zu formen.

 *Bei diesem Experiment sollte ein Erwachsener mithelfen*

IHR BRAUCHT
• Schürze • Ton für Modellierarbeiten
• Handbohrer • Maßband
• Lineal • Stifte
• Holzspieße • Zeichen-
dreieck • Fotos von eurem
Profil und eurem ganzen
Gesicht • 20 cm x
30 cm großes Brett aus
Balsaholz • Schere

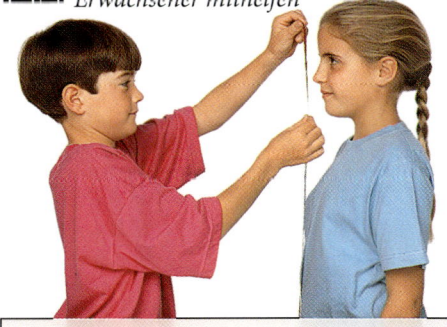

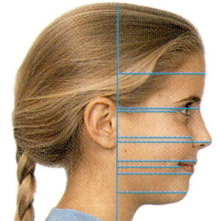

Messt die Breite eures Gesichts und der Gesichtszüge

Ansicht eures Gesichts

Profil

1 Bittet einen Freund, euer Gesicht in Abständen von 3 cm in vertikaler (symmetrisch zur Nase) und in horizontaler Richtung auszumessen und die Maße zu notieren. Bestimmt zusätzlich die Maße an den Stellen, die im Bild rechts angegeben sind.

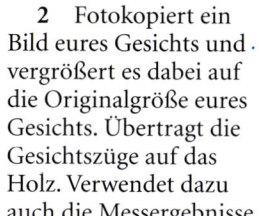

2 Fotokopiert ein Bild eures Gesichts und vergrößert es dabei auf die Originalgröße eures Gesichts. Übertragt die Gesichtszüge auf das Holz. Verwendet dazu auch die Messergebnisse.

3 Vergrößert das Foto eures Profils ebenfalls auf Originalgröße. Übertragt das Profil auf ein Blatt Papier. Legt Holzspießchen an die angegebenen Stellen und kürzt sie auf die richtigen Längen.

4 Bittet einen Erwachsenen, in das Balsaholz überall dort ein Loch zu bohren, wo ihr euer Profil gemessen habt, beispielsweise an der Nasenspitze und den Augenwinkeln. Die Spießchen sollten genau in die Löcher passen.

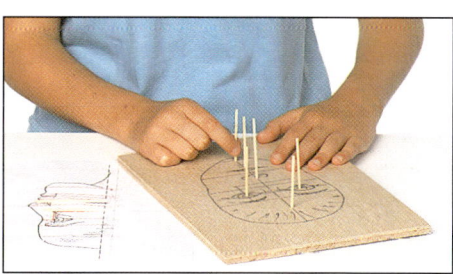

5 Setzt die Spießchen an den richtigen Stellen der Zeichnung auf dem Balsaholz ein. Der Umriss eures Gesichts auf dem Balsaholz und die Stäbchen sind die Grundlage für die Tonmaske; die Stäbchen markieren die notwendige Dicke der Tonschicht.

6 Formt den Ton so, dass er um die Holzstäbchen herum gerade die Spitzen bedeckt. Modelliert eure Gesichtszüge zwischen diesen markierten Stellen zunächst grob. Haltet den Ton feucht, um euch die Arbeit zu erleichtern.

Winkelsumme im Dreieck

Die Summe der Innenwinkel eines ebenen Dreiecks beträgt stets 180° (S. 122). Dies gilt jedoch nicht auf einer gewölbten Fläche. Zeichnet ein Dreieck auf eine hohle, durchsichtige Kugel wie zum Beispiel ein Goldfischglas. Messt die Winkel von außen und von innen mit einem biegsamen Winkelmesser. Übertragt dazu die Einteilung eines Winkelmessers auf Transparentpapier. Was stellt ihr fest? (Lösung S. 187)

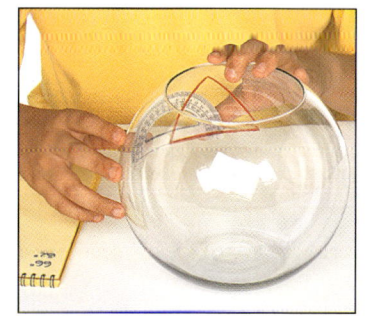

7 Modelliert eure Gesichtszüge nun im Detail. Verwendet die Spitze einer Schere, um eure Lippen und eure Haare zu formen. Schlagt die fertige Maske in ein feuchtes Tuch ein, damit sie nicht zu schnell austrocknet.

Projektion in der Kunst

In der Malerei werden seit Jahrhunderten mathematische Verfahren, beispielsweise Projektionen, verwendet. Der Künstler Leon Battista Alberti (1404–1472) benutzte 1435 in seinem Buch *Über die Malerei* dafür das Wort »Komposition«. Viele Künstler des 15. Jahrhunderts waren auch Mathematiker. Sie verwendeten die mathematischen Eigenschaften der Perspektive, um Kirchen, Paläste und andere Gebäude zu entwerfen und um möglichst realistische Bilder zu malen. Heute enthalten die Baupläne auch die kleinsten Details, um sicherzustellen, dass alle für den Bau nötigen Informationen in den Zeichnungen enthalten sind. Computersysteme erzeugen anhand solcher Daten aus den Plänen ein virtuelles Gebäude, in dem der Betrachter herumlaufen kann, um sich ein Bild davon zu machen, wie es nach dem Bau aussehen wird.

Der Canale Grande in Venedig

Der italienische Maler Antonio Canaletto (1697–1768) begann seine künstlerische Laufbahn als Theatermaler. Für diese Arbeit benötigte er die Perspektive. Um 1730 entwickelte er ein der Camera obscura (S. 114) ähnliches Gerät. Eine Linse warf ein Bild auf eine Glasscheibe. Solche Bilder verwendete Canaletto als Grundlage seiner Zeichnungen. Menschen und Gebäude wurden in seinen Werken nach strengen Regeln angeordnet, sodass sich eine perspektivische Raumtiefe ergab.

EXPERIMENT

Isometrisches Zeichen

Isometrische Zeichnungen werden von technischen Zeichnern und Ingenieuren verwendet, um Bilder von Gegenständen mit weitgehend unverfälschten Abmessungen der wichtigsten Teile zu zeichnen. Isometriepapier, das man in Geschäften für Künstlerbedarf kaufen kann, ist mit einem Raster aus gleichseitigen Dreiecken bedruckt. Bei diesem Experiment zeichnet ihr eine dreidimensionale Ziffer auf Isometriepapier. Beginnt damit, den Gegenstand von der Seite (Seitenriss), von vorn (Aufriss) und von oben (Grundriss) auf normales, kariertes Papier zu zeichnen.

IHR BRAUCHT
● Lineal ● Stift ● kariertes Papier ● Isometriepapier (die hier verwendeten Dreiecke haben 5 mm Seitenlänge)

1 Zeichnet Aufriss, Seitenriss und Grundriss der Zahl 1 auf das karierte Papier. Ihr könnt eigene Maße wählen, aber ihr müsst sie bei allen Ansichten beibehalten. Hier ist die Grundfläche insgesamt zehn Kästchen breit und vier Kästchen hoch.

2 Zeichnet einen Punkt des Aufrisses, beispielsweise die untere linke Ecke, auf das Isometriepapier. Übertragt von diesem Punkt aus schrittweise die Linien der drei Ansichten mit ihren Längen entlang der Linien des Isometriepapiers. Beim Weiterzeichnen entsteht auf ganz natürliche Weise ein räumlicher Eindruck.

Aufriss

Seitenriss

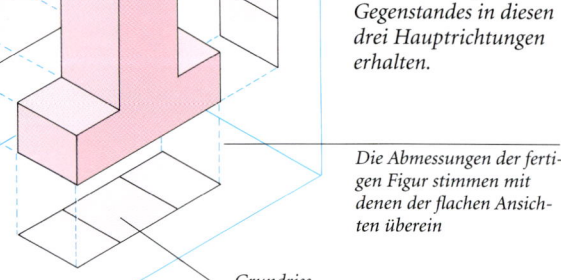

Grundriss

Die Zeichnung
Dieses Bild zeigt die fertige Ziffer 1. Sie scheint dreidimensional zu sein. Der Grundriss, der Seitenriss und der Aufriss werden durch Ansichten von oben, von der Seite und von vorn dargestellt. Wegen des isometrischen Rasters bleiben die Abmessungen des Gegenstandes in diesen drei Hauptrichtungen erhalten.

Die Abmessungen der fertigen Figur stimmen mit denen der flachen Ansichten überein

EXPERIMENT

Ein Raster benutzen

Albrecht Dürer (1471–1528) betonte, wie wichtig genaues Arbeiten beim Zeichnen ist. Er verwendete manchmal ein Raster, wie es unten abgebildet ist. Durch das kästchenweise Übertragen der Umrisse seiner Objekte konnte er sie in der richtigen Perspektive darstellen. Bastelt euch ein eigenes Raster und zeichnet ein paar Gegenstände perspektivisch.

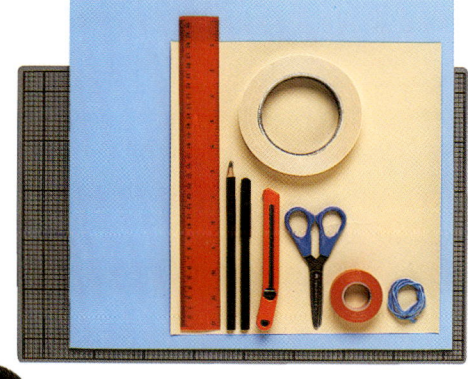

IHR BRAUCHT

- Lineal ● doppelseitiges Klebeband
- Bleistift ● Stift ● Papiermesser
- Schere ● Klebeband ● Faden ● Papier
- 2 Crea-Fix-Platten ● Schneidematte
- Gegenstände zum Zeichnen (beispielsweise Obst)

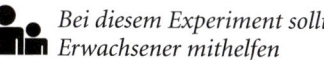 *Bei diesem Experiment sollte ein Erwachsener mithelfen*

1 Zeichnet ein Quadrat mit 40 cm Seitenlänge und innen einen 5 cm breiten Rand auf die Crea-Fix-Platte. Zeichnet für den Ständer zusätzlich einen 5 cm breiten Streifen an einer Außenkante. Bittet einen Erwachsenen, den Rahmen mit dem Papiermesser auszuschneiden.

Ritzt auf der Rückseite des Rahmens die Knicklinie für den Ständer ein

2 Bastelt den gleichen Rahmen noch einmal. Dreht ihn um und markiert alle vier Innenseiten im Abstand von 5 cm. Beginnt jeweils an einer Ecke. An diesen Stellen werden dann die Fäden für das Raster befestigt.

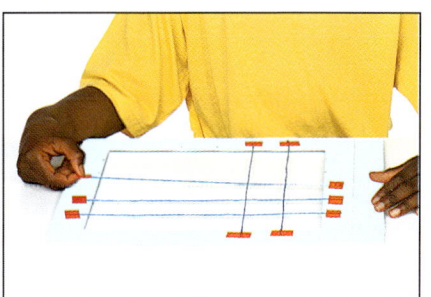

3 Befestigt die Fäden mit etwas Klebeband jeweils an den gegenüberliegenden Markierungen. Achtet darauf, dass ihr die Fäden spannt, sodass sie gerade Linien ergeben.

4 Klebt die beiden Rahmen mit doppelseitigem Klebeband aufeinander. Achtet darauf, dass die Streifen für den Ständer an der gleichen Seite liegen.

5 Stellt den Rahmen vor ein Stillleben. Zeichnet ein Raster mit den gleichen Maßen auf ein Blatt Papier. Befestigt das Blatt auf dem Tisch und übertragt die Umrisse der Gegenstände Kästchen für Kästchen.

Was der Künstler sieht
So sieht der Künstler die Rasterlinien auf seinem Motiv. Nachdem er die Umrisse jeder Figur mithilfe des Rasters auf das Papier übertragen hat, hängt es von seinen künstlerischen Fähigkeiten ab, ob die Skizze der Umrisse zu einem Kunstwerk wird.

Was ist Topologie?

Topologie wird manchmal auch Gummiband-Geometrie genannt. Sie befasst sich mit Eigenschaften geometrischer Gebilde, die bei elastischer Verformung erhalten bleiben. Ein Kreis und ein Quadrat sind vom Standpunkt der Topologie aus gleich, da das eine so lange gedehnt und gestaucht werden kann, bis es wie das andere aussieht, ohne dass dabei Löcher geschlossen werden oder entstehen. Ein Kreis und ein Kreisbogen aber sind verschieden, da die Kreislinie zusammenhängend ist und ein Gebiet umschließt, der Kreisbogen aber nicht. In der Topologie spielen Längen und Winkelmaße keine Rolle. Eine Handvoll Modelliermasse kann man topologisch verformen (S. 104). Wissenschaftler verwenden ein Teilgebiet der Topologie, die Knotentheorie (S. 167), um Modelle für die Anordnung von Molekülen zu bilden. Der Entwurf von elektrischen Schaltkreisen ist eine weitere praktische Anwendung.

FORSCHUNGSAUFGABE

Der Satz von Euler

Leonhard Euler (1701–1783) war ein bedeutender Mathematiker. Bei seinen Untersuchungen von konvexen Polyedern entdeckte er, dass es eine Beziehung zwischen der Anzahl e der Eckpunkte, der Anzahl f der Flächen und der Anzahl k der Kanten (S. 152) gibt. Er formulierte diese Beziehung als $e + f - k = 2$.

Oktaeder
Dieser Körper hat 6 Ecken, 8 Flächen und 12 Kanten. Wenn man Eulers Formel darauf anwendet, erhält man als Ergebnis $6 + 8 - 12$, also 2.

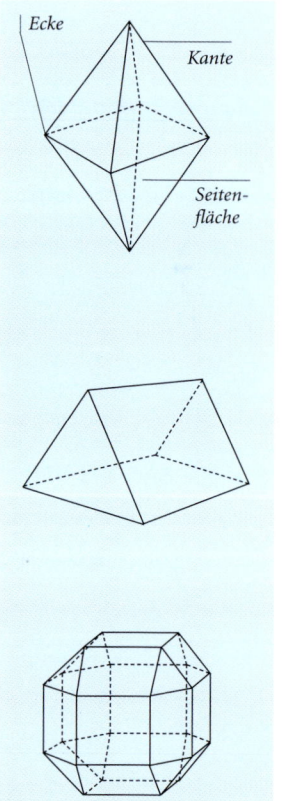

Prisma
Ein dreieckiges Prisma hat 6 Ecken, 5 Flächen und 9 Kanten. Anwenden der Formel ergibt $6 + 5 - 9$, also 2.

Unregelmäßiger Körper
Dieser Polyeder hat 24 Ecken, 26 Flächen und 48 Kanten. Einsetzen in die Formel ergibt $24 + 26 - 48$, also wieder 2.

GROSSE ENTDECKER

Carl Friedrich Gauß

Carl Friedrich Gauß (1776–1855) wird als größter Mathematiker seiner Zeit bezeichnet. Neben herausragenden Arbeiten auf vielen Gebieten der Mathematik, der Physik und der Astronomie entwickelte er bei seinen Untersuchungen zur euklidischen Geometrie die Ansätze einer neuen Art der Geometrie, in der sich parallele Geraden berühren oder sogar schneiden können. Gauß veröffentlichte seine Erkenntnisse zur nichteuklidischen Geometrie aber nicht.

VORFÜHRUNG

Umzieh-Trick

Wie kann jemand, der eine Weste unter einer Strickjacke anhat, die Weste ausziehen, ohne die Strickjacke auszuziehen? Schaut euch die Bilder an und lest die Beschreibungen sorgfältig durch, damit ihr versteht, wie der Vorgang abläuft. Probiert es dann selbst. Die Anzahl der Löcher und Flächen steht bei beiden Kleidungsstücken fest. Ihre gegenseitige Lage ändert sich nicht. Beim Auffinden der Lösungsidee hat die Topologie ebenso geholfen wie beim Seiltrick auf der nächsten Seite.

1 Zieht euch eine möglichst dehnbare Weste an und die Strickjacke darüber.

2 Zieht das rechte Armloch der Weste nach unten, und steckt dann euren rechten Arm von außen her durch.

3 Zieht die Weste am Rücken zu eurem linken Arm hin. Passt auf, dass sich die beiden Kleidungsstücke nicht verknoten.

Das Möbiusband

Dieses mathematische Wunder besteht aus einem Papierstreifen. Er wird einmal verdreht und dann an seinen Enden zusammengeklebt. Dadurch entsteht schließlich ein Objekt mit nur einer Kante und einer Seite. Bastelt euch euer eigenes Möbiusband und seht, was passiert, wenn ihr auf verschiedene Arten parallel zu den Kanten schneidet. (Lösung S. 187)

IHR BRAUCHT

● Stift ● Schere ● Klebeband ● doppelseitiges Klebeband ● Papier in zwei Farben

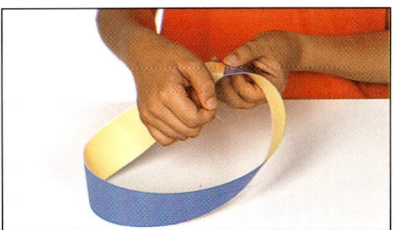

1 Stellt zwei Papierstreifen (etwa 60 cm x 5 cm) her. Klebt sie mit doppelseitigem Klebeband aufeinander. Dreht ein Ende des Streifens einmal und klebt die Enden zusammen.

2 Zeichnet eine Linie in der Mitte des Bandes, einmal um das ganze Band herum. Schneidet das Band entlang dieser Linie durch. Was passiert, wenn ihr fertig seid?

3 Zeichnet nochmals eine Linie in die Mitte des auseinandergeschnittenen Bandes. Schneidet an dieser Linie entlang. Was passiert mit dem Möbiusband?

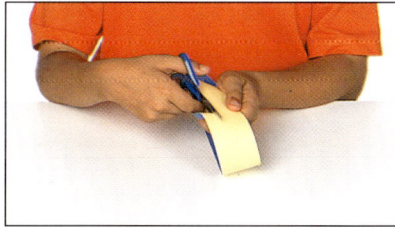

In Drittel schneiden
Bastelt ein weiteres Möbiusband. Zeichnet die Linie ein Drittel der Streifenbreite von der Kante entfernt. Was passiert mit dem Band, wenn ihr mit Schneiden fertig seid?

Die Kleinsche Flasche

Felix Klein (1849–1925) war von der nicht euklidischen Geometrie fasziniert. Er erfand die Kleinsche Flasche (Computerbild unten), ein dreidimensionales Rohr, dessen Innenfläche mit sich selbst verschlungen und gleichzeitig auch Außenfläche ist. Sie hat interessante topologische Eigenschaften. Die Kleinsche Flasche hat nur eine Seite (wie das Möbiusband), ist eine geschlossene Figur, hat keine Enden und trotzdem keine Innenseite. Wenn man sie der Länge nach aufschneiden würde, entstünden zwei Möbiusbänder. Sie ist aber im dreidimensionalen Raum nur mit Selbstdurchdringung herstellbar.

123 Trick

Für diesen Trick braucht ihr zwei Stücke Schnur. Knotet die Enden des einen an die Handgelenke eures Freundes. Bindet ein Ende der anderen Schnur an euer linkes Handgelenk. Führt das andere Ende von unten her durch die große Schlaufe, die von den Armen eures Freundes und der Schnur gebildet wird, bindet sie an euer rechtes Handgelenk. Wie könnt ihr die Schnüre voneinander lösen, ohne die Enden von einem Handgelenk loszuknoten? (Lösung S. 187)

4 Zieht die Weste nach vorn. Dehnt das rechte Armloch. Steckt euren linken Arm hindurch, den Ellenbogen zuerst.

5 Noch steckt euer linker Arm in der Weste. Steckt die Weste von innen in den Ärmel der Strickjacke.

6 Greift mit der rechten Hand von unten in den linken Ärmel der Strickjacke und zieht die Weste heraus.

7 Jetzt ist es geschafft. Ihr habt die Weste ausgezogen, ohne die Strickjacke ausziehen zu müssen.

Nicht nur Spielereien

Ursprünglich betrachtete man die Topologie nur als eine besondere Form der Geometrie, doch im Lauf der Jahre kamen auch Aspekte der Algebra und der Zahlentheorie hinzu. Die Untersuchung von Knoten ist ein weiterer Teil der Topologie. Dazu stellt man sich Knoten als Kurven im dreidimensionalen Raum vor. Ein Mathematiker kann beispielsweise entscheiden, ob ein gegebener, verknoteter Faden in einen bereits bekannten Knoten überführt werden kann. Dies scheint auf den ersten Blick nicht besonders bedeutsam zu sein. Doch die Grenze zwischen »richtiger, ernsthafter Mathematik« und Spiel ist nicht nur auf diesem Gebiet fließend. Die Untersuchung von Knoten hilft Wissenschaftlern beispielsweise beim Verständnis der DNS-Moleküle (S. 149).

 Puzzle

Die abgebildete »Karte« ist eine sich selbst überschneidende geschlossene Kurve. Malt die Flächen so aus, dass solche mit einer gemeinsamen Grenze unterschiedlich gefärbt sind. Wie viele Farben braucht ihr mindestens? (Lösung S. 187) Das Problem, beliebige Landkarten zu färben, wurde schließlich von einem Computer gelöst (S. 187). Zeichnet selbst Karten und färbt sie. Kommt ihr zur gleichen Lösung wie der Computer?

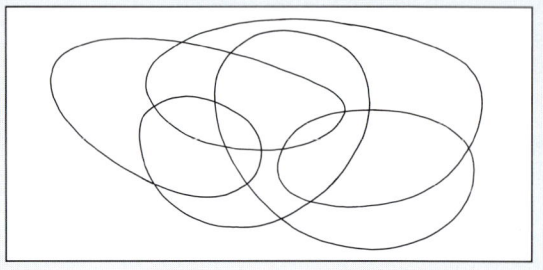

EXPERIMENT

Eine magische Figur

Bei diesem Experiment werden Schnitte und Falze dazu benutzt, scheinbar zufällig angeordnete Zahlen in Gruppen von gleichen Zahlen zu ordnen. Übertragt zunächst die beiden Raster und die Zahlen von den Vorlagen auf die Vorder- und die Rückseite des Papiers. Die Seite eines Quadrats soll etwa 2,5 cm lang sein.

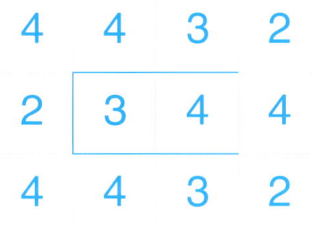

Vorderseite

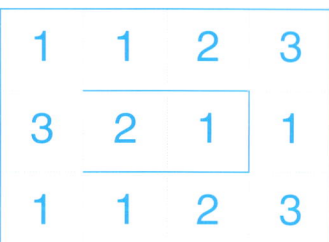

Rückseite

IHR BRAUCHT
● Lineal ● Bleistift ● Farbstift ● Schere ● durchsichtiges Klebeband ● Papier

1 Schneidet das große Rechteck aus. Schneidet das Papier, wie im Bild gezeigt, an drei Seiten der beiden mittleren Kästchen durch.

2 Legt das Raster mit der Vorderseite nach oben. Faltet die linke Reihe und die Lasche nach rechts. Faltet die linke Reihe nochmals nach rechts.

3 Faltet den überstehenden Teil der Lasche um die rechte Kante. Ihr solltet jetzt ein Rechteck haben, bei dem nur Zweier sichtbar sind.

4 Dreht das Rechteck um. Jetzt sind nur Einser zu sehen. Klebt nun die beiden Einser in der Mitte mit dem durchsichtigen Klebeband zusammen.

5 Dreht die magische Figur wieder um, sodass die Zweier nach oben schauen. Öffnet die Figur in der Mitte und seht, was passiert.

6 Die Dreier tauchen wie aus dem Nichts auf. Können eure Freunde erraten, wie ihr das gemacht habt?

EXPERIMENT
Stecker für verschiedene Löcher

Manchmal kann ein und dasselbe Verfahren mehrere Probleme gleichzeitig lösen. Im folgenden Experiment könnt ihr aus Modelliermasse einen Gegenstand formen, der wie ein Schlüssel in drei verschiedene Schlösser passt. Dieses Experiment soll euch zum Nachdenken über unregelmäßige Körper anregen.

IHR BRAUCHT
- Modelliermasse ● Papiermesser ● Zirkel
- Stift ● Bleistift ● Lineal ● Crea-Fix-Platte
- Schneidematte ● Nudelholz

Bei diesem Experiment sollte ein Erwachsener mithelfen

1 Zeichnet drei gleich große Quadrate mit etwas Abstand auf die Crea-Fix-Platte. Zeichnet einen Kreis in ein Quadrat und ein Dreieck in ein anderes.

2 Macht die Modelliermasse weich und rollt fünf ungefähr 6 mm dicke Scheiben aus. Sie sollten jeweils etwas größer als die Quadrate sein.

3 Bittet einen Erwachsenen, die Figuren aus der Crea-Fix-Platte auszuschneiden. Schneidet aus der Modelliermasse einen Kreis, zwei Quadrate und zwei Dreiecke.

4 Beginnt mit dem Kreis und setzt ein Quadrat als eine Seite eures Schlüssels auf den Rand. Füllt die Figur innen mit etwas Modelliermasse, sie hält dann besser.

5 Setzt das zweite Quadrat gegenüber dem ersten auf den Kreisrand, drückt die oberen Kanten zusammen. Schließt die offenen Seiten mit den beiden Dreiecken.

6 Glättet die Kanten der Modelliermasse mit euren Händen, ohne dabei die Form der Teile zu verändern. Prüft nach, ob der Körper durch alle drei Löcher passt, die ihr in die Crea-Fix-Platte geschnitten habt.

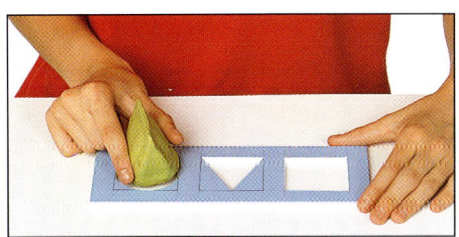

EXPERIMENT
Übertragen von Schlaufen

Die Topologie untersucht Knoten und Schlaufen. In diesem Experiment wird eine Schlaufe von einem Stück Papier auf zwei Büroklammern übertragen.

IHR BRAUCHT
- Lineal ● Bleistift ● 2 Büroklammern
- Schere ● Papier

Das freie Ende der Büroklammer zeigt nach oben

1 Schneidet einen etwa 5 cm breiten Papierstreifen aus. Klappt ein Ende nach unten und befestigt den Umschlag mit einer Büroklammer, wie es im Bild gezeigt wird.

2 Faltet das andere Ende des Papierstreifen herüber, sodass sich eine zweite Schlaufe ergibt. Befestigt sie mit der zweiten Büroklammer in gleicher Weise wie die erste.

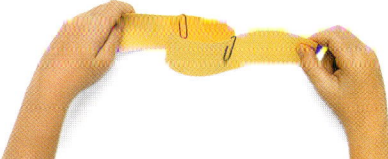

3 Nehmt beide Enden des Papierstreifens in die Hände. Zieht die beiden Enden ruckartig auseinander, sodass der Streifen gerade wird. Was ist mit den Büroklammern passiert?

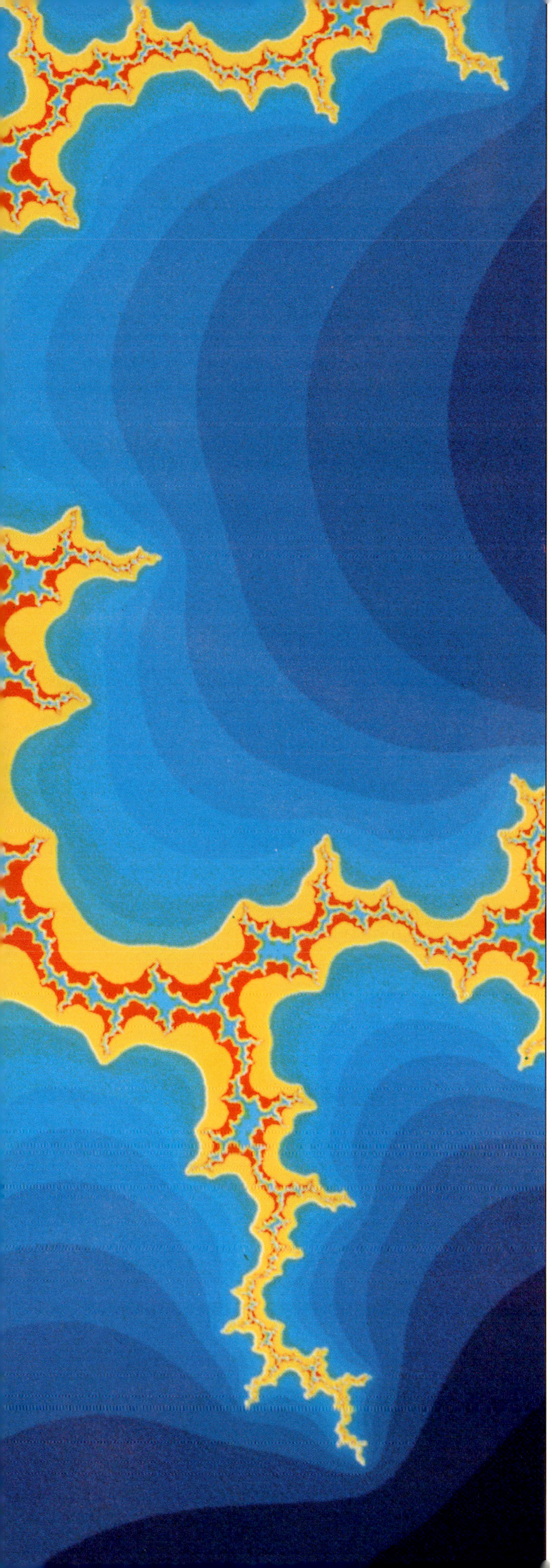

DENKEN

Nachdenken über die Wege
*Die Zeichnung auf einem frühen Grabstein (oben)
auf dem Friedhof in Alkborough (Nordengland), stellt einen
Irrgarten dar, eine seit vielen Jahrhunderten beliebte
Denksportaufgabe. Ein wunderschönes Bild der fraktalen
Geometrie (links) wurde mithilfe eines Computerprogramms
aus der Mandelbrot-Menge (S. 180) gewonnen und wird zur
Analyse bestimmter chaotischer Systeme verwendet.*

Rätsel, die die logischen Fähigkeiten der Menschen testen, waren schon immer beliebt. Spiele wie Schach basieren auf ausgeklügelten Methoden des logischen Schließens. Entscheidende Fortschritte bei der Analyse gab es jedoch erst, als Wissenschaftler die Struktur des Denkens mit mathematischen Methoden untersuchten. Während der letzten 200 Jahre wurde die Logik zu einem Teilgebiet der Mathematik, mit eigenen Symbolen und Methoden. Sie wird heute bei der Entwicklung von Computerprogrammen angewendet. Neue Arten des Denkens bilden die Grundlage für weitere Teilgebiete der Mathematik. Die Chaostheorie und die fraktale Geometrie versetzen Wissenschaftler in die Lage, Erscheinungen in der Natur – Meereswellen, Wettersysteme, Eiweißmoleküle und ihre Bindungen – zu untersuchen.

DAS NEUE GOLDENE ZEITALTER

Logisches Schließen ist der Eckpfeiler der Mathematik. Es wird auch in den Naturwissenschaften, der Philosophie und den Sprachwissenschaften verwendet. Früher wurde die Mathematik als vollständiges System von Schlussregeln angesehen. Im 20. Jahrhundert fand man jedoch Lücken in diesem System. Neue mathematische Disziplinen entstanden, um diese Lücken zu schließen.

Wir alle verwenden unseren Verstand, um die Welt um uns herum zu erfassen. Aus den Informationen, dass sowohl Ludwig XIV. als auch Napoleon Franzosen waren und dass alle Franzosen Europäer sind (oder waren), schließen wir, dass Napoleon und Ludwig XIV. Europäer waren. Die Mathematiker verwenden Schlussregeln, um einzelne Gedanken zu Beweisketten zu verbinden und um aus komplizierten Gedankengängen einfachere zu machen. Wenn zum Beispiel die beiden Flächen A und B sowie die Flächen B und C jeweils den gleichen Flächeninhalt haben, so können wir schließen, dass A und C inhaltsgleich sind. Im Unterschied zu der Art des Schließens, die wir im täglichen Leben benutzen, liegt dem mathematischen Schließen eine Reihe von Regeln und Symbolen zugrunde, die alle eine ganz genaue Bedeutung haben. Der Anfangspunkt einer logisch verbundenen Kette von Ideen ist die »Prämisse«, und das Ergebnis wird schließlich durch einen »Deduktion« genannten Prozess erreicht.

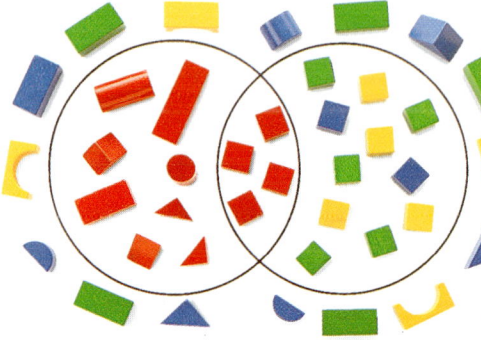

Sich überschneidende Mengen
Mengendiagramme veranschaulichen die Beziehungen zwischen Mengen ähnlicher Objekte. Hier besteht eine Menge aus roten Körpern und die andere aus Würfeln. Rote Würfel gehören zu beiden Mengen.

Eine typische logische Funktion ist »NICHT«. »NICHT V« (manchmal auch als $\overline{V}$ geschrieben) bedeutet die Menge aller Dinge, die keine Vögel sind. Eine weitere Funktion ist »UND«. Die Menge »V UND T« besteht aus allen Tieren, die sowohl zu V als auch zu T gehören, kurz aus den flugfähigen Vögeln. Laufvögel wie der Strauß gehören nicht zu »V UND T«. Zu »$\overline{V}$ UND T« gehören die fliegenden Tiere, die keine Vögel sind, also die Insekten, Fledermäuse usw.

Aristoteles

Aristoteles
Die Untersuchung der formalen Logik geht auf den griechischen Philosophen Aristoteles zurück. Seine Philosophie wurde im 13. Jahrhundert als Basis der christlichen Theologie verwendet und beeinflusst die westliche Philosophie noch heute.

Logik und Algebra

Wir haben eine intuitive Vorstellung von vielen Prinzipien der mathematischen Logik. Das Beispiel von Ludwig XIV. und Napoleon veranschaulicht unser natürliches Verständnis von »Teilmengen«. Dies sind Mengen, die ganz in anderen enthalten sind. In diesem Falle haben wir die Prämisse, dass »die Franzosen« eine Teilmenge von »die Europäer« ist und dass »Ludwig XIV. und Napoleon« eine Teilmenge von »die Franzosen« ist. Wir können also schließen, dass »Ludwig XIV. und Napoleon« eine Teilmenge von »die Europäer« ist.

Mithilfe der Logik kann man Schlüsse aus komplizierteren Prämissen ziehen, die mit der Intuition nicht mehr möglich wären. Dabei helfen Mengendiagramme (oben), in denen die Beziehungen zwischen Mengen veranschaulicht werden.

Eine spezielle Form der Algebra erlaubt es den Mathematikern, sehr komplizierte Schlussfolgerungen nicht nur niederzuschreiben, sondern mithilfe verschiedener Techniken auch zu analysieren. Diese Form der Algebra wird Boolesche Algebra genannt, nach ihrem Entdecker George Boole (1815–1864). Mit der Booleschen Algebra kann man auch die Wirkung logischer Funktionen darstellen. Stellt euch zum Beispiel zwei Mengen vor: die Menge »V« aller Vögel und die Menge »T« aller flugfähigen Tiere.

Philosophen

Viele, die an der Entwicklung der Logik beteiligt waren, waren auch Philosophen. Gottfried Leibniz (S. 47) versuchte als Erster, logische Ideen durch das Anein-

Kurt Gödel (1906–1978)
Kurt Gödel gewann 1951 den Einstein-Preis für Errungenschaften in den Naturwissenschaften. Hier übergibt Einstein den Preis persönlich an Gödel (rechts).

anderreihen von Symbolen auszudrücken. Aber schon lange vor ihm waren die Gelehrten von der Logik fasziniert. Der griechische Philosoph Aristoteles (384–322 v. Chr.) zeigte am Beispiel der Mathematik und der Physik die Bedeutung des logischen Schließens.

Im 17. Jahrhundert verwendete René Descartes (S. 74) formales Schließen, um das Wesen der Existenz zu verstehen. Nachdem er sich entschlossen hatte, nichts in der gegenständlichen Welt ohne Beweis zu glauben, schloss er, dass seine eigene Existenz die einzige Sache sei, derer er sicher sein konnte. Er war sicher, dass er existierte, da er denken konnte, und fasste dies in die berühmten Worte: »Ich denke, also bin ich.«

Im 20. Jahrhundert wurden die Grundlagen des mathematischen Schließens von zwei Philosophen stark erschüttert: Kurt Gödel (1906–1978) und Bertrand Russell (S. 173). Im Jahre 1931 bewies der in Österreich geborene Gödel, dass die Mathematik kein vollständiges, widerspruchsfreies System ist, sondern Aussagen enthält, die weder bewiesen noch widerlegt werden können. Russell entdeckte bei seinen Bemühungen, die Mathematik auf einem vollständigen logischen System aufzubauen, dass die von den Mathematikern verwendete Mengenlehre auch »Paradoxa« genannte Aussagen hervorbringen konnte.

Teil des Schokoladenei-Automaten
Diese Maschine wurde nur zum Vergnügen gebaut. Bei der Planung wurden aber Ideen verwendet, die viele praktische Anwendungen haben.

Paradoxa

Ein Paradoxon ist eine Feststellung wie: »Diese Aussage ist falsch.« Sie widerspricht sich selbst. Viele Paradoxa, die in der Vergangenheit untersucht wurden, so wie das Paradoxon des Zenon mit Achilles und der Schildkröte (S. 172), wurden gelöst, als die Menschen ein besseres Verständnis der Mathematik erlangt hatten. Manche sind jedoch von unserem Wissensstand unabhängig und entspringen den Unstimmigkeiten im logischen System, das wir natürlicherweise verwenden. Russells Paradoxon ist ein solches Beispiel. Es lässt sich nur schwer mit mathematischen Begriffen ausdrücken. Man kann es jedoch am Beispiel eines Friseurs veranschaulichen. Stellt euch vor, dass ein Friseur genau den Leuten die Haare schneidet, die ihre Haare nicht selbst schneiden können. Wer schneidet die Haare des Friseurs?

Anwendungen der Logik

Trotz der Unstimmigkeiten, die Gödel und Russell innerhalb der mathematischen Logik entdeckten, kann man sie zur Lösung von Problemen in vielen Bereichen einsetzen, beispielsweise in der Städteplanung, im Schaltkreisdesign und in der Programmierung. Probleme des realen Lebens können mithilfe von Computern und Logik analysiert werden. Um dies zu erreichen, müssen die Programmierer das Problem in einer Art darstellen, mit der das Programm arbeiten kann. In Wirklichkeit ist das Straßennetz einer Stadt vielleicht ein Netz, das die verschiedenen Ziele, wie das Rathaus, die Schule und die Privathäuser, miteinander verbindet. In einem Computerprogramm kann ein solcher Plan jedoch einfacher als Netz von Punkten (»Knoten« genannt) und Linien (»Pfade«) dargestellt sein.

Chaos

Bis vor Kurzem dachte man, dass manche Vorgänge in der realen Welt völlig ungeordnet seien und niemals mithilfe der Mathematik beschrieben werden könnten. Solche Systeme werden als »chaotisch« bezeichnet.

Beispiele chaotischer Systeme sind das Wetter über einen langen Zeitraum und die Bewegungen unserer Augenlider, wenn wir uns im Tiefschlaf befinden. Sehr kleine Änderungen beim Anfangszustand eines Systems haben oft sehr große, unvorhersehbare Auswirkungen auf sein Verhalten. Die winzigste Änderung des Luftdrucks an einem Ort der Erde kann für einen gewaltigen Sturm an einem anderen, weit entfernten Ort verantwortlich sein.

Mathematiker haben zur Untersuchung chaotischer Systeme neue Formen der Mathematik entwickelt, die das Verhalten dieser Systeme nachahmen können. Die Mathematiker hoffen, dass sie dieses Wissen auf die langfristige Wettervorhersage, die Veränderungen auf dem Aktienmarkt und das Bevölkerungswachstum anwenden können. Neben der praktischen Bedeutung zeigen diese Untersuchungen als »fraktale Geometrie« auch die Ästhetik der Mathematik.

Der Turm von Hanoi
Dies ist die einfache Version eines klassischen Rätsels (S. 175), bei dem die Ringe von einem Ständer auf einen anderen verschoben werden. Dabei müssen sie immer in der richtigen Reihenfolge bleiben. Bei dem ursprünglichen Rätsel waren es 64 Ringe; das Lösungsprinzip war aber das gleiche.

Stadtplanung
Bei der Planung von neuen Stadtvierteln müssen Netzwerke für die Versorgung mit Gas, Wasser und Strom geplant werden. Die Leitungen sollen die Gebäude und die Straßen auf möglichst effiziente Weise verbinden.

Das Goldfisch-Problem
Manchmal bleibt eine Aussage jahrhundertelang unbewiesen, einfach weil niemand sie überprüft hat, wie beim Problem des Goldfischs im Wasserglas. (S. 173)

Was ist Logik?

Logik ist die Untersuchung von Ideen und deren Anordnung zu Beweisketten. Letztlich bestimmt die Logik die Form eines Beweises, nicht die Korrektheit der Tatsachen. Die Prämissen (die Ausgangspunkte) werden durch »wenn ... dann«, »und«, »oder« und »es ist nicht der Fall, dass« verbunden und führen zu einer Folgerung. Die Griechen, allen voran Aristoteles (384–322 v. Chr), haben logische Methoden als Erste angewendet. Jahrhunderte später schlug Leibniz (S. 7) vor, Logik in einer universellen Sprache, ähnlich wie Algebra, zu betreiben. Im 19. Jahrhundert wurde eine solche Sprache vom britischen Mathematiker George Boole (S. 69) entwickelt. Die Prämissen und die Folgerungen werden durch algebraische Symbole dargestellt und mit weiteren Symbolen verbunden, um einen logischen Beweis zu ergeben. Mit diesem System kann man auch Rätsel lösen.

Was ist ein Syllogismus?

Ein Syllogismus ist ein Beweis in drei Teilen. Er besteht aus zwei Prämissen, auf denen der Beweis aufbaut, und einer Konklusion. Logische Regeln legen fest, ob ein Syllogismus gültig ist oder nicht.

1 Die erste Prämisse muss etwas mit der zweiten Prämisse gemeinsam haben.

Alle Menschen sind sterblich.

2 Die zweite Prämisse muss etwas mit der ersten Prämisse gemeinsam haben.

Götter sind nicht sterblich.

3 Die Konklusion muss sich auf beide Prämissen beziehen.

Deshalb sind Menschen keine Götter.

Nur ein Sprung nach oben – und dann?

Wenn ihr in die Luft springt, während ihr euch in einem fahrenden Zug befindet, und der Zug weiterfährt, während ihr in der Luft seid, landet ihr im Zug dann weiter hinten? (Antwort S. 187)

Achilles (abgebildet auf dem T-Shirt des Mädchens) startet hier und gibt der Schildkröte einen Vorsprung

Das Paradoxon des Zenon

Zenon (ca. 450 v. Chr) war ein griechischer Philosoph. Er gehörte einer Denkschule an, die der des Pythagoras (S. 124) direkt entgegengesetzt war. Zenon ersann viele Paradoxa, um das Denken der Pythagoreer ad absurdum zu führen. Bei einem dieser Paradoxa geht es um ein Wettrennen zwischen Achilles und einer Schildkröte. Die Schildkröte bekommt einen Vorsprung. Wenn Achilles ihre vorherige Position erreicht hat, hat sich die Schildkröte schon weiterbewegt.

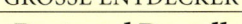

Denken allein reicht nicht

Im 17. Jahrhundert wurde vielen Naturwissenschaftlern, darunter einige hervorragende Leute, folgendes Rätsel vorgelegt: Ein Gefäß mit Wasser wird auf eine Waage gestellt. Warum ändert sich das Gewicht nicht, wenn man einen Fisch ins Wasser gibt? Viele hochgeistige und vermeintlich logische Antworten wurden gegeben, bis eines Tages einer der Befragten das Experiment durchführte und feststellte, dass das Gefäß mit dem Fisch mehr wog. Also können auch die Denker manchmal aufs Kreuz gelegt werden! (Schaut auf S. 102 nach.)

Bertrand Russell

Russell (1872–1970) war ein britischer Philosoph und Logiker, der 1950 auch den Literaturnobelpreis erhielt. Während seines Mathematik- und Philosophiestudiums in Cambridge (England), wurde seine außergewöhnliche Begabung erkannt. Er versuchte die Logik direkt mit der Mathematik zu verbinden. Russell veröffentlichte seine Ideen in Artikeln und Rundfunksendungen. Wegen seiner pazifistischen Aktivitäten während des Ersten Weltkrieges wurde ihm seine Dozentenstelle am Trinity College in Cambridge entzogen; er wurde sogar eingesperrt. In den 30er-Jahren besuchte Russell die Sowjetunion, um die sozialistische Idee zu unterstützen – etwas, was in jener Zeit in Großbritannien nicht sonderlich beliebt war.

🧠 Kurz gedacht: Paradoxe Aussagen

Die am meisten korrigierten Versionen sind im Allgemeinen am wenigsten korrekt. (Francis Bacon)

Alle Tiere sind gleich, doch manche sind gleicher als andere.
(George Orwell, *Farm der Tiere*)

Ich sage euch die Wahrheit, wenn ich sage, dass ich ein Lügner bin.
(Unbekannter Verfasser)

Weniger ist mehr. (Sprichwort)

Die Schildkröte (abgebildet auf dem T-Shirt des Jungen) hat einen Vorsprung. Beide Läufer fangen gleichzeitig an, sich nach vorn zu bewegen

Zu dem Zeitpunkt, an dem Achilles die Startposition der Schildkröte erreicht hat, hat sich diese nach vorn zu einer anderen Stelle bewegt

Zu dem Zeitpunkt, an dem Achilles diese Entfernung überwunden hat, hat sich die Schildkröte abermals nach vorn bewegt

Zu dem Zeitpunkt, zu dem Achilles diese kleinere Entfernung zurückgelegt hat, hat sich die Schildkröte weiter nach vorn bewegt; die Entfernung zwischen den beiden verringert sich

Dieser Prozess geht immer so weiter; Achilles nähert sich der Schildkröte immer weiter an, ohne sie jedoch zu erreichen und zu überholen

Den Verstand gebrauchen

Mathematische Rätsel und Logeleien gibt es seit Jahrtausenden; aber erst im 17. Jahrhundert wurden Bücher veröffentlicht, die sich speziell mit ihnen befassten. Rätsel können mit verschiedenen Teilgebieten der Mathematik verbunden sein, beispielsweise mit der Geometrie oder der Zahlentheorie. Einige Denksportaufgaben, so wie die auf diesen Seiten, kombinieren geistige und handwerkliche Anforderungen. Logische Rätsel verlangen im Allgemeinen kein besonderes Wissen über Zahlen und können oft durch Probieren gelöst werden. Vielleicht sind sie gerade deshalb für viele Menschen eine Herausforderung. Neben dem Spaß können Rätsel auch wichtige mathematische Informationen liefern, wie das Beispiel auf S. 177 über die Irrgärten. Versucht euch an den Rätseln auf diesen Seiten, um eure logischen Fähigkeiten zu testen und zu erweitern.

❖ Puzzle

Könnt ihr auf ein Feld, das in 36 Quadrate unterteilt ist, 14 Flaschen so stellen, dass in jeder Zeile und in jeder Spalte eine gerade Anzahl von Flaschen steht? Es gibt mindestens drei verschiedene Lösungen. (Lösung S. 187)

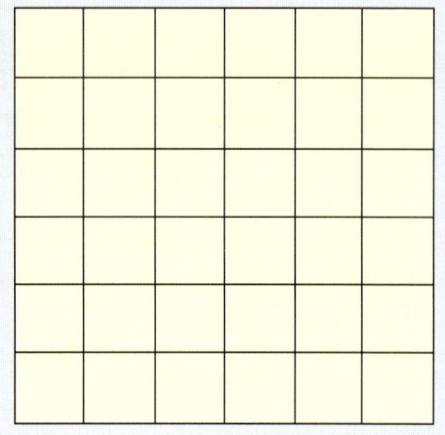

EXPERIMENT

Logische Ketten aus Papier

Dieses Experiment zeigt euch, wie ihr die Zutaten und die Zubereitung einer Speise oder eines Getränks als logische Papierkette darstellen könnt. Sie funktioniert ähnlich wie ein Flussdiagramm und verbindet die Ideen in logischer Folge. Sie enthält einen START- und einen ENDE-Punkt. Die Verbindungen dazwischen müssen so eingefügt werden, dass sie eine richtige Aussage bilden. Als Anregung könnt ihr das Bild auf der rechten Seite verwenden. Überprüft eure Logik, indem ihr eine Verbindung an einer beliebigen Stelle zerschneidet und nachprüft, ob die Kette noch zusammenhält.

IHR BRAUCHT
● Schere ● Stifte ● Lineal
● Hefter ● farbiges Papier

1 Schneidet 2,5 cm breite Papierstreifen zu. Schreibt euch dann einen Plan für eure Logikkette auf. Ihr könnt euch an der »Getränke-Papier-Kette« (rechte Seite) orientieren.

2 Achtet darauf, dass ihr einen Papierstreifen für jede Zutat und jeden Zubereitungsschritt habt. Schreibt »START« und dann die erste Aussage auf den ersten Streifen.

3 Schreibt einen Schritt auf jeden Streifen. Schreibt die letzte Aussage auf einen Streifen und dahinter »ENDE«. Macht aus dem ersten Streifen eine Schlinge.

4 Fügt die weiteren Teile so zur Kette hinzu, dass immer wahre Aussagen entstehen. Die Abbildung auf der rechten Seite zeigt euch ein Beispiel mit verschiedenen Wegen.

Puzzle

Es gibt fünf »Platonische Körper« (S. 152). Ihre Seitenflächen sind regelmäßige Vielecke. Nur bei einem dieser Körper gibt es einen Pfad, der alle Kanten beinhaltet, ohne eine Kante zweimal zu betreten. Dabei sollt ihr alle Kanten benutzen, nicht nur die auf der Vorderseite. Welcher der fünf abgebildeten Körper ist es? (Antwort S. 187)

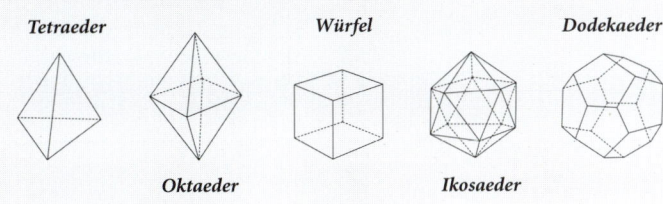

Tetraeder *Würfel* *Dodekaeder*

Oktaeder *Ikosaeder*

Die Getränke-Papier-Kette

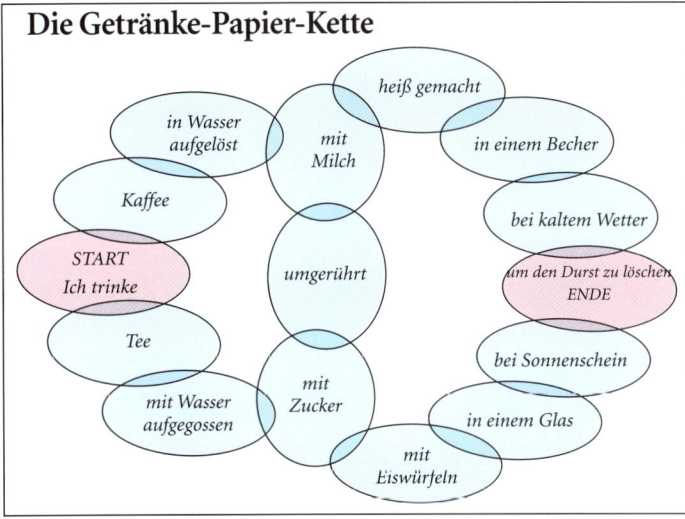

5 Bittet einen Freund, die Kette in der Luft zu halten, nachdem sie fertig ist. Schneidet irgendein Kettenglied durch. Folgt dem neu entstandenen Pfad, um zu überprüfen, ob eine logisch richtige Aussage entsteht. Wenn die verbleibenden Kettenglieder eine falsche Aussage ergeben, könnte ein Fehler im ersten Teil eurer ursprünglichen Aussage die Ursache sein.

VORFÜHRUNG

Der Turm von Hanoi

Die Legende vom Turm von Hanoi handelt von einem Kloster. Auf einem von drei Ständern befinden sich 64 goldene Scheiben, der Größe nach geordnet. Die Mönche haben von Gott den Auftrag, alle Scheiben auf einen anderen Ständer zu bringen. Sie dürfen alle benutzen, aber nie eine größere Scheibe auf eine kleinere legen. Wenn sie alle Scheiben auf einen anderen Ständer gelegt haben, endet die Welt. Hier seht ihr die Lösung für drei Scheiben. Könnt ihr die Anzahl der Züge für fünf bestimmen? (Lösung S. 187)

1 Legt alle drei Ringe übereinander auf einen Ständer, den größten unten und den kleinsten oben.

2 Nehmt bei jedem Zug nur einen Ring. Legt zuerst den kleinsten Ring auf den rechten Ständer.

3 Ihr könnt keinen Ring mehr auf den kleinsten legen; der mittlere Ring muss also auf den mittleren Ständer.

4 Bewegt jetzt den kleinen Ring auf den mittleren Ständer und legt ihn auf den mittelgroßen Ring.

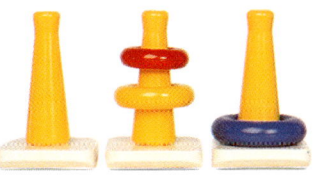

5 Bewegt den großen Ring auf den rechten Ständer. Dieser Ring liegt jetzt an der richtigen Position.

6 Nehmt den kleinen Ring vom mittleren Ständer und legt ihn auf den linken, damit der mittlere Ring frei wird.

7 Legt den mittelgroßen Ring auf den großen Ring. Ihr habt jetzt schon zwei Ringe am richtigen Platz.

8 Legt den kleinen Ring auf die anderen. Ihr habt sieben Züge benötigt, um alle Ringe umzusetzen.

Logische Rätsel

Die Menschen erfinden Denksportaufgaben zum Zeitvertreib oder als intellektuelle Herausforderung. Wie die verschiedenen Teilgebiete der Mathematik entwickeln sich auch die verschiedenen Rätselarten weiter. Denkspiele befassen sich heute mit Geometrie, Topologie und Logik. Hat man ein Rätsel gelöst, so kann man die Lösungsidee auf andere, ähnliche Aufgaben übertragen und dadurch leichter lösen.

♣ Puzzle

Bei diesem interessanten Rätsel geht es um zwei Gläser; eines ist mit rotem Wasser gefüllt, das andere mit der gleichen Menge grünen Wassers. Gebt einen Löffel mit grünem Wasser in das Glas mit dem roten Wasser. Nehmt nun einen Löffel der Mischung und gebt sie zum grünen Wasser. Ist jetzt der Anteil des grünen Wassers im linken Glas größer als der Anteil des roten Wassers im rechten Glas, oder ist es umgekehrt? (Antwort S. 187)

Alice im Wunderland

Der Mathematiker Lewis Carroll (1832–1898), dessen richtiger Name Charles Lutwidge Dodgson lautete, schrieb auch Romane. Wegen seiner Schüchternheit fühlte er sich in Gesellschaft von Kindern wohler als in der von Erwachsenen. Während er Mathematik an der Universität Oxford lehrte, schrieb er die Geschichte *Alice im Wunderland* für die Tochter eines Kollegen; sie hieß Alice. In der Geschichte kamen Rätsel und Denksportaufgaben vor, die Erwachsenen ebenso Spaß machten wie Kindern. Hier findet Alice eine Flasche, auf der TRINK MICH steht, sie zögert jedoch, dies zu tun, bis sie sicher ist, dass nicht auch noch GIFT darauf steht.

Das Märchen von der Reise über den Fluss

Ein Fuchs, eine Henne und ein Körnerhaufen müssen über einen reißenden Fluss gebracht werden. Am Ufer steht ein Mann mit einem Boot, doch das Boot kann außer dem Mann nur noch entweder ein Tier oder die Körner zusätzlich aufnehmen. Der Fuchs darf nicht allein mit der Henne zurückbleiben, da er sie auffressen würde. Ebenso darf die Henne nicht mit dem Getreide allein bleiben, da sie es auffressen würde. Wie gelangen alle drei sicher auf die andere Seite des Flusses? Könnt ihr dem Mann einen Rat geben? (Lösung S. 187)

Henne

Fuchs

Körner

EXPERIMENT

Einen Irrgarten bauen

Irrgärten lassen sich durch Pfade und Knoten darstellen. Ein Knoten ist ein Punkt, an dem man zwischen Pfaden wählen kann. Ein »alter« Knoten oder Pfad ist einer, der schon benutzt wurde. Mit ein paar einfachen Regeln könnt ihr den Mittelpunkt des Labyrinths finden. Folgt keinem Pfad öfter als zweimal. Wenn ihr auf einem neuen Pfad einen alten Knoten oder eine Sackgasse erreicht, geht den gleichen Weg bis zum vorherigen Knoten zurück. Wenn ihr einen alten Knoten auf einem alten Pfad erreicht, wählt möglichst einen neuen Pfad.

IHR BRAUCHT
- Schere • Tischtennisball • Faden
- Modelliermasse
- Klebeband • Klebstoff
- 2 kleine Holzbrettchen
- Papier • Schachbrett

Der traditionelle Irrgarten

Irrgärten haben den Menschen jahrhundertelang Vergnügen bereitet. Während der Renaissance waren in Gartenanlagen ausgeklügelte Formen aus Hecken sehr beliebt. Die Hecken in den Gärten waren so hoch und so dicht, dass die Leute nicht von einem Pfad zum nächsten sehen konnten. Es gab Labyrinthe in den Gärten vieler berühmter europäischer Häuser, so auch in Longleat House in England (unten) und im Schloss von Versailles (Frankreich). Man betritt den Irrgarten, sucht sich einen Weg zur Mitte und muss dann wieder den Weg hinaus finden. Mit Logik kann man die Suche des Weges zur Mitte und zum Ausgang abkürzen (siehe oben), wenn man bereits betretene Pfade und Abzweigungen wiedererkennt.

1 Klappt das Schachbrett auf und dreht es um. Klebt die Holzstücke auf die Unterseite, damit es nicht von selbst zuklappen kann.

2 Markiert den Mittelpunkt eures Labyrinths mit einem Stück Papier. Legt mit dem Faden den Pfad fest. Befestigt ihn mit Klebeband.

3 Formt die Wände aus Modelliermasse. Stellt die Wände den Faden entlang; dies wird dann der richtige Weg durch das Labyrinth. Formt weitere Wände, um die Irrwege und die Sackgassen zu bekommen.

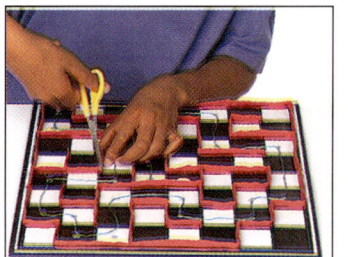

4 Versucht euren Irrgarten möglichst schwierig zu gestalten. Benutzt das ganze Brett. Entfernt aus dem fertigen Labyrinth einige Wandstücke des richtigen Wegs, um dadurch falsche Abzweigungen und Sackgassen zu erhalten.

5 Entfernt den Faden und das Klebeband vom richtigen Weg. Passt auf, dass ihr auf dem Brett keine Spuren zurücklasst, da sie den richtigen Weg verraten könnten. Euer Labyrinth ist jetzt fertig.

6 Lasst eine Freundin euer Labyrinth ausprobieren. Legt eine Kugel an den Start und beobachtet, ob eure Freundin das Brett so kippen kann, dass die Kugel in die Mitte rollt.

Das Planen von Wegen

Ein Flussdiagramm ist eine grafische Darstellung eines Vorgangs aus mehreren Schritten. Mithilfe eines solchen Diagramms kann man die einzelnen Stationen in eine logische Folge bringen, vom Zubereiten einer Tasse Tee bis zum Schreiben eines komplizierten Programms. Im Diagramm werden die einzelnen Schritte in Kästchen geschrieben. Pfeile symbolisieren die Abfolge, in der diese Schritte ausgeführt werden müssen. Die verschiedenen Formen der Kästchen stehen für die Ein- und Ausgabe von Daten, Fragen, Entscheidungen und Befehle. Mit solchen Diagrammen kann man komplexe Vorgänge in eine Reihe einfacherer Teile zerlegen.

Der Bau der Maschine

Die Teile dieses Schokoladenei-Automaten findet ihr im Haushalt oder in einem Geschäft für Bastelbedarf. Nach einem groben Entwurf wurde ein Flussdiagramm erstellt (rechts); dann wurde die Maschine zusammengebaut und erprobt. Wie bei einem logischen Beweis funktioniert jede Stufe nur dann, wenn die vorherigen es tun. Versucht diese Maschine zu basteln oder mithilfe eines Flussdiagramms eure eigene zu entwickeln.

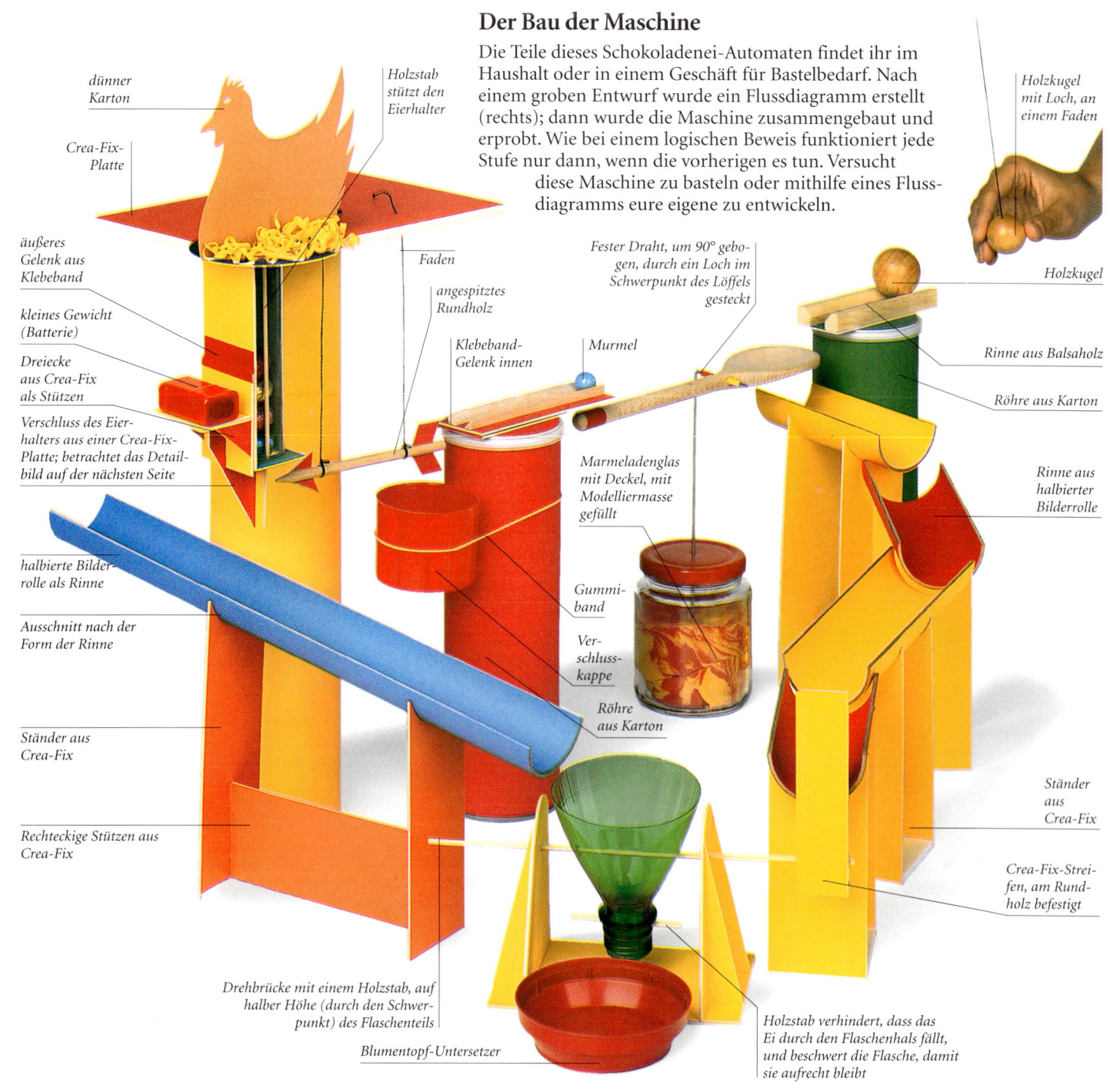

dünner Karton

Holzstab stützt den Eierhalter

Holzkugel mit Loch, an einem Faden

Crea-Fix-Platte

äußeres Gelenk aus Klebeband

Faden

Fester Draht, um 90° gebogen, durch ein Loch im Schwerpunkt des Löffels gesteckt

Holzkugel

angespitztes Rundholz

kleines Gewicht (Batterie)

Murmel

Rinne aus Balsaholz

Dreiecke aus Crea-Fix als Stützen

Klebeband-Gelenk innen

Röhre aus Karton

Verschluss des Eierhalters aus einer Crea-Fix-Platte; betrachtet das Detailbild auf der nächsten Seite

Marmeladenglas mit Deckel, mit Modelliermasse gefüllt

Rinne aus halbierter Bilderrolle

halbierte Bilderrolle als Rinne

Gummiband

Ausschnitt nach der Form der Rinne

Verschlusskappe

Ständer aus Crea-Fix

Röhre aus Karton

Rechteckige Stützen aus Crea-Fix

Ständer aus Crea-Fix

Crea-Fix-Streifen, am Rundholz befestigt

Drehbrücke mit einem Holzstab, auf halber Höhe (durch den Schwerpunkt) des Flaschenteils

Holzstab verhindert, dass das Ei durch den Flaschenhals fällt, und beschwert die Flasche, damit sie aufrecht bleibt

Blumentopf-Untersetzer

Planung und Anwendung des Diagramms

Schreibt START oben auf ein großes Stück Papier. Notiert die einzelnen Schritte und Fragen in Kästchen, wie hier gezeigt. Von jedem Fragekästchen gehen zwei Pfeile aus; einer ist mit JA, der andere mit NEIN beschriftet. Beide führen jeweils zu einem Befehlskästchen. In dem Befehlskästchen nach NEIN stehen Anweisungen, um einen Fehler zu beheben.

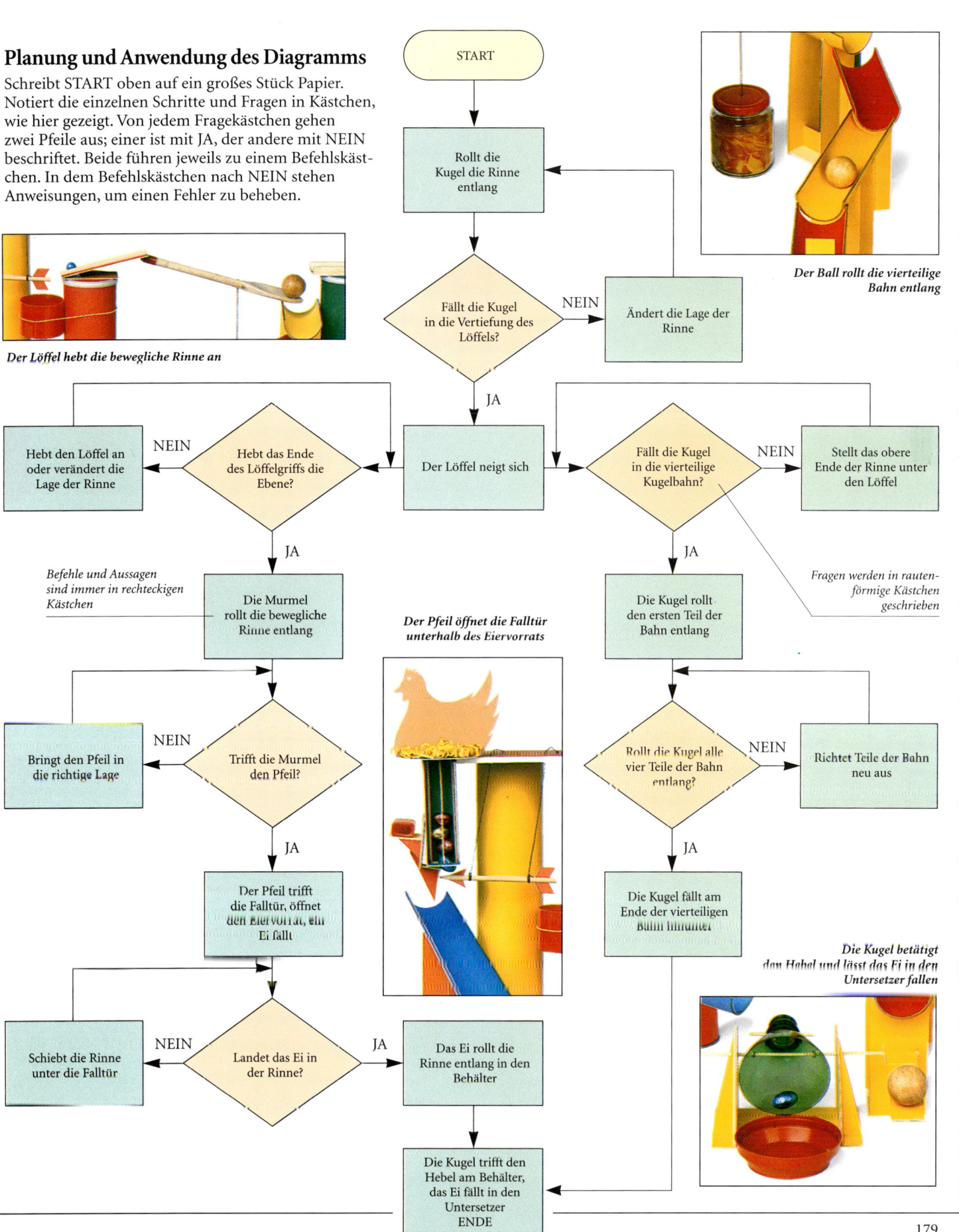

Der Löffel hebt die bewegliche Rinne an

Der Ball rollt die vierteilige Bahn entlang

START

Rollt die Kugel die Rinne entlang

Fällt die Kugel in die Vertiefung des Löffels? — NEIN → Ändert die Lage der Rinne

JA

Hebt das Ende des Löffelgriffs die Ebene? — NEIN → Hebt den Löffel an oder verändert die Lage der Rinne

Der Löffel neigt sich

Fällt die Kugel in die vierteilige Kugelbahn? — NEIN → Stellt das obere Ende der Rinne unter den Löffel

Befehle und Aussagen sind immer in rechteckigen Kästchen

JA

Die Murmel rollt die bewegliche Rinne entlang

JA

Die Kugel rollt den ersten Teil der Bahn entlang

Fragen werden in rautenförmige Kästchen geschrieben

Der Pfeil öffnet die Falltür unterhalb des Eiervorrats

Trifft die Murmel den Pfeil? — NEIN → Bringt den Pfeil in die richtige Lage

Rollt die Kugel alle vier Teile der Bahn entlang? — NEIN → Richtet Teile der Bahn neu aus

JA

Der Pfeil trifft die Falltür, öffnet den Eiervorrat, ein Ei fällt

JA

Die Kugel fällt am Ende der vierteiligen Bahn hinunter

Die Kugel betätigt den Hebel und lässt das Ei in den Untersetzer fallen

Landet das Ei in der Rinne? — NEIN → Schiebt die Rinne unter die Falltür

JA → Das Ei rollt die Rinne entlang in den Behälter

Die Kugel trifft den Hebel am Behälter, das Ei fällt in den Untersetzer
ENDE

Chaostheorie und Fraktale

In der Alltagssprache versteht man unter »Chaos« einen Zustand der Unordnung. In der Mathematik ist ein chaotisches System ein System, dessen Langzeitverhalten nur schwierig vorauszusagen ist, weil sich sein Verhalten bei einer nur geringfügigen Änderung der Startbedingungen stark verändern kann. Wenn sich beispielsweise der Luftdruck, die Temperatur oder die Windstärke nur ein wenig ändert, kann sich das Wetter morgen sehr vom heutigen unterscheiden. Dies wird auch »Schmetterlingseffekt« genannt, aus der Vorstellung heraus, dass der Flügelschlag eines Schmetterlings in China Auswirkungen auf das Wetter in New York haben kann.

Ein Fraktal ist ein Bild aus vielen kleinen Formen, die aber der Gesamtform ähnlich sind. Der Zweig eines Baumes verästelt sich zum Beispiel auf eine ähnliche Weise wie der ganze Baum. Fraktale werden auch zur Untersuchung chaotischer Systeme verwendet. Die Chaostheorie befasst sich mit der Dynamik und den Veränderungen innerhalb eines Systems; Fraktale stellen diese Veränderungen als wunderschöne Bilder (S. 168) dar.

EXPERIMENT

Chaos beobachten

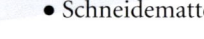

Schon sehr einfache Dinge können sich chaotisch verhalten. Man kann dies an den Schwingungen eines mit Gelenken versehenen Pendels beobachten.

IHR BRAUCHT
- Umschlagklammern
- Muttern ● Ahle ● Crea-Fix-Platte ● Lineal
- Bleistift ● Papiermesser
  ● Schneidematte

Bei diesem Experiment sollte ein Erwachsener mithelfen

GROSSE ENTDECKER
Benoit Mandelbrot

Der amerikanische Mathematiker Mandelbrot (geb. 1924) entwickelte mit der fraktalen Geometrie ein Teilgebiet der Mathematik, das bei der Untersuchung von Unregelmäßigkeiten in Systemen hilft. Er begann seine Untersuchungen während seiner Tätigkeit bei der Computerfirma IBM. Die Themen seiner Untersuchungen reichten von Veränderungen am Aktienmarkt bis zur Linguistik und zur Beschreibung von Sternansammlungen. Mandelbrot begriff, dass es eine Verbindung zwischen all diesen Problemen gibt. Sie zeigen ein Muster zufälliger Änderungen; wenn dieses Muster auf kleinere Elemente übertragen wird, bleibt das Muster erhalten. Er veröffentlichte 1975 *Die fraktale Geometrie der Natur*, ein Buch mit wunderschönen Computergrafiken, das die fraktale Geometrie optisch aufbereitet. Ein Muster, das durch die Wiederholung eines Algorithmus entsteht, wurde nach ihm benannt, die Mandelbrot-Menge.

1 Schneidet 2,5 cm breite Streifen aus der Crea-Fix-Platte. Der lange Arm des Pendels soll 51 cm lang sein, der kurze 34 cm. (Ihr könnt auch andere Maße im Verhältnis 3 : 2 verwenden.) Bittet einen Erwachsenen, in den langen Streifen zwei Löcher, in den kurzen ein Loch zu bohren, jeweils 12 mm vom Ende entfernt.

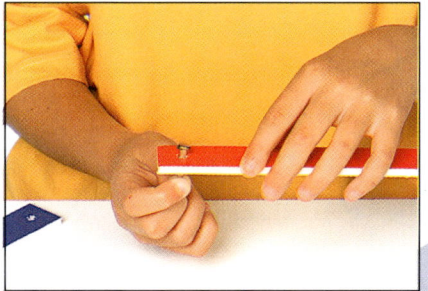

2 Steckt die Klammer durch ein Loch des langen Streifens. Achtet darauf, dass der Kopf am Streifen anliegt; öffnet die Klammer aber noch nicht.

3 Schiebt zunächst eine Mutter und dann den kurzen Streifen auf die Klammer; biegt die Enden um. Die Mutter trennt die beiden Arme, damit sie frei schwingen können. Befestigt eine Klammer und eine Mutter am freien Ende des langen Arms.

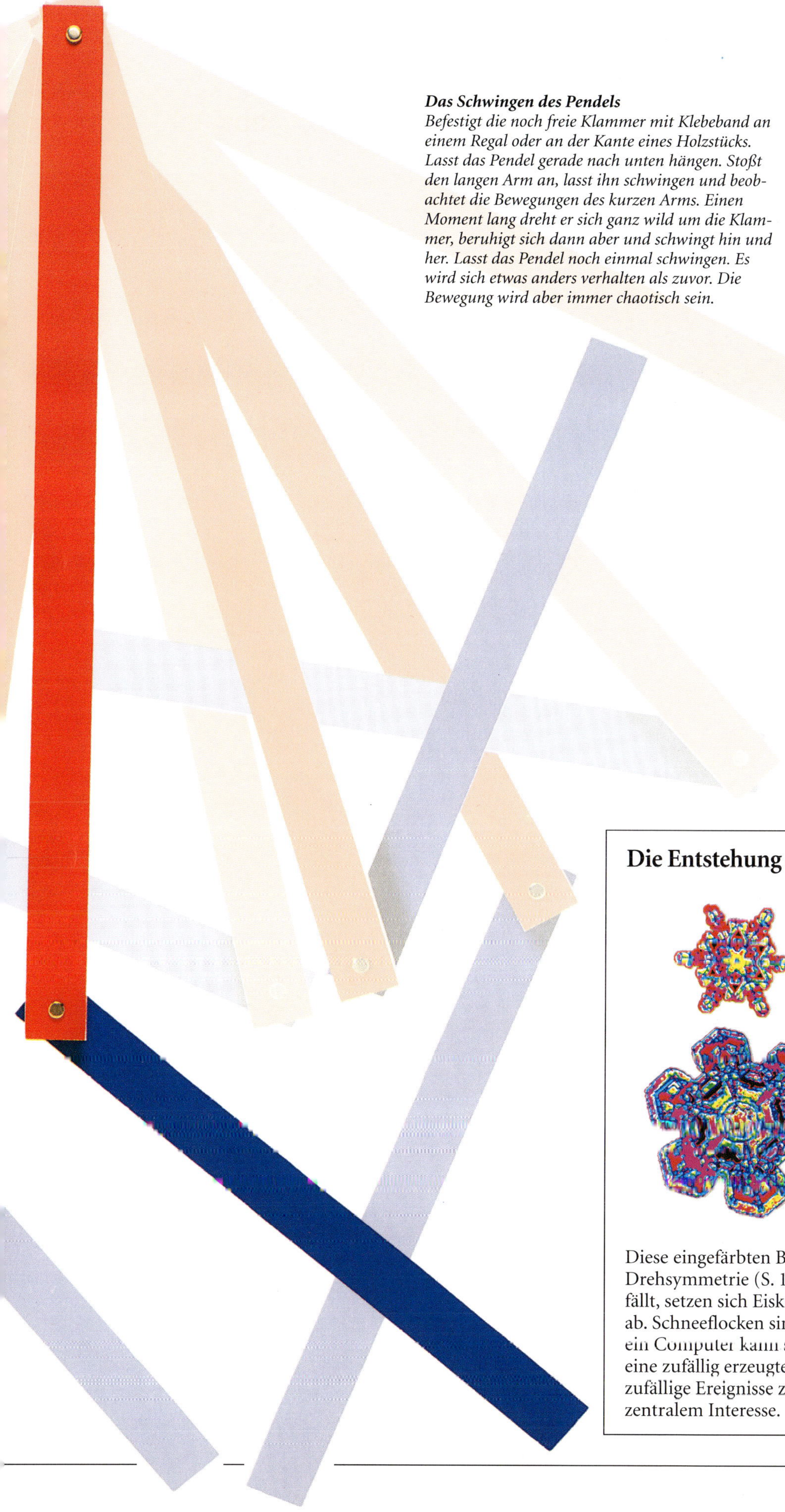

Das Schwingen des Pendels

Befestigt die noch freie Klammer mit Klebeband an einem Regal oder an der Kante eines Holzstücks. Lasst das Pendel gerade nach unten hängen. Stoßt den langen Arm an, lasst ihn schwingen und beobachtet die Bewegungen des kurzen Arms. Einen Moment lang dreht er sich ganz wild um die Klammer, beruhigt sich dann aber und schwingt hin und her. Lasst das Pendel noch einmal schwingen. Es wird sich etwas anders verhalten als zuvor. Die Bewegung wird aber immer chaotisch sein.

Chaos im Wirtschaftsleben

Käufer an den internationalen Wertpapiermärkten, wie hier in London, versuchen dadurch Gewinne zu erzielen, dass sie Währungen, Rentenpapiere oder Aktien kaufen, von denen sie annehmen, dass sie im Wert steigen werden. Früher verließen sie sich bei ihren Entscheidungen auf ihre Intuition; heute verwenden sie die Chaostheorie für bessere Voraussagen. Mathematiker, die Börsenmakler beraten können, gehören zu den meistgesuchten Leuten in der Finanzwelt.

Die Entstehung einer Schneeflocke

Diese eingefärbten Bilder zeigen Schneeflocken mit sechsfacher Drehsymmetrie (S. 158). Wenn eine Schneeflocke nach unten fällt, setzen sich Eiskristalle in unterschiedlicher Weise an ihr ab. Schneeflocken sind in Wirklichkeit keine echten Fraktale; ein Computer kann sie jedoch wie Fraktale erzeugen, indem er eine zufällig erzeugte Form sechsmal kopiert. Die Möglichkeit, zufällige Ereignisse zu beschreiben, ist für Wissenschaftler von zentralem Interesse.

Fachbegriffe

Auf den folgenden vier Seiten könnt ihr euch über viele Begriffe informieren, die wir in diesem Buch verwendet haben. Fachbegriffe mit eigener Erklärung sind kursiv gesetzt. Im anschließenden Register (S. 188–191) findet ihr weitere Hinweise auf Textstellen im Buch.

Äquivalente Brüche
Brüche mit dem gleichen Wert, aber eventuell unterschiedlicher Darstellung wie $\frac{1}{2}$ und $\frac{2}{4}$.

Algebra Ein Teilgebiet der Mathematik, in dem *Zahlen* durch Buchstaben ersetzt werden.

Algorithmus Eine Anweisung, die Schritt für Schritt die Lösung oder Bearbeitung eines mathematischen Problems beschreibt. Benannt nach dem arabischen Mathematiker al-Khwarizmi (S. 68).

Ankathete In der *Trigonometrie* ist die Ankathete eines

Geteilte Linie
Die schräge schwarze Linie besagt, dass die blaue Linie geschnitten bzw. in zwei Hälften zerlegt wurde.

Winkels in einem *rechtwinkligen Dreieck* die Seite zwischen dem Winkel und dem *rechten Winkel*.

Arithmetik Teilgebiet der Mathematik, das sich mit den Eigenschaften von *Zahlen* und den vier *Grundrechenarten* befasst.

Balkendiagramm Eine Möglichkeit, Daten zu veranschaulichen. Die Länge des Balkens ist ein Maß für die Anzahl der Beobachtungen mit der dargestellten Eigenschaft.

Basis Grundzahl einer *Potenz*; bei 3^5 ist die Zahl 3 die Basis. In unserem *Zahlensystem*, dem *Dezimalsystem*, ist die Zahl 10 die Basis. Die Stufenzahlen 1, 10, 100, 1000, $\frac{1}{10}$, $\frac{1}{100}$ usw. sind Potenzen der Basis 10.

Binärsystem Ein Stellenwertsystem mit der *Basis* 2. Binäre *Zahlen* bestehen aus einer Folge von 0 und 1.

Brennpunkt Ein fester Punkt, der als Basispunkt beim Zeichnen einer *Ellipse* oder einer *Parabel* dient.

Britisches Maßsystem
System für Größen wie Längen und Gewichte, zu dem Inches, Unzen und Gallonen gehören.

Bruch Mögliche Darstellung für das *Verhältnis* von zwei *ganzen Zahlen*. Brüche werden in der Form $\frac{3}{4}$ bzw. ¾ geschrieben. Die Zahl über dem Bruchstrich heißt Zähler. Der Zähler gibt an, wie viele Teile zu dem Bruch gehören. Die untere Zahl, der Nenner, bestimmt, in wie viele Teile das Ganze zerlegt wird.

Deckungsgleich Zwei Figuren heißen deckungsgleich oder *kongruent*, wenn sie in allen *Winkeln* und Seitenlängen übereinstimmen.

Dezimalkomma Das Komma in einer *Dezimalzahl*. Ziffern mit einem Wert von 1 oder größer stehen links vom Dezimalkomma, solche mit einem Wert kleiner 1 rechts davon.

Dezimalstelle Der Platz einer *Ziffer* in einer *Dezimalzahl*.

Dezimalsystem *Zahlensystem*, das auf der *Basis* 10 aufbaut. Die Stufenzahlen 1, 10, 100, 1000, $\frac{1}{10}$, $\frac{1}{100}$ sind Potenzen von 10. Die Zahl 451 bedeutet $4 \cdot 100 + 5 \cdot 10 + 1$.

Dezimalzahl Darstellung einer *Zahl* im *Dezimalsystem*.

Diagonale Eine gerade Linie zwischen zwei nicht benachbarten Ecken eines *Polygons*. In einem Körper kann die Diagonale auch die Verbindungslinie von zwei *Eckpunkten* eines *Polyeders* sein.

Diagramm Grafische Darstellung von Informationen, um ähnliche Dinge vergleichen zu können. An den beiden Achsen werden Zahlen oder andere Informationen zu den Daten notiert.

Dimension Geometrische Gebilde mit der Dimension 1 sind gerade Linien oder *Kurven*, die durch »Verformen« aus einer geraden Linie entstehen können. Ebenen und die Oberflächen von Körpern haben die Dimension 2. Alle Körper haben die Dimension 3.

Divisor Eine *Zahl*, durch die eine andere Zahl geteilt wird.

Drehung Bewegen der *Ebene* bzw. einer Figur um einen bestimmten *Winkel* und um einen gegebenen Punkt, der als Drehzentrum bezeichnet wird. (Siehe Bild S. 185)

Dreieck Ein *Polygon* mit drei Eckpunkten und drei Kanten. Gleichseitige Dreiecke (alle Seiten sind gleich lang), gleichschenklige Dreiecke (zwei Seiten sind gleich lang) und rechtwinklige Dreiecke (ein Innenwinkel ist ein *rechter Winkel*) sind besondere Dreiecke.

Durchmesser Eine Linie durch den Mittelpunkt eines *Kreises*. Der Durchmesser beginnt und endet auf der Kreislinie. Er hat die doppelte Länge des *Radius*.

Durchschnitt Um den Durchschnitt von Zahlwerten zu berechnen, addiert man alle Werte und dividiert die

Teile eines Kreises
Eine Sehne teilt einen Kreis in zwei Teile. Der Durchmesser zerlegt ihn in zwei Halbkreise. Ein Sektor ist eine Fläche in Form eines Tortenstücks; die Spitze ist im Kreismittelpunkt. Ein Kreisbogen ist ein Teil der Kreislinie. (Siehe Kreis S. 183)

Schnitt durch ein Katenoid
Ein Längsschnitt durch die Mitte zeigt die beiden Kettenlinien, die die Fläche zwischen den Enden aufspannen. (Siehe Katenoid S. 183)

Summe durch die Anzahl der Werte.

Ebene Die Ebene ist ein Grundgebilde der *Geometrie*. Sie hat die *Dimension* 2. Eine Ebene wird durch drei Punkte festgelegt, die nicht auf einer Geraden liegen.

Eckpunkt Ein Punkt einer ebenen Figur, an dem sich zwei oder mehr Linien treffen, oder ein Punkt eines Körpers, an dem sich zwei oder mehr Kanten treffen.

Einer Der Stellenwert der *Ziffern* unmittelbar links vom *Dezimalkomma*.

Einheit Eine Grundlage für Messungen. Ein Meter ist zum Beispiel eine Längeneinheit, und ein Kilogramm ist eine Einheit für Masse.

Ellipse Eine geschlossene *Kurve*, die durch eine Stauchung oder Streckung aus einem *Kreis* entsteht. Sie hat zwei *Symmetrieachsen*. Sie hat auch zwei *Brennpunkte*. (Siehe Abbildung S. 183)

Exponent Bezeichnung für die hochgestellte Zahl einer *Potenz*. In 3^5 ist 5 der Exponent. Er gibt an, wie oft die Zahl 3 mit sich selbst multipliziert werden muss, um den Potenzwert zu berechnen.

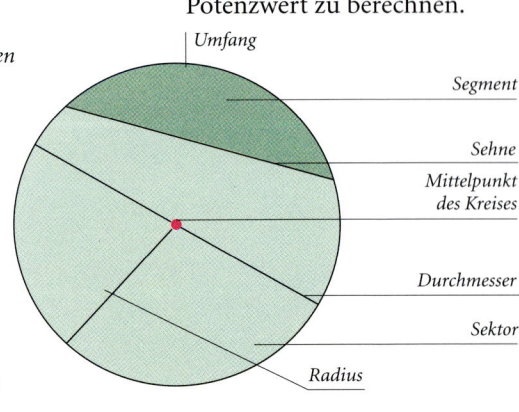

Umfang
Segment
Sehne
Mittelpunkt des Kreises
Durchmesser
Sektor
Radius

Flächeninhalt   Größe einer Fläche, gemessen in Flächeneinheiten. Er kann bei einigen Figuren mithilfe von *Formeln* berechnet werden.

Formel   Eine allgemeine Regel, die man befolgen muss, um zu einem bestimmten Ergebnis zu gelangen.

Ganze Zahl   Eine Zahl wie 1, 2, 3, 0, -1 oder -2.

Gegenkathete   In der *Trigonometrie* die Seite eines *rechtwinkligen Dreiecks*, die dem betrachteten *Winkel* gegenüberliegt.

Gemeinsamer Teiler   Ein *Teiler*, den zwei oder mehr *Zahlen* gemeinsam haben. Zum Beispiel haben 30, 60 und 90 die gemeinsamen Teiler 1, 2, 3, 5, 6, 10, 15 und 30.

Geometrie   Der Name Geometrie stammt aus dem Griechischen und bedeutet »Feldmesskunst«. Die Geometrie ist die Lehre von Punkten, Linien, Flächen und Körpern.

Geometrischer Ort   Menge von Punkten, die alle eine bestimmte Eigenschaft haben. Beispielsweise ist der Ort aller Punkte, die von einem gegebenen Punkt in der *Ebene* den gleichen Abstand haben, ein *Kreis*.

Gleichung   Eine mathematische Aussage, die aus zwei Rechenausdrücken mit (mindestens einer) Variablen besteht, die durch das Zeichen = verbunden sind.

Goldener Schnitt   Zerlegen einer Strecke in zwei Abschnitte, sodass das *Verhältnis* des größeren Teils zum kleineren gleich dem Verhältnis der gesamten Streckenlänge zum größeren Teil ist. Dieses Verhältnis ist ungefähr 1,618 : 1.

Größter gemeinsamer Teiler (ggT)   Der größte Teiler, den zwei oder mehr Zahlen gemeinsam haben; die Zahl 15 ist der ggT von 75 und 45.

Horizontale   Linie, die wie der Horizont waagerecht verläuft. Die Horizontale ist senkrecht zur *Vertikalen*.

Hypotenuse   Die längste Seite in einem rechtwinkligen *Dreieck*; sie liegt dem *rechten Winkel* gegenüber.

Imperiale Maße   *Britisches System* von Längenmaßen und Gewichten, zu dem u. a. Inches, Unzen und Gallonen gehören.

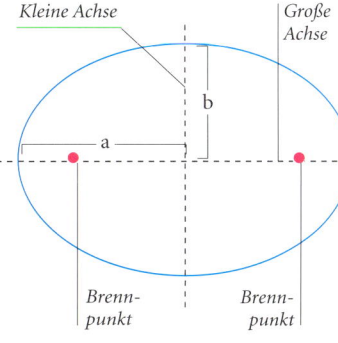

Kleine Achse   Große Achse

b

a

Brennpunkt   Brennpunkt

Die Fläche einer Ellipse
Die Fläche einer Ellipse wird mit der Formel π · a · b berechnet, wobei a und b die halben Längen der beiden Achse sind. (Siehe Ellipse S. 182)

Irrationale Zahl   Eine Zahl, die weder durch einen Bruch noch durch eine *Dezimalzahl* genau dargestellt werden kann. Bekannte Beispiele sind √2 und π.

Kardioide   Eine geschlossene, herzförmige *Kurve*, die der Randpunkt eines *Kreises* zurücklegt, der außen auf einem zweiten Kreis gleicher Größe abgerollt wird.

Katenoid   Eine Fläche, die durch die Drehung einer *Kettenlinie* um ihre Symmetrieachse entsteht.

Kettenlinie   Eine *Kurve*, die wie eine zwischen zwei Punkten durchhängende Kette oder ein Faden geformt ist.

Klammern   Sie fassen Teile eines Rechenausdrucks oder einer *Gleichung* zusammen, die vor allen anderen berechnet werden. Zum Beispiel wird

im Rechenterm (3 + 4) · 5 zuerst (3 + 4) berechnet. Das Ergebnis wird anschließend mit 5 multipliziert.

Kleinstes gemeinsames Vielfaches (kgV)   Das kgV von zwei oder mehr *Zahlen* ist die kleinste Zahl, die von all diesen Zahlen ohne Rest geteilt wird. Das kgV von 6, 15 und 20 ist die Zahl 60.

Komplement   Um das Komplement einer *Zahl* zu berechnen, wird diese von der *Basis* subtrahiert. Bei der Basis 10 ist 3 das Komplement von 7 (also 10–7).

Kongruent   Zwei Figuren heißen kongruent oder *deckungsgleich*, wenn sie in allen Winkeln und Seitenlängen übereinstimmen.

Koordinaten   Paare von Zahlen, die die Lage eines Punktes in einem *Koordinatensystem* festlegen. Bei kartesischen Koordinaten wird immer die x-Koordinate zuerst angegeben.

Koordinatensystem   Ein Koordinatensystem besteht aus zwei Zahlengeraden, die sich in ihren Nullpunkten schneiden. Die Zahlengeraden heißen die Koordinatenachsen. Die nach rechts weisende Achse wird x-Achse genannt; die nach oben weisende Achse wird als y-Achse bezeichnet. Jede Achse wird mit Zahlen beschriftet. Dadurch entspricht jedem Zahlenpaar ein Punkt und jedem Punkt ein Zahlenpaar.

Kosinus   Ein trigonometrisches Verhältnis, mit cos abgekürzt. Um den Kosinus eines *Winkels* in einem *rechtwinkligen Dreieck* zu bestimmen, teilt man die Länge der *Ankathete* durch die Länge der *Hypotenuse*.

Kreis   *Geometrischer Ort* aller Punkte, die von einem festen Punkt, dem Mittelpunkt, einen bestimmten Abstand, den *Radius*, haben.

Kreisbogen   Ein Abschnitt des *Umfangs* eines *Kreises*.

(Kreis-)Kegel   Körper, der einen *Kreis* als Grundfläche hat. Seine Seitenfläche entsteht, wenn man die Punkte des Kreises mit einem Punkt außerhalb der Grundebene verbindet. Waagerecht geschnitten, hat er eine kreisförmige Schnittfläche. Vertikal durch die Spitze geschnitten, entsteht ein *Dreieck*. Schräg in einem *Winkel* geschnitten, liefert er z. B. eine *Ellipse*.

Kugel   Ein Körper, bei dem alle Punkte von einem bestimmten Punkt, dem Kugelmittelpunkt, den gleichen Abstand (*Radius*) haben.

Kurve   Der Ort eines Punktes, der sich nach bestimmten Gesetzen auf einer durchgehenden Bahn bewegt. Es gibt offene Kurven mit Endpunkten (*Kreisbogen*), aber auch geschlossene Kurven (*Kreis*).

Leitgerade   Eine gerade Linie, die man als Grundlage zum Zeichnen von Figuren wie einer *Parabel* verwendet.

Median   Das Objekt in der Mitte einer geordneten Menge von Daten. Der Median der Zahlen 1, 4, 5, 7, 8, 9, 10 ist der Wert 7. Wenn sich bei einer

Geometrischer Ort
Die gepunktete Linie, mit den Viertelkreisen in den Ecken, ist der geometrische Ort aller Punkte, die 1 cm außerhalb der Kanten liegen. (Siehe geometrischer Ort)

geraden Anzahl von Objekten die beiden mittleren unterscheiden, so kann man den *Durchschnitt* der beiden verwenden.

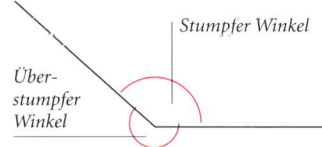

Stumpfe und überstumpfe Winkel
Ein stumpfer Winkel ist ein Winkel zwischen 90° und 180°. Ein überstumpfer Winkel ist größer als 180°, aber kleiner als 360°. (Siehe Winkel S. 185)

Metrisches System Ein Maßeinheitensystem, das auf *Potenzen* der Zahl 10 aufgebaut ist.

Mittel Das Mittel dient zur Kennzeichnung von statistischen Daten. Man unterscheidet drei verschiedene Arten: *Durchschnitt*, *Median* und *Modalwert*.

Modalwert In einer Datenmenge ist der Modalwert das Element, das am häufigsten auftritt.

Negative Zahl Eine Zahl, die kleiner als 0 ist. Negative Zahlen werden durch ein Minuszeichen gekennzeichnet, zum Beispiel −3.

Netz eines Körpers Zusammenhängende Anordnung der Seitenflächen eines Körpers in der *Ebene*. Durch Falten kann daraus wieder der Körper hergestellt werden.

Parabel Eine offene *Kurve*, die durch einen algebraischen Ausdruck der Form $y = a \cdot x^2$ oder durch eine geometrische Konstruktionsvorschrift festgelegt wird. Dazu wird ein *Brennpunkt* und eine *Leitgerade* festgelegt. Die Parabel ist der *geometrische Ort* aller Punkte, für die der Abstand vom Brennpunkt der gleiche ist wie der von der Leitgeraden.

Parallel Parallele Geraden haben keinen Schnittpunkt. Ihr Abstand bleibt während ihres ganzen Verlaufs unverändert.

Parallelogramm Ein *Viereck*, bei dem gegenüberliegende Seiten *parallel* und

gleich lang sind. Die gegenüberliegenden *Winkel* sind gleich groß. *Quadrate*, *Rechtecke* und *Rauten* sind besondere Parallelogramme.

Parkettierung Ein Muster aus sich wiederholenden ebenen Figuren, die so genau zusammenpassen, dass zwischen ihnen kein Platz mehr frei bleibt.

Periodische Dezimalzahl Eine *Dezimalzahl* mit unendlich vielen Stellen hinter dem Komma, bei der sich eine *Ziffer* oder eine Zifferngruppe ständig wiederholt. Ein Querstrich zeigt die sich wiederholenden Ziffern an; so ist beispielsweise
2,375 = 2,375375375...

Pi Pi, geschrieben π, ist das Verhältnis des *Umfangs* eines *Kreises* zu seinem *Durchmesser*. π ist eine *irrationale Zahl*. Es ist unmöglich, sie genau als *Dezimalzahl* zu schreiben. Von der Zahl π sind mehr als 3 Milliarden Stellen bekannt, die ersten davon sind 3,141 592 653 589...

Platonische Körper *Polyeder*, deren Seitenflächen

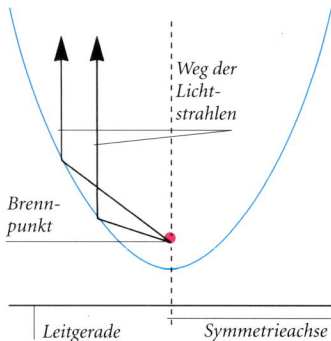

Parabel
Diese symmetrische Kurve wird als Grundform für die Innenflächen von Scheinwerfern verwendet. Vom Brennpunkt kommendes Licht trifft auf die Parabel und wird als paralleles Lichtbündel nach außen reflektiert.

regelmäßige Vielecke (*Polygone*) sind.

Polyeder Ein Körper mit vier oder mehr ebenen Seitenflächen.

Polygon Eine ebene Figur mit drei oder mehr geraden Kanten.

Positive Zahl Eine Zahl größer als 0. Sie kann mit oder ohne vorangestelltes +-Zeichen geschrieben werden.

Potenz Verkürzte Schreibweise für die mehrfache Multiplikation einer *Zahl* mit sich selbst. In 2^3 (gelesen 2 hoch 3) ist 2 die *Basis* und 3 der *Exponent*. Die Schreibweise 2^3 steht für das Produkt $2 \cdot 2 \cdot 2$.

Primzahl Eine natürliche *Zahl*, die genau zwei (positive) *Teiler* besitzt. (Die Zahl 1 ist keine Primzahl.)

Prisma Ein Körper, dessen Schnittflächen parallel zu den Grundflächen die gleiche Form wie die Grundflächen haben.

Projektion Darstellung eines dreidimensionalen Objektes, z.B. eines Gebäudes, in der *Ebene*.

Proportion Das *Verhältnis* zwischen zwei *Zahlen* oder Größen.

Prozentsatz *Verhältnis* mit dem Nenner 100. Beispielsweise bedeutet die Feststellung, dass 37 % der Bundesbürger im Ausland Urlaub machten, dass durchschnittlich 37 von 100 Bürgern in ihrem Urlaub im Ausland waren.

Quader Ein Körper mit sechs *Rechtecken* als Seitenflächen; die gegenüberliegenden Flächen sind jeweils *deckungsgleich*.

Quadrat (1) Ein *Rechteck*, dessen Seiten alle die gleiche Länge haben. (2) Abkürzung für *Quadratzahl*.

Quadratzahl Eine *Zahl*, die sich als Produkt von genau zwei gleichen natürlichen Zahlen schreiben lässt; zum Beispiel $81 = 9 \cdot 9$.

Quadratwurzel Die nicht negative *Zahl*, die mit sich selbst multipliziert wieder die Ausgangszahl ergibt; die

Quadratwurzel von 81 ist 9, denn $9 \cdot 9 = 81$.

Radius Abstand eines Kreispunktes vom Mittelpunkt des Kreises.

Raute Ein *Parallelogramm*, dessen Seiten alle gleich lang sind. Die gegenüberliegenden *Winkel* sind paarweise gleich groß. Wären alle Winkel gleich groß, wäre es ein Quadrat.

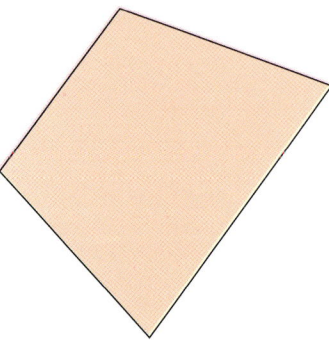

Viereck
Ein Viereck hat vier Eckpunkte und vier Seiten. Die Innenwinkel ergeben zusammen immer 360°. (siehe Viereck S. 185)

Rechenoperation Ein auf zwei *Zahlen* oder algebraische Terme angewendete Rechenvorschrift. Die einfachsten Rechenoperationen sind Addition, Subtraktion, Multiplikation und Division.

Rechteck Ein *Viereck*, bei dem gegenüberliegende Seiten *parallel* und gleich lang sind und bei dem alle inneren *Winkel* rechte Winkel sind.

Rechter Winkel Ein Winkel von 90°.

Runden Beim Rechnen mit vielstelligen *Zahlen* genügt es häufig, auf weniger Stellen genau zu rechnen. Die Zahl 4,12732 ergibt auf zwei Stellen nach dem Komma gerundet 4,13. Um auf die zwei Dezimalen zu runden, betrachtet man die *Ziffer* an der dritten Stelle nach dem Komma. Wenn diese 4 oder kleiner ist, lässt man diese Ziffer und die Ziffern danach einfach weg; wenn sie 5 oder größer ist, zählt man 1 zur Ziffer links davon dazu und streicht den Rest weg.

Signifikante Ziffern Die Anzahl der Ziffern, auf die eine Zahl beim *Runden* verkürzt wird. Das Runden von 3,14159 auf 4 signifikante Ziffern ergibt beispielsweise 3,142.

Sinus Ein trigonometrisches *Verhältnis*, bei dem in einem rechtwinkligen *Dreieck* die Länge der dem *Winkel* gegenüberliegenden Seite, *Gegenkathete*, durch die Länge der *Hypotenuse* geteilt wird.

Spiegelung Bei der Spiegelung einer Figur an einer Geraden entsteht eine neue Figur mit genau der gleichen Form.

Spirale Eine offene *Kurve*, die um einen bestimmten Punkt oder eine bestimmte Gerade läuft. Sie kann in einer *Ebene* verlaufen oder dreidimensional sein.

Spitzer Winkel Ein Winkel, der kleiner als 90° ist.

Statistik Teilgebiet der Mathematik, in dem man sich mit der Darstellung und der Bearbeitung von Daten beschäftigt, um daraus Schlüsse zu ziehen.

Stellenwert Der Wert, der einer *Ziffer* in einer *Zahl* zugeordnet wird. Die Ziffer am rechten Ende einer Zahl hat den niedrigsten Stellenwert, die Ziffer am weitesten links hat den höchsten. Der Wert einer Ziffer wird von rechts nach links jeweils mit der *Basis* des *Zahlensystems* multipliziert. Jede Stufenzahl ist eine *Potenz* der Basis. Im *Dezimalsystem* steht links vom Komma der Einer (10^0) gefolgt vom Zehner (10^1), dem Hunderter (10^2) und so weiter.

Stumpfer Winkel Ein Winkel zwischen 90° und 180°.

Symmetrieachse Nach *Spiegelung* an der Symmetrieachse sieht die Figur wieder genauso aus wie vorher.

Symmetrisch Eine zwei- oder dreidimensionale Figur ist symmetrisch, wenn sie nach einer *Spiegelung* an einer

geeigneten Geraden oder Ebene oder nach einer *Drehung* um einen bestimmten Punkt wieder mit sich selbst zur Deckung kommt.

Tangens Ein trigonometrisches *Verhältnis*, bei dem in einem rechtwinkligen Dreieck die Länge der dem Winkel gegenüberliegenden Seite durch die Länge der anliegenden Kathete geteilt wird.

Tangente Eine gerade Linie, die einen *Kreis* oder eine *Kurve* in einem Punkt berührt.

Teiler Die Teiler einer bestimmten *Zahl* sind alle Zahlen, durch die sich die Ausgangszahl ohne Rest teilen lässt. Die Teiler von 6 sind die Zahlen 1, 2, 3 und 6.

Tortendiagramm Eine Möglichkeit, Daten zu veranschaulichen, wobei die Daten als Sektoren (S. 182) in einem *Kreis* dargestellt werden.

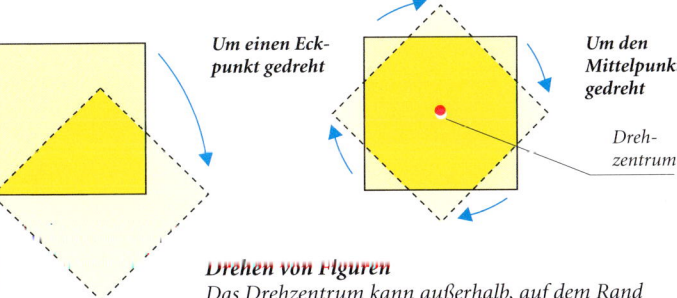

Um einen Eckpunkt gedreht

Um den Mittelpunkt gedreht

Drehzentrum

Drehzentrum

Drehen von Figuren
Das Drehzentrum kann außerhalb, auf dem Rand oder innerhalb der Figur liegen.

Trigonometrie Teil der *Geometrie*, der sich mit der Berechnung in *Dreiecken* mithilfe der trigonometrischen Funktionen *Sinus*, *Kosinus* und *Tangens* befasst.

Überstumpfer Winkel Ein Winkel, der größer als 180° ist.

Ecken, Kanten und Flächen
Eckpunkte und Kanten kommen bei ebenen Figuren und bei Körpern vor. Eine ebene Figur (rechts) hat ebenso viele Kanten wie Ecken und nur eine Fläche. Bei Körpern stellt der Satz von Euler eine Beziehung zwischen der Anzahl der Ecken, Kanten und Flächen her. (S. 164)

Umfang Die Außenlinie einer Figur. Auch die Länge dieser Linie.

Umrechnung Die Umwandlung von Daten aus einem Einheitensystem in ein anderes, beispielsweise von Fahrenheit in Celsius.

Vertikal Richtung zum Erdmittelpunkt hin.

Verhältnis Eine Art, zwei Größen zu vergleichen. Wenn bei einem Fruchtsaftgetränk 1 Teil Saft mit 4 Teilen Wasser gemischt wird, so stehen Saft und Wasser im Verhältnis 1 : 4 (gelesen 1 zu 4).

Vielfache Die Vielfachen einer *ganzen Zahl* sind alle Zahlen, die durch Multiplikation dieser Zahl mit anderen ganzen Zahlen entstehen.

Viereck Ebene Figur mit vier Eckpunkten und vier geraden Seiten.

Vollkommene Zahl Eine Zahl, die mit der Summe aller ihrer *Teiler*, außer ihr selbst, übereinstimmt. Die Zahl 6 ist vollkommen, denn 6 ist die Summe ihrer Teiler 1, 2 und 3.

Wahrscheinlichkeit Die Chance, mit der ein Ereignis

eintritt. Die Wahrscheinlichkeit 0 bedeutet, dass ein Ereignis nie eintritt; die Wahrscheinlichkeit 1 steht für ein sicheres Ereignis. Alle anderen Wahrscheinlichkeiten liegen dazwischen.

Winkel Das Maß einer Drehung. Winkel werden in Grad gemessen; 360° sind eine volle Umdrehung.

Würfel Ein Körper mit sechs *deckungsgleichen Quadraten* als Seitenflächen.

Zahl Ursprünglich nur für die zum Zählen geeigneten natürlichen Zahlen 1, 2, 3, 4 … verwendet. Später Erweiterung auf *negative* ganze Zahlen, *Dezimalzahlen*, *Brüche* und *irrationale Zahlen*. Zur Darstellung von Zahlen werden *Ziffern* verwendet.

Zahlensystem Eine Methode, *Zahlen* mithilfe einer Menge von Symbolen oder *Ziffern* aufzuschreiben. Heute werden z.B. das *Dezimalsystem* und bei Computern das *Binärsystem* verwendet.

Ziffer Eine einstellige *Zahl*. Im Dezimalsystem werden die Ziffern 0, 1, 2, 3, 4, 5, 6, 7, 8 und 9 verwendet. Im *binären* System gibt es nur die Ziffern 0 und 1.

Zykloide Der *geometrische* Ort derjenigen Punkte, die ein markierter Randpunkt eines Kreises zurücklegt, wenn man diesen Kreis auf einer geraden Linie entlangrollt.

Zylinder Ein Körper mit einer gekrümmten Oberfläche, die die *Kanten* von zwei *kongruenten* Kreisen oder *Ellipsen* verbindet.

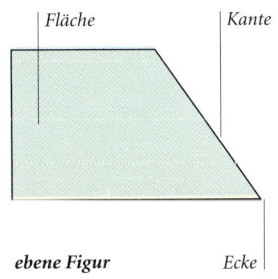

Fläche *Kante*

ebene Figur *Ecke*

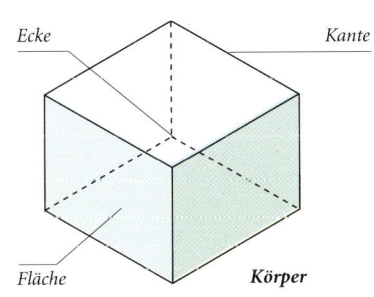

Ecke *Kante*

Fläche **Körper**

Antworten und Lösungen

S. 17 Kurz gerechnet (oben)
1) c   (2) b   (3) c

S. 17 Kurz gerechnet (unten)
$35 + 64 = 99$ $22 + 41 = 63$
$60 : 15 = 4$ $19 \cdot 3 = 57$
$75 - 60 = 15$ $121 : 11 = 11$
$999 - 333 = 666$ $7 \cdot 63 = 441$

S. 20 Puzzle
1 274 953 680 ist ohne Rest durch alle Zahlen zwischen 1 und 16 teilbar. Sie enthält auch alle Ziffern von 0 bis 9.

S. 21 Kombinationen
Bei einem Buch mit acht dreigeteilten Seiten gibt es 512 ($8 \cdot 8 \cdot 8$) verschiedene Kombinationen.

S. 22 Was ist das?
Die linke Abbildung zeigt leere Weinflaschen. Es wurde keine Vergrößerung durchgeführt. Das rechte Bild zeigt die gefärbten Bürstenhaare einer Zahnbürste in 37-facher Vergrößerung.

S. 23 Napier-Stäbe
$1572 \cdot 3 = 4716$

S. 25 Puzzle
Elftausend plus elfhundert plus elf ist 12 111. (11 000 + 1 100 + 11 = 12 111)

S. 26 Puzzle
Die Zahlen im ausgefüllten magischen Quadrat sind:

7	6	11
12	8	4
5	10	9

S. 27 Puzzle
Die Summe der Zahlen in jeder Zeile, Spalte und Diagonale ist 260. Die Zahlen in den vier Eckfeldern und die vier Zahlen in der Mitte ergeben zusammen ebenfalls 260. Die Summen der Seiten der kleinen Quadrats sind: 58; 74; 202; 186. Für die gegenüberliegenden Seiten gilt: $186 + 74 = 260$; $202 + 58 = 260$.

S. 28 Beschleunigung
Die Beschleunigung ist unabhängig von der Entfernung immer die gleiche.

S. 29 Einen Flaschenzug basteln
Mit zwei Rollen ist die nötige Kraft ungefähr die Hälfte des Gewichtes der Last; aber man muss doppelt so weit ziehen.

S. 31 Ein Thermometer basteln
Wenn ihr das Thermometer ins Eis taucht, sollte der Flüssigkeitsstand im Strohhalm fallen. Die Flüssigkeit im Strohhalm zieht sich zusammen, wenn die Temperatur fällt, und dehnt sich aus, wenn sie steigt.

S. 32 Kurz gerechnet
$135 - 24 = 111$
$214 + 5 + 3 = 222$
$345 - 12 = 333$

S. 34 Puzzle
Das Quadrat mit Dezimalzahlen ist ein magisches Quadrat, bei dem die Summe der Zahlen in jeder Zeile, Spalte und Diagonale 3,75 ergibt. Die Zahlen sind:

2,00	0,25	1,50
0,75	1,25	1,75
1,00	2,25	0,50

S. 40 Ungerade Zahlen und Potenzen
Die Summe der ersten n ungeraden Zahlen ist n^2; zum Beispiel ist $1 + 3 + 5 + 7 + 9 + 11 = 36 = 6^2$.

S. 40 Puzzle
Alle Zahlen sind Quadratzahlen, nämlich 5^2, 10^2, 12^2 bzw. 13^2.

S. 41 Puzzle
Quadrate der Zahlen mit der Ziffer 1:
$$1^2 = 1$$
$$11^2 = 121$$
$$111^2 = 12\,321$$
$$1111^2 = 1\,234\,321$$
$$11111^2 = 123\,454\,321$$
$$111111^2 = 12\,345\,654\,321$$
$$1111111^2 = 1\,234\,567\,654\,321$$

Quadrate der Zahlen mit der Ziffer 3:
$$3^2 = 9$$
$$33^2 = 1\,089$$
$$333^2 = 110\,889$$
$$3333^2 = 11\,108\,889$$
$$33333^2 = 1\,111\,088\,889$$
$$333333^2 = 111\,110\,888\,889$$
$$3333333^2 = 11\,111\,108\,888\,889$$

S. 43 Kurz gerechnet
Ein Jahr mit 365 Tagen hat 31 536 000 Sekunden, ein Schaltjahr 31 622 400 Sekunden.

S. 44 Kurz gerechnet
Die nächsten fünf Zahlen der Folge sind 73, 89, 107, 127 und 149. Sie alle sind Primzahlen. Die Formel ergibt nicht für alle Zahlen n eine Primzahl, z. B. nicht für n = 16, n = 17.

S. 49 Die Belohnung des Sissa
Sissa war sehr schlau. Durch das Verdoppeln der Menge bei jedem neuen Feld hätte er mehr als 4 Milliarden Reiskörner erhalten, wenn er nur die Hälfte des Brettes mit Körnern belegt hätte. Die Anzahl der Reiskörner auf allen Feldern zusammen wäre eine Zahl mit 20 Stellen.

S. 55 Bevölkerungsdichte
Hongkong hat die höchste Bevölkerungsdichte aller Länder Südostasiens: 5 106 Menschen pro Quadratkilometer. In Taiwan, dem Land mit der zweitgrößten Dichte, leben durchschnittlich 547 Menschen auf einem Quadratkilometer.

S. 62 Überprüfen des Wasserstandes
Wenn die Eiswürfel schmelzen, ändert sich der Wasserstand in dem Glas nicht. Da sich Wasser beim Gefrieren ausdehnt, ist ein Eiswürfel etwas größer und etwas weniger dicht als das Wasser, aus dem er gemacht wurde. Wenn er schwimmt, verdrängt er das gleiche Volumen an Wasser wie das, aus dem er hergestellt wurde.

S. 62 Puzzle

6729/13458	7932/15864
9327/18654	7923/15846
6927/13854	7329/14658

S. 63 Gefrierendes Wasser
Wenn das Wasser gefriert, wächst

Der Wasserstand im Glas, nachdem das Eis geschmolzen ist

sein Volumen um ungefähr ein Zehntel; das Wasser sollte also nach dem Gefrieren die nächste Markierung erreichen.

S. 63 Wie viel Land gibt es?
Ungefähr ein Drittel der Erde ist mit Land bedeckt.

S. 70 Puzzle
Es sei M das Alter der Mutter und f das Alter des Freundes. Ihr könnt das jetzige Alter der Mutter durch $3 \cdot f = M$ ausdrücken. In 15 Jahren ist die Mutter doppelt so alt wie ihr Sohn, die Gleichung für ihr Alter ist also $M + 15 = 2 \cdot (f + 15)$, also $2 \cdot f = M - 15$. Ersetzt M in der zweiten Gleichung durch $3 \cdot f$. Aus $2 \cdot f = 3 \cdot f - 15$ erhaltet ihr dann f = 15.

S. 70 Muster zeigen
Jedes neue Quadrat benötigt 3 Buntstifte; das erste Quadrat hatte als Anfang der Reihe 4 Buntstifte, d. h. 3 + 1. Die Anzahl b der Buntstifte für q Quadrate erhaltet ihr

aus der Formel b = 3 · q + 1. Für 10 Felder braucht man also 31 Buntstifte, für 300 sind es 901 Stück.

S. 71 Trick
Ist x die gedachte Zahl, so erhaltet ihr schrittweise:
1) 2 addieren: x + 2
2) mit 3 multiplizieren
$$3 \cdot (x + 2) = 3x + 6$$
3) 6 subtrahieren:
$$3x + 6 - 6 = 3x$$
4) zusammenfassen und durch 3 dividieren: x = x
Die Rechnung führt also immer wieder auf die ursprüngliche Zahl.

S. 73 Die Funktionsmaschine
Die Funktionsvorschrift, die jedes Mal angewendet wurde, ist f (x) = 2x + 1. Angewendet auf 3, 4 und 5 ergibt sich:
$2 \cdot 3 + 1 = 7$; $2 \cdot 4 + 1 = 9$ und $2 \cdot 5 + 1 = 11$

S. 73 Puzzle
Es sei a das Alter der Person. Nach dem Text soll gelten:
$$a = 3 \cdot (a + 3) - 3 \cdot (a - 3)$$
Vereinfachen führt zu:
$$a = 3a + 9 - 3a + 9$$
Also zu: a = 18.

S. 74 Temperatur von Kaffee
Der Kaffee, bei dem die Milch sofort dazugegeben wurde, ist nach 5 Minuten Abkühlzeit noch wärmer als der Kaffee, bei dem die Milch erst nach 5 Minuten dazugegeben wurde.

S. 80 Puzzle
Wenn der schwarze Ball aus dem Beutel genommen wird, wissen wir nicht, ob der im Beutel verbliebene Ball der ursprüngliche oder der neu dazugegebene ist. Wenn es der ursprüngliche Ball ist, dann kann er schwarz oder weiß sein. Wenn es der neue Ball ist, dann ist er schwarz. Es gibt also drei verschiedene Möglichkeiten: schwarz, weiß, schwarz. Die Wahrscheinlichkeit, einen schwarzen Ball zu ziehen, ist $\frac{2}{3}$; die Wahrscheinlichkeit, den weißen Ball zu erhalten, $\frac{1}{3}$. Wenn ein weißer Ball herausgenommen wird, so muss dies der ursprüngliche Ball sein. Der Ball im Beutel ist mit Sicherheit der neue Ball, also schwarz. Die Wahrscheinlichkeit, dass der Ball im Beutel schwarz ist, ist deshalb 1. Die Wahrscheinlichkeit, dass ein weißer Ball im Beutel liegt, ist 0.

S. 93 Puzzle
Dreimal

S. 96 Wie weit ist der Mond entfernt?

Das Verhältnis von der Entfernung Auge–Spielstein zum Durchmesser des Spielsteins sollte etwa 110 : 1 sein. Der Durchmesser des Mondes beträgt 3475 km, sein durchschnittlicher Abstand von der Erde ist etwa 384 320 km.

S. 98 Puzzle

Die beiden Abbildungen zeigen den Verlauf der Schnittlinien.

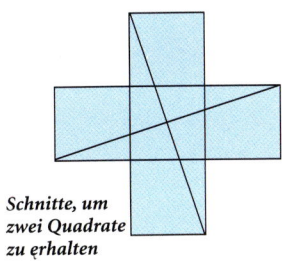

Schnitte, um zwei Quadrate zu erhalten

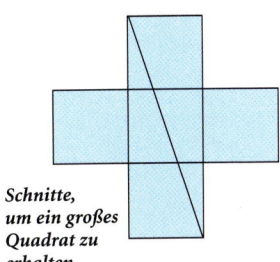

Schnitte, um ein großes Quadrat zu erhalten

S. 98 Gleicher Umfang

Der Kreis hat bei gleichem Umfang den größten Flächeninhalt.

S. 103 Bleibt die Dichte gleich?

Das kleine Stück Modelliermasse hat die gleiche Dichte wie das große Stück. Die Dichte eines Stoffes ist unabhängig vom Volumen.

S. 106 Puzzle (links)

Das Volumen von 1 kg Wasser ist ein Liter.

S. 106 Puzzle (rechts)

Sahne hat eine geringere Dichte als Wasser, obwohl sie dickflüssiger zu sein scheint. Aus diesem Grund steigt die Sahne auch immer nach oben, wenn man die beiden Flüssigkeiten mischt.

S. 109 Schwingende Pendel

Wenn man die Länge des Pendels verkleinert, braucht das Gewicht weniger Zeit für eine Schwingung. Wenn man das Pendel verlängert, erhöht sich die Zeit, die für eine Schwingung benötigt wird.

S. 121 Puzzle

Die passende Münze ist kleiner, als ihr denkt. Das Verschieben der gegenüberliegenden Seiten erzeugt eine optische Täuschung.

S. 122 Puzzle

Legt eine Planke als Sehne (S. 182) über die äußere Kante des Kreisbogens. Legt die zweite Planke von der Mitte der ersten zum Rand des inneren Burggrabens. Dies ergibt ein rechtwinkliges Dreieck mit den Kathetenlängen 9 m und 4,5 m. Nach dem Satz des Pythagoras erhalten wir $9^2 + 4,5^2 = 101,25$. Die Quadratwurzel von 101,25 ist etwas größer als 10, mit einem 9 m langen Brett erreicht man also die andere Seite.

S. 122 Die Winkelsumme im Dreieck

Die Innenwinkel eines (ebenen) Dreiecks ergeben zusammen immer 180°. (Bei Dreiecken auf einer Kugel gilt diese Regel nicht.)

S. 123 Puzzle

Es gibt insgesamt zwölf Dreiecke.

S. 123 Stabilität von Dreiecken

Ein Dreieck kann nicht in sich verschoben werden. Ein Viereck aus vier gleich langen Strohhalmen kann ein Quadrat, aber auch eine Raute mit verschiedenen Innenwinkeln sein.

S. 129 Winkel im Viereck

Die Innenwinkel eines Vierecks ergeben zusammen 360°.

S. 130 Tangram

Die Bilder zeigen, wie die Figuren aus den Teilen entstehen.

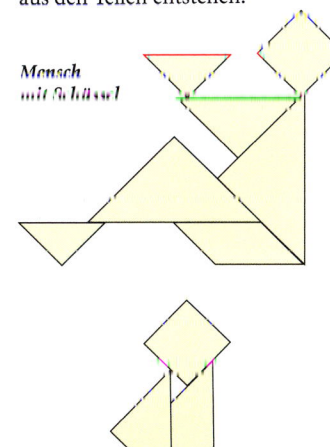

Mensch mit Schlüssel

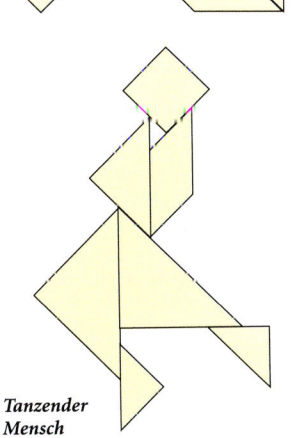

Tanzender Mensch

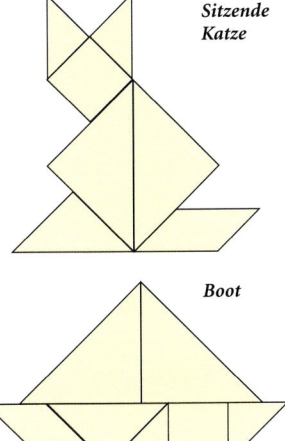

Sitzende Katze

Boot

S. 135 Graf Buffons Abschätzung von π

Teilt die Anzahl der Treffer durch die Gesamtzahl der Würfe. Angenommen, das Streichholz lag bei 30 Würfen 18-mal so, dass die Linie geschnitten wurde, dann rechnet ihr 18 : 30. Das Ergebnis 0,6 liegt nahe bei $2/\pi \approx 0,63$.

S. 148 Federwaage

Die Verlängerung der Feder ist bei doppelter Last doppelt so groß.

S. 160 Reisen auf kürzestem Weg

Der Weg ist auf der Karte tatsächlich eine gekrümmte Linie.

S. 161 Winkelsumme im Dreieck

Die Winkelsumme auf der Kugelfläche ist größer als 180°.

S. 165 Das Möbiusband

Eine Linie, die auf der Mitte des Bandes gezeichnet wird, trifft sich selbst wieder. Ein zerschnittenes Möbiusband ergibt ein doppelt so langes Band mit zwei Drehungen. Wenn ihr dieses Band nochmals in gleicher Weise auseinanderschneidet, erhaltet ihr zwei doppelt verdrehte, ineinanderhängende Bänder.
Wenn ihr das Möbiusband gleich in einem Drittel der Streifenbreite schneidet, erhaltet ihr zwei ineinander verschlungene Bänder, eines doppelt so lang wie das andere.

S. 165 Trick

Fasst euer Seil in der Mitte. Macht eine Schlaufe und führt sie vom Ellbogen her unter dem rechten Arm eures Freundes zwischen Seil und Arm hindurch zu seinen Fingerspitzen. Geht mit eurer Schlaufe über seinen Handrücken wieder in Richtung Ellbogen. Ihr seid frei, habt aber noch gefesselte Hände.

S. 166 Puzzle

Ihr braucht mindestens zwei Farben. Bei einer beliebigen Landkarte genügen stets vier Farben.

S. 172 Nur ein Sprung nach oben?

Wenn ihr im fahrenden Zug in die Luft springt, bewegt ihr euch immer noch mit gleicher Geschwindigkeit wie der Zug nach vorn.

S. 174 Puzzle

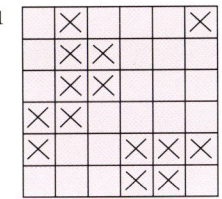

1

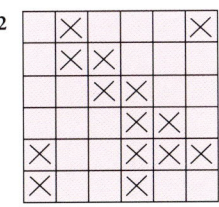

2

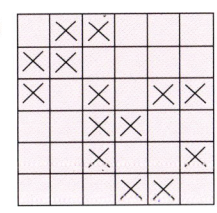

3

S. 175 Puzzle

Der einzige Platonische Körper, dessen Kanten man nachfahren kann, ohne eine Linie zweimal zu verwenden, ist der Oktaeder.

S. 175 Der Turm von Hanoi

Die minimale Anzahl von Zügen, die man braucht, um n Ringe umzuschichten, ist $2^n - 1$. Man braucht mindestens 31 Züge, um 5 Ringe umzuschichten. Bei 64 Ringen ist die Anzahl der Züge eine Zahl mit 20 Stellen.

S. 176 Puzzle

Im linken Glas ist genauso viel rotes Wasser, wie sich grünes Wasser im rechten Glas befindet.

S. 176 Reise über den Fluss

Dieses Rätsel hat mehrere Lösungen. Eine geht so: Der Mann bringt die Henne hinüber und fährt leer zurück. Dann nimmt er den Fuchs mit und bringt die Henne zurück. Jetzt nimmt er die Körner mit und fährt leer zurück. Dann bringt er die Henne an das andere Ufer.

Register

Dank

CAROL VORDERMAN dankt allen von Dorling Kindersley, die an diesem Projekt mitgearbeitet haben, für ihre Geduld, ihre Anregungen und ihren großartigen Professionalismus und Jim Miller für seine Hilfe bei der Durchsicht des Buches. Außerdem dankt sie ihrer Familie – Patrick, Katie und Jean –, die für Ruhe im Haus sorgte, wenn sie schreiben musste, und ihrem Mathematiklehrer Mr. Parry für seine Inspiration in ihrer Jugend.

DORLING KINDERSLEY dankt Reverend Dr. Paddy FitzPatrick für die Bereitstellung seines Materials bezüglich Kalender und Zeitmessung, Greame Hill und dem Hund George, dem Hampstead Garden Center, R.D.H. Walker, Zweiter Schatzmeister am Queen's College, Cambridge (England) für seine Informationen über die »mathematische Brücke«, Wanda G. Xu für ihre Erklärungen, wie man den chinesischen Abakus benutzt.

Dank gilt auch Josie Buchanan für ihre anfängliche Planungsarbeit am Buch, Sarah Angliss für ihre redaktionelle Mitarbeit, Stephanie Jackson, Jane Parker für das Register, Stephen Stuart für die Herstellung und Deborah Pawnall für ihre Bildrecherchen.

FOTOS von Andy Crawford, assistiert von Gary Ombler, Pauline Naylor und Nick Goodall. Einzelne Fotos von Tina Chambers, Geoff Dann, Phill Dowell, Steve Gorton, Frank Greenaway, Peter Hayman, Chas Howson, Colin Keates, Dave King, Bob Langrish, Karl Shone, Clive Streeter, Andreas von Einsiedel und Jerry Young.

HINWEIS

Die Crea-Fix-Platte wird in Dekorationsfachgeschäften auch unter dem Namen *Kapa-Line-Platte* vertrieben.

Als Schreibweise für Brüche wurde neben der üblichen und korrekten Darstellung $\frac{1}{4}$ in Bildunterschriften auch die Darstellungsweise ¾ verwendet, um die Lesbarkeit zu verbessern.

Bildnachweis